全国煤矿班组长安全培训系列教材

煤矿班组长安全再培训教材

（复训·综合本）

中国煤炭工业协会培训中心　组织编写

全国煤炭行业教育培训资源编审专家委员会　审定

李卫芳　宋云峰　主编

白国周　奥博　主审

应急管理出版社

·北　京·

图书在版编目(CIP)数据

煤矿班组长安全再培训教材:复训:综合本/中国煤炭工业协会培训中心组织编写;李卫芳,宋云峰主编.——北京:应急管理出版社,2024.——(全国煤矿班组长安全培训教材).——ISBN 978-7-5237-0326-7

Ⅰ.TD7

中国国家版本馆 CIP 数据核字第 2024RE0005 号

煤矿班组长安全再培训教材(复训·综合本)

(全国煤矿班组长安全培训系列教材)

组织编写 中国煤炭工业协会培训中心
主　　编 李卫芳　宋云峰
责任编辑 杨晓艳　成联君
责任校对 孔青青
封面设计 众安图书

出版发行 应急管理出版社(北京市朝阳区芍药居 35 号　100029)
电　　话 010-84657898(总编室)　010-84657880(读者服务部)
网　　址 www.cciph.com.cn
印　　刷 徐州市拓朴彩色印刷有限公司
经　　销 全国新华书店
开　　本 787 mm×1092 mm 1/16　**印张** 12½　**字数** 290 千字
版　　次 2024 年 9 月第 1 版　2024 年 9 月第 1 次印刷
社内编号 20193581　**定价** 36.00 元

全国煤矿班组长安全培训系列教材
编审委员会

本书编委会

主　编　李卫芳　宋云峰
副主编　尚守恭　朱世阳　姜俊博　李　佳
参　编　王仁东　李亚兵　韩云强　宗　君
　　　　吴　强　王东升　郭　玉
主　审　白国周　奥　博
审　稿　宁尚根　刘晓宁

出版说明

为了落实《安全生产法》《煤矿安全生产标准化管理体系基本要求及评分方法(试行)》等法律法规对煤矿安全培训工作的新要求，根据应急管理部、国家矿山安全监察局“按照看得懂、记得住、用得上原则，开发分层次、分专业、分岗位的教材体系”“建设安全生产数字资源库，推动安全培训课件、事故案例、电子教材等资源共建共享”的要求，我们组织了煤炭行业的专家和骨干教师，共同编写了这套“科学准确、先进实用、配套数字化资源”立体化新形态的《全国煤矿班组长安全培训系列教材》。

为了编写好本套教材，我们组织了一百多位煤炭行业的专家和教学经验丰富的骨干教师，深入煤矿企业、安全培训机构进行了大量的调研，广泛征求了各方面的意见，力求做到教材与培训大纲、考核要求、实际培训授课的有机统一和融合，确保做到科学准确和先进实用。

为了提高煤矿班组长安全培训的针对性，本套教材共分为采煤、掘进、机电、运输、通风和地测防治水6个分册，适合对煤矿班组长进行分类培训，同时考虑到一些煤矿企业每期班组长培训人数比较少的实际，我们还出版了《煤矿班组长安全培训教材(综合本)》和《煤矿班组长安全再培训教材(复训·综合本)》。

本套教材具有如下特点：

(1) 按照最新的培训和考核要求编写。教材按照《安全生产培训管理办法》《关于高危行业领域安全技能提升行动计划的实施意见》和《煤矿安全生产标准化管理体系基本要求及评分方法(试行)》等对班组长培训的新要求编写，突出了煤矿班组长的岗位安全知识和技能提升。

(2) 内容新颖，先进性强。教材编写严格按照最近几年颁布和修订的法律法规(如2024年的《煤矿安全生产条例》，2023年的《中共中央办公厅 国务院办公厅关于进一步加强矿山安全生产工作的意见》《煤矿单班入井(坑)作业人数限员规定》，2022年的《煤矿安全规程》《煤矿防灭火细则》等)，注重介绍当前煤矿生产中的新技术、新工艺、新材料、新设备和新方法(特别是煤矿智能化发展的新技术)，选取了最近几年发生的典型事故案例。

(3) 体例合理，便于讲授和学习。把煤矿班组长的考核内容进行了适当调整,使知识点之间有效衔接,循序渐进,便于教师讲授,也便于读者由浅入深地学习和备考。

(4) 立体化教材,配套数字化教学资源。书中插入二维码,对于重点、难点,以及一些操作性强的内容,扫码可看视频讲解或动画演示,提高了教材的可读性。

(5) 建立分专业的考核题库,配套小程序可免费练题。为了提高培训的针对性,我们组织有关专家和培训教师共同编写了分专业的班组长考核题库,使班组长的考核更具有针对性。学员可以用手机或电脑登录"众学教培服务平台"小程序,免费练题。学员登录网络题库后,可以进行顺序练题、随机练题、模拟考试,可以建立个人错题集,便于复习提高(网络题库免费使用期为验证后1年)。学员可先按章节顺序练题,生成个人错题集,随后在错题集中练习,逐步减少错题集中题目的数量,最终掌握所有错题。

(6) 编制了配套的电子课件,便于教学。我们组织教学经验丰富的教师编写了PPT电子课件,对购书超过100册的单位可以免费赠送,联系方式:414697740@qq.com(邮箱),13813483120(微信)。

本套教材的编审得到了中国煤矿安全技术培训中心、山西煤矿安全培训中心、山东煤矿安全技术培训中心、河北煤矿安全培训中心、四川矿山安全技术培训中心、内蒙古煤矿安全培训中心、宁夏煤矿安全技术培训中心、江苏煤矿安全技术培训中心、国家能源集团神东煤炭教育培训中心、国家能源集团乌海能源职工培训中心、平顶山天安煤业股份有限公司安全技术培训中心、兖矿能源集团员工教育培训中心、内蒙古平庄煤业(集团)有限责任公司职工教育培训中心、华亭煤业集团有限责任公司培训中心、扎赉诺尔煤业有限责任公司职工教育培训中心、铁法能源有限责任公司安全培训中心、山东能源集团济南培训中心、晋能控股煤业集团培训教育中心、晋能控股煤业集团太原煤炭气化(集团)有限责任公司培训中心、山西焦煤霍州煤电集团职工培训教育中心、甘肃靖远煤电股份有限公司职工培训处、窑街煤电集团职工教育培训中心、新汶矿业集团公司安全技术培训中心、峰峰集团教育培训中心、淮北矿业集团安全培训中心、陕西陕煤彬长矿业集团员工培训中心、郑煤集团职工教育培训中心、淮河能源控股集团职工培训中心、华阳新材料集团公司人才培训中心、山西焦煤西山煤电(集团)有限责任公司职工教育中心、神木职业技术教育中心、新疆煤炭工业安全技术培训中心、鄂尔多斯市煤炭安全技术培训中心、毕节市煤矿安全技术培训中心、华晋焦煤有限责任公司培训中心、山东煤炭技师学院培训中心、大同煤炭职业技术学院培训部、中煤华利能源控股有限公司山西分公司培训中心、川煤集团攀枝花煤矿培训中心、晋能控股电力集团培训中心、吕梁市吕能培训有限公司、潞安职业技术学院、陕西能源职业技术学院、辽北技师学院、抚顺矿业集团技师学院、山西汾西矿业(集团)公司员工学校、山西工程职业学院、山西能源学院、山东能源新矿集团、河南能源化工集团焦煤公司、河南能源化工集团永煤公司职工培训学校、河南能源化工集团鹤煤公司、河南省能源工业技师学院、潞安职业技术培训学校、河南神火集团、晋能控股装备制造集团有限公司、陕西工程科技高级技工学校、晋能控股集团技师学院、晋中职业技术学院、云南能源职业技术学院、山东肥矿技师学院、中煤职业技术学院、徐矿大学、河南理工大学安全技术培训学院、河南工程学院安全技术培训中心、兰州资源环境职业技术学院安全技术培训中心、陕西陕煤黄陵矿业有限公司、陕西陕煤韩城矿业有限公司、陕西陕煤彬长矿业有限公司、陕西陕煤蒲白矿业有限公司、开滦(集团)有限责任公司、汇永控股集团有限公司、河南煤化集团、淮北矿业集团、皖北煤电集团、黑龙江鸡西矿业集团、开滦集团、潞安化工集团新元煤矿、山东能源集团、山西中安华智科技发展有限责任公司、中国矿业大学(北京)、中国矿业大学、吕梁学院、四川师范大学安全培训中心、六盘水师范学院、徐州众安图书有限公司等单位的大力支持,在此表示衷心感谢!

中国煤炭工业协会培训中心

视频和网络题库使用流程

1. 微信扫描本书封底的注册码，完成“众学教培服务平台”小程序的注册（可以点击右上角三个点，添加到桌面上，便于以后使用）。已经注册过的，无须重复注册。

2. 在“众学教培服务平台”中“我的”里面找“扫一扫”，扫描本书封底的验证码（一书一码，只能一人验证）。

3. 在“众学教培服务平台”中“我的”里面找“扫一扫”，扫描书中的二维码即可观看视频。

4. 在“众学教培服务平台”中“题库”里面找“煤矿班组长再培训（复训・综合本）”题库，即可进行网络练题。

5. 使用中如有问题，请联系 QQ414697740、微信 13813483120，或者加入煤矿安全培训 QQ 群 869935149 进行交流。

目　录

第一章　新的煤矿安全法律法规及相关知识

第一节　习近平总书记关于安全生产的重要论述

安全生产事关人民福祉，事关经济社会发展大局。党的十八大以来，习近平总书记高度重视安全生产工作，正确认识和把握新形势下我国安全生产的规律特点，深刻总结我们党领导安全生产工作的实践经验，针对新时代做好安全生产工作，发表了一系列关于加强安全生产工作的重要讲话，作出了一系列重要指示批示，是我国安全生产工作、应急管理工作的根本遵循。

一、树立安全发展理念，强化红线意识

2013 年 6 月，针对之前全国连续发生的几起重特大事故，特别是吉林省长春市宝源丰禽业有限公司"6・3"特别重大火灾事故，习近平总书记指出：接连发生的重特大安全生产事故，造成重大人员伤亡和财产损失，必须引起高度重视；人命关天，发展决不能以牺牲人的生命为代价，这必须作为一条不可逾越的红线；要始终把人民生命安全放在首位，以对党和人民高度负责的精神，完善制度、强化责任、加强管理、严格监管，把安全生产责任制落到实处，切实防范重特大安全生产事故的发生。

2016 年 7 月，习近平总书记对加强安全生产和汛期安全防范工作作出重要指示。他指出：各级党委和政府特别是领导干部要牢固树立安全生产的观念，正确处理安全和发展的关系，坚持发展决不能以牺牲安全为代价这条红线。

二、建立健全安全生产责任体系，强化企业安全生产主体责任

2013 年 7 月 18 日，习近平总书记在中央政治局第 28 次常委会上就做好安全生产工作作出重要指示。他指出：落实安全生产责任制，要落实行业主管部门直接监管、安全监管部门综合监管、地方政府属地监管，坚持管行业必须管安全，管业务必须管安全，管生产必须管安全，而且要党政同责、一岗双责、齐抓共管；我们要抓紧建立健全党政同责、一岗双责、齐抓共管的安全生产责任体系，建立健全最严格的安全生产制度。

2013 年 11 月 24 日，习近平总书记在听取青岛市黄岛经济开发区东黄输油管线泄漏引发爆燃事故情况汇报时的讲话：所有企业都必须认真履行安全生产主体责任，做到安全投入到位、安全培训到位、基础管理到位、应急救援到位，确保安全生产；中央企业要带好头做表率；各级党委和政府要切实担负起"促一方发展、保一方平安"的政治责任，严格落实责任制，发挥好应急管理部门的综合优势和各相关部门的专业优势，根据职责分工承担各自责任，衔接好"防"和"救"的责任链条，确保责任链条无缝对接，形成整体合力。

三、构建双重预防机制,防范重特大安全生产事故

2016 年 1 月 6 日,习近平总书记在中央政治局常委会会议上发表重要讲话。他指出:必须坚决遏制重特大事故频发势头,对易发重特大事故的行业领域采取风险分级管控、隐患排查治理双重预防性工作机制,推动安全生产关口前移,加强应急救援工作,最大限度地减少人员伤亡和财产损失。

2016 年 7 月 14 日,习近平总书记在中共中央政治局常委会会议上发表重要讲话指出:安全生产是民生大事,一丝一毫不能放松,要以对人民极端负责的精神抓好安全生产工作,站在人民群众的角度想问题,把重大风险隐患当成事故来对待。

四、坚持系统治理、坚持源头治理

2016 年 10 月 11 日,习近平总书记在中央全面深化改革领导小组第 28 次会议上关于安全生产工作强调:推进安全生产领域改革发展,关键是要做出制度性安排,依靠严密的责任体系、严格的法治措施、有效的体制机制、有力的基础保障和完善的系统治理,解决好安全生产突出问题,确保人民群众生命财产安全。

2016 年 10 月 27 日,习近平总书记在党的十八届六中全会上关于安全生产工作的指示:要深入开展安全隐患排查整治,全面抓好安全生产责任制,从源头治起、从细处抓起、从短板补起,筑牢防线,守住底线,不放过任何一个漏洞,不丢掉任何一个盲点,不留任何一个隐患。

五、坚持依法治理、坚持抓重点关键

2015 年 12 月 24 日,习近平总书记在十八届中央政治局常委会第 127 次会议上关于安全生产工作重要讲话摘要:必须强化依法治理,用法治思维和法治手段解决安全生产问题。要坚持依法治理,加快安全生产相关法律法规制订修订,加强安全生产监管执法,强化基层监管力量,着力提高安全生产法治化水平,这是最根本的举措。

2016 年 10 月 27 日,习近平总书记在党的十八届六中全会上关于安全生产工作强调,各级党委和政府要从严从细抓好保稳定、护安全、促和谐的工作,抓重点、抓关键、抓薄弱环节,有效防控各类风险,确保不发生重大安全生产事故、重大公共安全事故、重大环境事故,确保国家政治安全。

六、强化应急救援能力建设,提升防灾减灾救灾能力

2019 年 11 月 29 日,习近平总书记在主持中央政治局就我国应急管理体系和能力建设进行第十九次集体学习时发表重要讲话。他强调:要加强应急救援队伍建设,建设一支专常兼备、反应灵敏、作风过硬、本领高强的应急救援队伍;要采取多种措施加强国家综合性救援力量建设,采取与地方专业队伍、志愿者队伍相结合和建立共训共练、救援合作机制等方式,发挥好各方面力量作用。

2017 年 10 月 18 日,习近平总书记在作十九大报告时强调:树立安全发展理念,弘扬生命至上、安全第一的思想,健全公共安全体系,完善安全生产责任制,坚决遏制重特大安全事故,提升防灾减灾救灾能力。

七、加大事故查处力度,深刻汲取事故教训

2013 年 7 月 18 日,习近平总书记在中央政治局第 28 次常委会就做好安全生产工作

强调：要严格事故调查，严肃责任追究；要审时度势、宽严有度，解决失之于软、失之于宽的问题；对责任单位和责任人要打到疼处、痛处，让他们真正痛定思痛、痛改前非，有效防止悲剧重演；造成重大损失，如果责任人照样拿高薪，拿高额奖金，还分红，那是不合理的。

2013 年 11 月 24 日，习近平总书记到青岛市考察黄岛经济开发区输油管线事故抢险工作发表重要讲话。他指出：要做到“一厂出事故、万厂受教育，一地有隐患、全国受警示”。

八、深化安全生产管理体制改革、创新安全监管机制

2013 年 11 月，中共十八届三中全会通过的《中共中央关于全面深化改革若干重大问题的决定》指出：深化安全生产管理体制改革，建立隐患排查治理体系和安全预防控制体系，遏制重特大安全事故，健全防灾减灾救灾体制。

2015 年 12 月 24 日，习近平总书记在十八届中央政治局常委会第 127 次会议上强调：必须深化改革创新，加强和改进安全监管工作；我们把握安全生产能力不足的问题日益突显，这涉及安全生产理念、制度、体制、机制、管理手段、改革创新。

煤矿安全生产必须以习近平新时代中国特色社会主义思想为指导，以改革创新为根本动力，以保护矿工生命安全为根本目的，健全矿山安全法治、安全责任、灾害防治、科技支撑、基础保障和社会化服务六大体系，实施矿山智能化建设、重大灾害治理、风险分级管控和隐患排查治理、从业人员素质提升、监管监察能力建设和信息化建设等重点工程，扎实推进煤矿安全治理体系与治理能力现代化，才能实现煤矿安全生产形势的根本好转。

第二节　新的煤矿安全法律法规

一、《刑法》

2023 年 12 月 29 日，第十四届全国人大常委会第七次会议审议通过了《中华人民共和国刑法修正案（十二）》，于 2024 年 3 月 1 日起正式施行。修订后的《刑法》中关于安全生产的犯罪主要有以下几种。

（一）重大责任事故罪

在生产、作业中违反有关安全管理的规定，因而发生重大伤亡事故或者造成其他严重后果的，处三年以下有期徒刑或者拘役；情节特别恶劣的，处三年以上七年以下有期徒刑。

【案例 1-1】　2016 年 7 月 29 日 20 时许，白×在未认真检查本班现场安全状况、未及时发现刮板输送机机尾稳固支柱存在的问题，且未取得操作证的情况下，开始生产作业。次日 8 时许，白×在点动刮板输送机时未发出信号，导致擅自提前进入工作面、冒险翻越刮板输送机的采煤工张×被刮板输送机拱起的溜槽挤压至顶板受伤，后经抢救无效死亡。

法院审理认为，白×作为煤矿负责安全生产和安全监督检查的队长，未认真履行职责、违反安全生产管理规定，在未取得操作证的情况下违章作业，致使发生一人死亡的事故，其行为已构成重大责任事故罪。根据白×的犯罪情节、悔罪表现，综合被害人家属得到的赔偿情况，法院判决其有期徒刑 6 个月，缓刑 1 年。

（二）强令、组织他人违章冒险作业罪

强令他人违章冒险作业，或者明知存在重大事故隐患而不排除，仍冒险组织作业，因而

发生重大伤亡事故或者造成其他严重后果的,处五年以下有期徒刑或者拘役;情节特别恶劣的,处五年以上有期徒刑。

案例

【案例 1-2】 2015 年 1 月 4 日,淮沪煤电有限公司丁集煤矿开拓二区 201 队喷浆班班长蒋×带领工人王××、魏××和邹×到煤矿井下 63 号钻场喷浆作业。当班作业完成后,蒋×私自决定并强制工人王××、魏××和邹×违章冒险工作,将 63 号钻场的叉车移动到 62 号钻场下方。在操作的过程中,未按照规定操作,叉车脱手下滑冲出轨道,致使工人吴××和盛×受伤,吴××经抢救无效死亡。

蒋×违反操作规定,强令他人违章冒险作业,发生一人死亡、两人受伤的重大伤亡事故,其行为构成强令、组织他人冒险作业罪,被判处有期徒刑两年。

(三) 重大劳动安全事故罪

安全生产设施或者安全生产条件不符合国家规定,因而发生重大伤亡事故或者造成其他严重后果的,对直接负责的主管人员和其他直接责任人员,处三年以下有期徒刑或者拘役;情节特别恶劣的,处三年以上七年以下有期徒刑。

上述三种犯罪中的"发生重大伤亡事故或者造成其他严重后果",是指有如下情形之一:①造成死亡 1 人以上,或者重伤 3 人以上的;②造成直接经济损失 100 万元以上的;③其他造成严重后果或者重大安全事故的。

上述三种犯罪中的"情节特别恶劣",是指具有下列情形之一:① 造成死亡 3 人以上或者重伤 10 人以上,负事故主要责任的;② 造成直接经济损失 500 万元以上,负事故主要责任的;③ 其他造成特别严重后果、情节特别恶劣或者后果特别严重的。

【案例 1-3】 2016 年 10 月 13 日,黔西南州贞丰县荣胜煤矿发生一起较大瓦斯爆炸事故,造成 7 人死亡,7 人受伤,直接经济损失约 815 万元。李佩×身为荣胜煤矿法定代表人、主要投资人,对该矿疏于管理,致使矿难事故发生;实际负责人李显×、总工程师马××、安全副矿长丛××、生产副矿长宋××和机电副矿长于××在明知该矿安全生产条件不符合国家规定的情况下,仍然组织安排工人下井生产采煤。12 时 30 分许,该矿 1203 采煤工作面因瓦斯积聚,工人爆破作业引发瓦斯爆炸事故。2018 年 5 月 22 日,黔西南州中级人民法院终审裁定:李显×、李佩×、马××、丛××、宋××和于××犯重大劳动安全事故罪,分别被判处有期徒刑 4 年、3 年 6 个月、3 年、3 年、2 年 6 个月和 2 年 4 个月(缓刑 3 年)。

(四) 危险作业罪

在生产、作业中违反有关安全管理的规定,有下列情形之一,具有发生重大伤亡事故或者其他严重后果的现实危险的,处一年以下有期徒刑、拘役或者管制:

案例

(1) 关闭、破坏直接关系安全生产的监控、报警、防护、救生设备、设施,或者篡改、隐瞒、销毁其相关数据、信息的。

(2) 因存在重大事故隐患被依法责令停产停业、停止施工、停止使用有关设备、设施、场所或者立即采取排除危险的整改措施,而拒不执行的。

(3) 涉及安全生产的事项未经依法批准或者许可,擅自从事矿山开采、金属冶炼、建筑施工,以及危险物品生产、经营、储存等高度危险的生产作业活动的。

【案例 1-4】 2021 年 3 月 7 日,刘×在金沙县龙官煤矿二号井检测瓦斯过程中,用牌板遮挡摄像头,用黑色电胶布封闭 T_2 甲烷传感器的进气口,防止瓦斯超限报警。3 月 8 日,廖

××为避免 T_2 甲烷传感器超限报警，用黑色电胶布封闭 T_2 甲烷传感器进气口，过了一段时间又将其撕掉。3月8日，金沙县能源局执法人员在对金沙县龙宫煤矿二号井21404综采工作面回风巷 T_5 甲烷传感器超限报警情况核实检查中发现：3月8日11时45分21404综采工作面回风巷 T_5 甲烷传感器超限报警，最大浓度3.42%，超限时长16 min，在此期间 T_2 甲烷传感器监测数据最大浓度为0.48，属人为故意对 T_2 甲烷传感器监控数据进行屏蔽，造成瓦斯超限后甲烷传感器监测数据失真。5月18日，廖××、刘×主动到公安机关自首，并如实供述自己用电胶布封闭 T_2 甲烷传感器进气口的事实。2021年9月22日，金沙县人民法院判廖××和刘×犯危险作业罪，判处拘役3个月，缓刑6个月。

(五) 工程重大安全事故罪

建设单位、设计单位、施工单位、工程监理单位违反国家规定，降低工程质量标准，造成重大安全事故的，对直接责任人员处五年以下有期徒刑或者拘役，并处罚金；后果特别严重的，处五年以上十年以下有期徒刑，并处罚金。

(六) 不报、谎报安全事故罪

在安全事故发生后，负有报告职责的人员不报或者谎报事故情况，贻误事故抢救，情节严重的，处三年以下有期徒刑或者拘役；情节特别严重的，处三年以上七年以下有期徒刑。

【案例1-5】 2019年7月29日，贵州省修文县龙窝煤矿发生一起较大煤与瓦斯突出事故，造成4人死亡、2人轻伤，直接经济损失731.72万元。龙窝煤矿在东下山违规布置施工隐蔽作业区域，在不具备安全生产条件的情况下，越界违法开采。事故发生后，该矿实际控制人郑××和矿长杨××组织瞒报事故，逃避修文县人民政府的核查。最终因遇难者家属报警，事情败露。2021年1月27日，贵阳市中级人民法院终审裁定：郑××和杨××犯不报、谎报安全事故罪，分别判处有期徒刑1年和6个月；综合其所犯的重大责任事故罪和非法采矿罪，最终执行有期徒刑7年和5年。

此外，《刑法》规定的与煤矿生产有关的犯罪还有非法采矿罪，破坏性采矿罪，以危害方法危害公共安全罪和非法制造、买卖、运输、邮寄、储存爆炸物罪。

二、《安全生产法》

2002年6月29日，《安全生产法》经第九届全国人民代表大会常务委员会第二十八次会议通过，先后于2009年、2014年和2021年进行修正。《安全生产法》的制定目的：加强安全生产工作，防止和减少生产安全事故，保障人民群众生命和财产安全，促进经济社会持续健康发展。对于《安全生产法》，煤矿班组长应重点掌握如下内容。

视频解读

第三条 安全生产工作坚持中国共产党的领导。

安全生产工作应当以人为本，坚持人民至上、生命至上，把保护人民生命安全摆在首位，树牢安全发展理念，坚持安全第一、预防为主、综合治理的方针，从源头上防范化解重大安全风险。

安全生产工作实行管行业必须管安全、管业务必须管安全、管生产经营必须管安全，强化和落实生产经营单位主体责任与政府监管责任，建立生产经营单位负责、职工参与、政府监管、行业自律和社会监督的机制。

【解读】 安全生产工作坚持中国共产党的领导，标志着以法律的形式明确了党对安全生产工作的领导作用。

人民至上,生命至上。党中央、国务院历来高度重视安全生产工作。中央领导同志多次就安全生产工作提出要求,强调安全生产是人命关天的大事,发展绝不能以牺牲人的生命为代价,这是一条不可逾越的红线。

管行业必须管安全、管业务必须管安全、管生产经营必须管安全。“三管三必须”,实现了安全与生产的共治,每个岗位、每个人员都是“一岗双责”。

第二十二条 生产经营单位的全员安全生产责任制应当明确各岗位的责任人员、责任范围和考核标准等内容。

生产经营单位应当建立相应的机制,加强对全员安全生产责任制落实情况的监督考核,保证安全生产责任制的落实。

【解读】 生产经营单位的安全生产工作与每位从业人员的行为都直接相关。据统计,90%以上的事故是由从业人员违法违章作业导致的,其中普通从业人员又占到90%以上。因此,实行全员安全生产责任制,并明确各岗位的责任人员、责任范围和考核标准等内容。生产经营单位应建立相应的机制,采取必要的措施保证全员安全生产责任制的落实。

第二十九条 生产经营单位采用新工艺、新技术、新材料或者使用新设备,必须了解、掌握其安全技术特性,采取有效的安全防护措施,并对从业人员进行专门的安全生产教育和培训。

【解读】 生产经营单位对采用的新工艺、新技术、新材料或者使用新设备,必须了解、掌握其安全技术特性,对该工艺、技术的原理和操作规程有清楚的把握,了解该材料、设备的构成和性质。只有这样,生产经营单位才能有针对性地采取必需的预防措施,防止生产安全事故的发生。此外,新工艺、新技术、新材料的采用或者新设备的使用,对从业人员来说,是陌生的东西,如果仍按照老知识、老方法来应对,就会出问题,就可能引发生产安全事故,必须对从业人员进行专门的安全生产教育和培训。

第四十一条 生产经营单位应当建立安全风险分级管控制度,按照安全风险分级采取相应的管控措施。

生产经营单位应当建立健全并落实生产安全事故隐患排查治理制度,采取技术、管理措施,及时发现并消除事故隐患。事故隐患排查治理情况应当如实记录,并通过职工大会或者职工代表大会、信息公示栏等方式向从业人员通报。其中,重大事故隐患排查治理情况应当及时向负有安全生产监督管理职责的部门和职工大会或者职工代表大会报告。

县级以上地方各级人民政府负有安全生产监督管理职责的部门应当将重大事故隐患纳入相关信息系统,建立健全重大事故隐患治理督办制度,督促生产经营单位消除重大事故隐患。

【解读】 本条规定生产经营单位应建立双重预防机制。生产经营单位隐患排查治理工作主要包括四个方面:自查隐患、治理隐患、自报隐患和分析趋势。要做好这四个方面的工作,就要建立相应的制度,即生产安全事故隐患排查治理制度。建立隐患排查治理制度需要生产经营单位全面掌握法律法规和标准规范,以及上级和外部的其他要求,并结合自身的实际情况,通过编制制度将外部的规定转化为生产经营单位内部的各项规章制度,再经过全面的执行和落实,变成生产经营单位的管理行动。

生产经营单位应当将事故隐患排查治理情况如实记录,并通过职工大会或者职工代表大会、信息公示栏等方式向从业人员通报,以便从业人员知晓本单位的事故隐患排查治理情况。对于重大事故隐患，其排查治理情况则应当及时向负有安全生产监督管理职责的部门和职工大会或者职工代表大会报告。煤矿应每月向从业人员通报事故隐患分布和治理进展情况；及时在行人井口（露天煤矿交接班室）或其他显著位置公示重大事故隐患的地点、主要内容、治理时限、责任人、停产停工范围。

第四十三条　生产经营单位进行爆破、吊装、动火、临时用电以及国务院应急管理部门会同国务院有关部门规定的其他危险作业，应当安排专门人员进行现场安全管理，确保操作规程的遵守和安全措施的落实。

【解读】 爆破、吊装、动火、临时用电等危险作业是生产经营单位发生安全事故的主要原因之一。近年来发生的生产安全事故，很多是由于危险作业的安全监管不到位、危险作业安全管理制度不落实引起的。其中，动火作业与临时用电作业已经成为威胁生产经营单位安全生产的主要危险作业。因此，本条在之前爆破、吊装作业的基础上，新增了动火与临时用电，这对进一步加强生产经营单位危险作业的安全监督与管理、规范员工危险作业行为起到了重要的作用。

第四十四条　生产经营单位应当教育和督促从业人员严格执行本单位的安全生产规章制度和安全操作规程；并向从业人员如实告知作业场所和工作岗位存在的危险因素、防范措施以及事故应急措施。

生产经营单位应当关注从业人员的身体、心理状况和行为习惯，加强对从业人员的心理疏导、精神慰藉，严格落实岗位安全生产责任，防范从业人员行为异常导致事故发生。

【解读】 本条第二款是《安全生产法》2021年修订新增的条款。实践中，因从业人员患疾病等身体原因，或者心理状态扭曲，或者坏的行为习惯，在生产过程中导致不合常规的举动，多次发生生产安全事故。为了防范此类事故发生，《安全生产法》对生产经营单位做了义务性规定。

生产经营单位应该对各岗位从业人员的身体及心理状况、行为习惯等多加关注，特别是对高危险、高压力等岗位从业人员，生产经营单位应对其适当地进行科学有效的心理辅导，尽可能地确保其以健康积极的心态投入生产工作中，保证安全生产工作顺利进行。

第五十六条　生产经营单位发生生产安全事故后，应当及时采取措施救治有关人员。

因生产安全事故受到损害的从业人员，除依法享有工伤保险外，依照有关民事法律尚有获得赔偿的权利的，有权提出赔偿要求。

【解读】 本条规定了从业人员在从业岗位受到损害时依法享有的权利以及生产经营单位依法应履行的义务。因生产安全事故受到损害的从业人员，除依法享有工伤保险外，依照有关民事法律尚有获得赔偿的权力，有权提出赔偿要求。

第一百零七条　生产经营单位的从业人员不落实岗位安全责任，不服从管理，违反安全生产规章制度或者操作规程的，由生产经营单位给予批评教育，依照有关规章制度给予处分；构成犯罪的，依照刑法有关规定追究刑事责任。

【解读】 本条规定了从业人员不履行法定的义务和职责应承担的法律责任，对于不服从管理、不遵章作业和未落实安全生产责任制的从业人员，生产经营单位有权依法对其进行批评处分。针对出现构成犯罪的违法行为的从业人员，应当依照《刑法》有关规定追究其刑事责任。

第一百一十六条　生产经营单位发生生产安全事故造成人员伤亡、他人财产损失的，应当依法承担赔偿责任;拒不承担或者其负责人逃匿的,由人民法院依法强制执行。

生产安全事故的责任人未依法承担赔偿责任,经人民法院依法采取执行措施后,仍不能对受害人给予足额赔偿的,应当继续履行赔偿义务;受害人发现责任人有其他财产的,可以随时请求人民法院执行。

【解读】 生产经营单位发生生产安全事故,造成人员伤亡和他人财产损失的,应当依法承担赔偿责任。这是生产经营单位应当依法承担损害赔偿的民事责任。生产安全事故的责任人未依法承担赔偿责任,不履行生效的法律判决,经人民法院依法采取执行措施后,仍不能对受害人给予足额赔偿的,在发现其具有其他财产可执行时,应当继续履行赔偿义务。

三、《煤矿安全生产条例》

视频解读

2024年1月24日,国务院总理李强签署第774号国务院令,公布了《煤矿安全生产条例》,自2024年5月1日起施行。制定《煤矿安全生产条例》,旨在加强煤矿安全生产工作,防止和减少煤矿生产安全事故,保障人民群众生命财产安全。《煤矿安全生产条例》共6章76条,主要规定了以下内容。

(1)坚持党的领导,确立工作原则。明确煤矿安全生产工作坚持中国共产党的领导,坚持人民至上、生命至上,坚持安全第一、预防为主、综合治理的方针。

(2)强化源头治理,严查风险隐患。要求煤矿企业对风险隐患进行自查自改并按规定报告。监管部门要建立健全督办制度,督促煤矿企业消除重大事故隐患。对"带病生产"的煤矿企业,依法采取责令停产整顿直至关闭的处罚措施。

(3)夯实煤矿企业主体责任。严格准入条件,明确煤矿企业取得安全生产许可证后方可进行生产。落实煤矿企业全员安全生产责任制。要求煤矿企业进行煤矿灾害鉴定并按照灾害程度和类型实施灾害治理。《煤矿安全生产条例》明确规定煤矿企业从业人员负有下列安全生产职责:

① 遵守煤矿企业安全生产规章制度和作业规程、操作规程,严格落实岗位安全责任。

② 参加安全生产教育和培训,掌握本职工作所需的安全生产知识,提高安全生产技能,增强事故预防和应急处理能力。

③ 及时报告发现的事故隐患或者其他不安全因素。对违章指挥和强令冒险作业的行为,煤矿企业从业人员有权拒绝并向县级以上地方人民政府负有煤矿安全生产监督管理职责的部门、所在地矿山安全监察机构报告。煤矿企业不得因从业人员拒绝违章指挥或者强令冒险作业而降低其工资、福利等待遇,无正当理由调整工作岗位,或者解除与其订立的劳动合同。

(4)严格落实监管监察责任。规定煤矿安全生产实行地方党政领导干部安全生产责任制。明确监管部门和监管职责,要求县级以上地方人民政府负有煤矿安全生产监督管理职责的部门,依法对煤矿企业特别是一线生产作业场所进行监督检查。矿山安全监察机构履行煤矿安全监察职责,负责对地方政府煤矿安全生产监管工作进行监督检查,有权进入煤矿现场并采取相应处置措施。

(5)加大惩处力度。对煤矿安全生产违法行为,规定了罚款、行业和职业禁入、责令停产整顿、予以关闭等法律责任。

第三节　新的煤矿安全规章、规范及相关知识

一、《关于进一步加强矿山安全生产工作的意见》

2023 年 9 月 6 日，中共中央办公厅、国务院办公厅印发了《关于进一步加强矿山安全生产工作的意见》。这是新中国成立以来第一个经党中央、国务院同意印发的矿山安全生产领域的纲领性文件。它的出台实施，充分体现了以习近平同志为核心的党中央对矿山安全生产工作的高度重视。它以习近平新时代中国特色社会主义思想为指导，深入贯彻党的二十大精神，坚持统筹发展和安全，坚持人民至上、生命至上，既注重守正和创新相结合，认真总结近年来的成熟经验和好的做法，又注重问题导向和目标导向相统一，着力从根本上消除事故隐患、从根本上解决问题，提出了一系列加强矿山安全生产工作的重大任务和措施，为做好当前和今后一个时期矿山安全生产工作指明了方向和路径，对推动矿山行业安全发展、高质量发展具有里程碑意义。煤矿企业应当把贯彻落实《关于进一步加强矿山安全生产工作的意见》作为一项重大政治任务，动真碰硬、真抓实干，攻坚克难、善作善成，确保各项任务措施落地生根。对于《关于进一步加强矿山安全生产工作的意见》，煤矿班组长应重点掌握如下规定：

(1) 使用应当淘汰的危及生产安全的工艺、设备且拒不整改仍然生产建设的，或者经停产整顿仍不具备安全生产条件的矿山，应依法予以关闭取缔。

(2) 地下矿山应当建立人员定位、安全监测监控、通信联络、压风自救和供水施救等系统。

(3) 矿山企业应当健全以安全风险分级管控和隐患排查治理双重预防机制为核心的安全生产标准化管理体系。严格开展风险辨识评估并实施分级管控，定期开展全员全覆盖隐患排查治理，建立风险隐患台账清单，实行闭环管理。对排查整改不到位导致重大隐患依然存在或发生事故的，依法追究企业及相关责任人责任。

(4) 强化重大灾害治理。矿山企业应当查明隐蔽致灾因素，实施煤与瓦斯突出、冲击地压、水害等重大灾害分区管理、超前治理。

(5) 停工停产整改的矿山应当制定整改方案，限定单班下井人数，同一作业地点控制在 10 人以内，并向矿山安全监管监察部门报告后方可进行整改作业。

(6) 煤矿应当配备相关专业中专以上学历或者中级以上专业技术职称的专职技术人员。灾害严重矿山应当按要求配备灾害治理专职领导人员、专门机构、专业人员。

(7) 矿山企业应当建立健全并落实全员安全生产岗位责任制和安全生产管理制度。按照要求绘制、更新相关图纸，并报送矿山安全监管监察部门。未经安全培训合格的从业人员不得上岗作业，矿长、总工程师和分管安全、生产、机电等工作的副矿长每年应当接受专门的安全教育培训。首次取证的地下矿山特种作业人员应当具有高中以上文化程度。严格井下劳动定员管理，不得超定员安排人员下井作业，提高井下艰苦岗位津贴。取消井下劳务派遣用工，矿山企业或承包单位对欠薪应依法承担清偿责任。

灾害事前预防转型　事故监测预警　重大隐患排查治理　矿山智能化

注:2023 年 9 月 18 日,国务院新闻办公室新闻发布会上,国家矿山安全监察局对《关于进一步加强矿山安全生产工作的意见》中涉及的灾害事前预防转型、事故监测预警、重大隐患排查治理和矿山智能化四个问题进行了解答(扫描以上二维码即可观看相关的解答视频)。

二、《关于防范遏制矿山领域重特大生产安全事故的硬措施》

2024 年 1 月 16 日,国务院安全生产委员会印发了《关于防范遏制矿山领域重特大生产安全事故的硬措施》(安委〔2024〕1 号)(以下简称《硬措施》),针对当前矿山安全生产领域存在的突出问题,提出了 8 个方面的硬措施。《硬措施》的出台实施,是贯彻落实习近平总书记关于安全生产重要指示批示精神的必然要求,是贯彻落实党中央、国务院重大决策部署的具体举措,是遏制当前矿山领域重特大生产安全事故多发频发势头的非常之举,为做好当前和今后一个时期矿山安全生产工作指明了方向路径、抓住了关键要害,对推动矿山领域高质量发展和高水平安全良性互动具有重大现实意义。各级矿山安全监管监察部门和各矿山企业要深刻认识《硬措施》出台的重大意义,自觉把思想和行动统一到习近平总书记重要指示批示精神和党中央、国务院重大决策部署上来,切实增强抓好贯彻落实的政治自觉、思想自觉和行动自觉,把贯彻落实《硬措施》作为一项重大政治任务和具体行动,发扬斗争精神,不折不扣、雷厉风行、求真务实、敢作善为抓落实,确保各项任务措施落地见效。

各级矿山安全监管监察部门和各矿山企业要结合实际,制定宣传贯彻《硬措施》的具体方案,明确职责,周密组织,持续深入开展宣传贯彻活动。要把《硬措施》宣贯和《关于进一步加强矿山安全生产工作的意见》宣贯有机结合,凝聚工作合力。国家矿山安全监察局组织编写《硬措施》解读要点,各级矿山安全监管监察部门和各矿山企业要在解读要点的基础上,结合实际增加本地区、本企业典型案例,增强宣贯效果。

《硬措施》对大力提升从业人员素质提出了明确要求:

(1)矿山企业必须严格实施安全生产教育和培训计划,大力提升从业人员安全意识和安全素养,配备安全生产管理机构和人员("五职"矿长必须有主体专业大专以上学历且有 10 年以上矿山一线从业经历,"五科"专业技术人员必须为主体专业毕业且有 5 年以上矿山一线从业经历);"五职"矿长和主要负责人每年必须接受矿山安全监察机构会同监管部门组织的专门安全教育培训,新上岗的从业人员岗前安全培训时间不得少于 72 学时并经培训考核合格后方可上岗,取消井下劳务派遣用工。

(2)从业人员必须熟知各类灾害避灾路线、地面建筑场所的安全疏散通道和自救逃生方法;不熟悉避灾逃生路线,或者不能熟练使用自救器等紧急自救装备的,不得安排上岗作业。严厉整治封闭占堵消防通道、逃生通道行为,确保生命通道畅通。

(3)严格矿山安全培训机构执业能力监督检查,坚决整治假培训、假考试、假证书等乱象。加强矿山安全培训管理,细化完善各类矿山从业人员安全生产教育培训的频次、内容、范围、时间、考核等规定要求，严格执行教考分离。对矿山安全管理机构和人员配备不满足规定要求，或者特种作业人员无证上岗的，依法限期整改直至停产整顿，并严肃追究主要负责人责任。

《硬措施》对强化重大灾害治理提出了明确要求：矿山企业必须按规定采用钻探、物探、化探等方法相互验证，查清隐蔽致灾因素并采取有效措施后方可进行采掘作业。对灾害矿井该鉴定不鉴定、该戴帽不戴帽、不按灾害等级设防或者鉴定弄虚作假的，责令立即停止生产、排除隐患。对发生瓦斯亡人事故、瓦斯涉险事故和瓦斯高值超限的煤矿，必须停止作业、严肃追究责任，并由地方煤矿安全监管部门对企业瓦斯防治的机构、人员、装备、制度等方面进行全方位评估，经评估不具备防治能力的，不得恢复生产。对探放水造假、禁采区采掘作业、极端天气不撤人的，必须按重大事故隐患严格处罚。对露天矿山边坡角、台阶高度、平盘宽度等不符合设计要求的，或者边坡监测系统达不到相关规定要求的，责令立即制定安全措施、限期整改直至停产整顿。

三、《煤矿安全规程》

修订后的《煤矿安全规程》自 2022 年 4 月 1 日起施行，制定《煤矿安全规程》的目的是保障煤矿安全生产和从业人员安全与健康，防止煤矿事故与职业危害。《煤矿安全规程》主要修订的条款如下。

第四条　从事煤炭生产与煤矿建设的企业（以下统称煤矿企业）必须遵守国家有关安全生产的法律、法规、规章、规程、标准和技术规范。

煤矿企业必须加强安全生产管理，建立健全各级负责人、各部门、各岗位安全生产与职业病危害防治责任制。

煤矿企业必须建立健全安全生产与职业病危害防治目标管理、投入、奖惩、技术措施审批、培训、办公会议制度，安全检查制度，安全风险分级管控工作制度，事故隐患排查、治理、报告制度，事故报告与责任追究制度等。

煤矿企业必须制定重要设备材料的查验制度，做好检查验收和记录，防爆、阻燃抗静电、保护等安全性能不合格的不得入井使用。

煤矿企业必须建立各种设备、设施检查维修制度，定期进行检查维修，并做好记录。

煤矿必须制定本单位的作业规程和操作规程。

第十条　煤矿使用的纳入安全标志管理的产品，必须取得煤矿矿用产品安全标志。未取得煤矿矿用产品安全标志的，不得使用。

试验涉及安全生产的新技术、新工艺必须经过论证并制定安全措施；新设备、新材料必须经过安全性能检验，取得产品工业性试验安全标志。

积极推广自动化、智能化开采，减少井下作业人数。

严禁使用国家明令禁止使用或者淘汰的危及生产安全和可能产生职业病危害的技术、工艺、材料和设备。

第九十五条　一个矿井同时回采的采煤工作面个数不得超过 3 个，煤（半煤岩）巷掘进工作面个数不得超过 9 个。严禁以掘代采。

采（盘）区开采前必须按照生产布局和资源回收合理的要求编制采（盘）区

专家解读

注：划线部分为 2022 年修订变化的部分。

设计,并严格按照采(盘)区设计组织施工,情况发生变化时及时修改设计。

一个采(盘)区内同一煤层的一翼最多只能布置1个采煤工作面和2个煤(半煤岩)巷掘进工作面同时作业。一个采(盘)区内同一煤层双翼开采或者多煤层开采的,该采(盘)区最多只能布置2个采煤工作面和4个煤(半煤岩)巷掘进工作面同时作业。

在采动影响范围内不得布置2个采煤工作面同时回采。

下山采区未形成完整的通风、排水等生产系统前,严禁掘进回采巷道。

严禁任意开采非垮落法管理顶板留设的支承采空区顶板和上覆岩层的煤柱,以及采空区安全隔离煤柱。

采掘过程中严禁任意扩大和缩小设计确定的煤柱。采空区内不得遗留未经设计确定的煤柱。

严禁任意变更设计确定的工业场地、矿界、防水和井巷等的安全煤柱。

严禁开采和毁坏高速铁路的安全煤柱。

第一百一十五条 采用放顶煤开采时,必须遵守下列规定:

(一)矿井第一次采用放顶煤开采,或者在煤层(瓦斯)赋存条件变化较大的区域采用放顶煤开采时,必须根据顶板、煤层、瓦斯、自然发火、水文地质、煤尘爆炸性、冲击地压等地质特征和灾害危险性进行可行性论证和设计,并由煤矿企业组织行业专家论证。

(二)针对煤层开采技术条件和放顶煤开采工艺特点,必须制定防瓦斯、防火、防尘、防水、采放煤工艺、顶板支护、初采和工作面收尾等安全技术措施。

(三)放顶煤工作面初采期间应当根据需要采取强制放顶措施,使顶煤和直接顶充分垮落。

(四)采用预裂爆破处理坚硬顶板或者坚硬顶煤时,应当在工作面未采动区进行,并制定专门的安全技术措施。严禁在工作面内采用炸药爆破方法处理未冒落顶煤、顶板及大块煤(矸)。

(五)高瓦斯、突出矿井的容易自燃煤层,应当采取以预抽方式为主的综合抽采瓦斯措施,保证本煤层瓦斯含量不大于6 m^3/t,并采取综合防灭火措施。

(六)严禁单体支柱放顶煤开采。

有下列情形之一的,严禁采用放顶煤开采:

(一)缓倾斜、倾斜厚煤层的采放比大于1∶3,且未经行业专家论证的;急倾斜水平分段放顶煤采放比大于1∶8的。

(二)采区或者工作面采出率达不到矿井设计规范规定的。

(三)坚硬顶板、坚硬顶煤不易冒落,且采取措施后冒放性仍然较差,顶板垮落充填采空区的高度不大于采放煤高度的。

(四)放顶煤开采后有可能与地表水、老窑积水和强含水层导通的。

(五)放顶煤开采后有可能沟通火区的。

第一百一十九条 使用掘进机、掘锚一体机、连续采煤机掘进时,必须遵守下列规定:

(一)开机前,在确认铲板前方和截割臂附近无人时,方可启动。采用遥控操作时,司机必须位于安全位置。开机、退机、调机前,必须发出报警信号。

(二)作业时,应当使用内、外喷雾装置,内喷雾装置的工作压力不得小于2 MPa,外喷雾装置的工作压力不得小于4 MPa。在内、外喷雾装置工作稳定性得不到保证的情况下,应当使用与掘进机、掘锚一体机或者连续采煤机联动联控的除降尘装置。

（三）截割部运行时，严禁人员在截割臂下停留和穿越，机身与煤（岩）壁之间严禁站人。

（四）在设备非操作侧，必须装有紧急停转按钮（连续采煤机除外）。

（五）必须装有前照明灯和尾灯。

（六）司机离开操作台时，必须切断电源。

（七）停止工作和交班时，必须将切割头落地，并切断电源。

第一百九十条　新建突出矿井设计生产能力不得低于0.9 Mt/a，第一生产水平开采深度不得超过800 m。中型及以上的突出生产矿井延深水平开采深度不得超过1200 m，小型的突出生产矿井开采深度不得超过600 m。

第一百九十四条　突出矿井的防突工作应当遵守下列规定：

（一）配置满足防突工作需要的防突机构、专业防突队伍、检测分析仪器仪表和设备。

（二）建立防突管理制度和各级岗位责任制，健全防突技术管理和培训制度。突出矿井的管理人员和井下作业人员必须接受防突知识培训，经培训合格后方可上岗作业。

（三）加强两个"四位一体"综合防突措施实施过程的安全管理和质量管控，实现质量可靠、过程可溯、数据可查。区域预测、区域预抽、区域效果检验等的钻孔施工应当采用视频监视等可追溯的措施，并建立核查分析制度。

（四）不具备按照要求实施区域防突措施条件，或者实施区域防突措施时不能满足安全生产要求的突出煤层、突出危险区，不得进行采掘活动，并划定禁采区。

（五）煤层瓦斯压力达到或者超过3 MPa的区域，必须采用地面钻井预抽煤层瓦斯，或者开采保护层的区域防突措施，或者采用井下顶（底）板巷道远程操控方式施工区域防突措施钻孔，并编制专项设计。

（六）井巷揭穿突出煤层必须编制防突专项设计，并报企业技术负责人审批。

（七）突出煤层采掘工作面必须编制防突专项设计。

（八）矿井必须对防突措施的技术参数和效果进行实际考察确定。

第二百零九条　采取预抽煤层瓦斯区域防突措施时，应当遵守下列规定：

（一）预抽区段煤层瓦斯区域防突措施的钻孔应当控制区段内整个回采区域、两侧回采巷道及其外侧如下范围内的煤层：倾斜、急倾斜煤层巷道上帮轮廓线外至少20 m，下帮至少10 m；其他煤层为巷道两侧轮廓线外至少各15 m。以上所述的钻孔控制范围均为沿煤层层面方向（以下同）。

（二）顺层钻孔或者穿层钻孔预抽回采区域煤层瓦斯区域防突措施的钻孔，应当控制整个回采区域的煤层。

（三）穿层钻孔预抽煤巷条带煤层瓦斯区域防突措施的钻孔，应当控制整条煤层巷道及其两侧一定范围内的煤层，该范围要求与本条（一）的规定相同。

（四）穿层钻孔预抽井巷（含石门、立井、斜井、平硐）揭煤区域煤层瓦斯区域防突措施的钻孔，应当在揭煤工作面距煤层最小法向距离7 m以前实施，并控制井巷及其外侧至少以下范围的煤层：揭煤处巷道轮廓线外12 m（急倾斜煤层底部或者下帮6 m），且应当保证控制范围的外边缘到巷道轮廓线（包括预计前方揭煤段巷道的轮廓线）的最小距离不小于5 m。当区域防突措施难以一次施工完成时可分段实施，但每一段都应当能够保证揭煤工作面到巷道前方至少20 m之间的煤层内，区域防突措施控制范围符合上述要求。

(五)顺层钻孔预抽煤巷条带煤层瓦斯区域防突措施的钻孔,应当控制的煤巷条带前方长度不小于 60 m,煤巷两侧控制范围要求与本条(一)的规定相同。钻孔预抽煤层瓦斯的有效抽采时间不得少于 20 天,如果在钻孔施工过程中发现有喷孔、顶钻或者卡钻等动力现象的,有效抽采时间不得少于 60 天。

(六)定向长钻孔预抽煤巷条带煤层瓦斯区域防突措施的钻孔,应当采用定向钻进工艺施工,控制煤巷条带煤层前方长度不小于 300 m 和煤巷两侧轮廓线外一定范围,该范围要求与本条(一)的规定相同。

(七)厚煤层分层开采时,预抽钻孔应当控制开采分层及其上部法向距离至少 20 m、下部 10 m 范围内的煤层。

(八)应当采取保证预抽瓦斯钻孔能够按设计参数控制整个预抽区域的措施。

(九)当煤巷掘进和采煤工作面在预抽防突效果有效的区域内作业时,工作面距前方未预抽或者预抽防突效果无效范围的边界不得小于 20 m。

第二百二十八条 矿井防治冲击地压(以下简称防冲)工作应当遵守下列规定:

(一)设专门的机构与人员。

(二)坚持"区域先行、局部跟进、分区管理、分类防治"的防冲原则。

(三)必须编制中长期防冲规划与年度防冲计划,采掘工作面作业规程中必须包括防冲专项措施。

(四)开采冲击地压煤层时,必须采取冲击危险性预测、监测预警、防范治理、效果检验、安全防护等综合性防治措施。

(五)必须建立防冲培训制度。

(六)必须建立冲击危险区人员准入制度,实行限员管理。

(七)必须建立生产矿长(总工程师)日分析制度和日生产进度通知单制度。

(八)必须建立防冲工程措施实施与验收记录台账,保证防冲过程可追溯。

第二百三十条 新建矿井在可行性研究阶段应当进行冲击地压评估工作,并在建设期间完成煤(岩)层冲击倾向性鉴定及冲击危险性评价工作。

专家解读

经评估、鉴定或者评价煤层具有冲击危险性的新建矿井,应当严格按照相关规定进行设计,建成后生产能力不得超过 8 Mt/a,不得核增产能。

冲击地压生产矿井应当按照采掘工作面的防冲要求进行矿井生产能力核定。矿井改建和水平延深时,必须进行防冲安全性论证。

非冲击地压矿井升级为冲击地压矿井时,应当编制矿井防冲设计,并按照防冲要求进行矿井生产能力核定。

采取综合防冲措施后不能将冲击危险性指标降低至临界值以下的,不得进行采掘作业。

第二百三十一条 冲击地压矿井巷道布置与采掘作业应当遵守下列规定:

(一)开采冲击地压煤层时,在应力集中区内不得布置 2 个工作面同时进行采掘作业。2 个掘进工作面之间的距离小于 150 m 时,采煤工作面与掘进工作面之间的距离小于 350 m 时,2 个采煤工作面之间的距离小于 500 m 时,必须停止其中一个工作面。相邻矿井、相邻采区之间应当避免开采相互影响。

(二)开拓巷道不得布置在严重冲击地压煤层中,永久硐室不得布置在冲击地压煤层中。煤层巷道与硐室布置不应留底煤,如果留有底煤必须采取底板预卸压措施。

（三）严重冲击地压厚煤层中的巷道应当布置在应力集中区外。双巷掘进时2条平行巷道在时间、空间上应当避免相互影响。

（四）冲击地压煤层应当严格按顺序开采，不得留孤岛煤柱。在采空区内不得留有煤柱，如果必须在采空区内留煤柱时，应当进行论证，报企业技术负责人审批，并将煤柱的位置、尺寸以及影响范围标在采掘工程平面图上。开采孤岛煤柱的，应当进行防冲安全开采论证；严重冲击地压矿井不得开采孤岛煤柱。

（五）对冲击地压煤层，应当根据顶底板岩性适当加大掘进巷道宽度。应当优先选择无煤柱护巷工艺，采用大煤柱护巷时应当避开应力集中区，严禁留大煤柱影响邻近层开采。巷道严禁采用刚性支护。

（六）采用垮落法管理顶板时，支架（柱）应当有足够的支护强度，采空区中所有支柱必须回净。

（七）冲击地压煤层掘进工作面临近大型地质构造、采空区、其他应力集中区时，必须制定专项措施。

（八）应当在作业规程中明确规定初次来压、周期来压、采空区"见方"等期间的防冲措施。

（九）在无冲击地压煤层中的三面或者四面被采空区所包围的区域开采和回收煤柱时，必须制定专项防冲措施。

（十）采动影响区域内严禁巷道扩修与回采平行作业、严禁同一区域两点及以上同时扩修。

第二百三十六条　冲击地压危险区域必须进行日常监测预警，预警有冲击地压危险时，应当立即停止作业，切断电源，撤出人员，并报告矿调度室。在实施解危措施、确认危险解除后方可恢复正常作业。

停产3天及以上冲击地压危险采掘工作面恢复生产前，应当评估冲击地压危险程度，并采取相应的安全措施。

第二百四十一条　采掘工作面实施解危措施时，必须撤出与实施解危措施无关的人员。

冲击地压危险工作面实施解危措施后，必须进行效果检验，确认检验结果小于临界值后，方可进行采掘作业。

第二百四十四条　冲击地压危险区域的巷道必须加强支护。

采煤工作面必须加大上下出口和巷道的超前支护范围与强度，弱冲击危险区域的工作面超前支护长度不得小于70 m；厚煤层放顶煤工作面、中等及以上冲击危险区域的工作面超前支护长度不得小于120 m，超前支护应当满足支护强度和支护整体稳定性要求。

专家解读

严重（强）冲击地压危险区域，必须采取防底鼓措施。

第二百五十条　进风井口应当装设防火铁门，防火铁门必须严密并易于关闭，打开时不妨碍提升、运输和人员通行，并定期维修；如果不设防火铁门，必须有防止烟火进入矿井的安全措施。

专家解读

罐笼提升立井井口还应当采取以下措施：

（一）井口操车系统基础下部的负层空间应当与井筒隔离，并设置消防设施。

（二）操车系统液压管路应当采用金属管或者阻燃高压非金属管，传动介质使用难燃液,液压站不得安装在封闭空间内。

(三)井筒及负层空间的动力电缆、信号电缆和控制电缆应当采用煤矿用阻燃电缆,并与操车系统液压管路分开布置。

(四)操车系统机坑及井口负层空间内应当及时清理漏油,每天检查清理情况,不得留存杂物和易燃物。

第二百七十四条 矿井必须制定防止采空区自然发火的封闭及管理专项措施。采煤工作面回采结束后,必须在45天内进行永久性封闭,每周至少1次抽取封闭采空区内气样进行分析,并建立台账。

开采自燃和容易自燃煤层,应当及时构筑各类密闭并保证质量。

与封闭采空区连通的各类废弃钻孔必须永久封闭。

构筑、维修采空区密闭时必须编制设计和制定专项安全措施。

采空区疏放水前,应当对采空区自然发火的风险进行评估;采空区疏放水时,应当加强对采空区自然发火危险的监测与防控;采空区疏放水后,应当及时关闭疏水闸阀、采用自动放水装置或者永久封堵,防止通过放水管漏风。

第三百零三条 顶、底板存在强富水含水层且有突水危险的采掘工作面,应当提前编制防治水设计,制定并落实水害防治措施。

在火成岩、砂岩、灰岩等厚层坚硬岩层下开采受离层水威胁的采煤工作面,应当分析探查离层发育的层位和导含水情况,超前采取防治措施。

开采浅埋深煤层或者急倾斜煤层的矿井,必须编制防止季节性地表积水或者洪水溃入井下的专项措施,并由煤矿企业主要负责人审批。

第三百六十七条 爆破工必须最后离开爆破地点,并在安全地点起爆。撤人、警戒等措施及起爆地点到爆破地点的距离必须在作业规程中具体规定。

起爆地点到爆破地点的距离应当符合下列要求:

(一)岩巷直线巷道大于130 m,拐弯巷道大于100 m。

(二)煤(半煤岩)巷直线巷道大于100 m,拐弯巷道大于75 m。

(三)采煤工作面大于75 m,且位于工作面进风巷内。

四、《矿山生产安全事故报告和调查处理办法》

2023年1月17日,国家矿山安全监察局印发了《矿山生产安全事故报告和调查处理办法》,自印发之日起施行。该办法包括总则、事故等级、事故报告、事故现场处置、事故调查、事故处理和整改措施评估、附则7个部分。

(1)总则(第一条至第三条)。其主要包括立法目的、适用范围、定义等内容。其中,明确了矿山生产安全事故的定义,规定矿山生产安全事故不仅包括井口及以下区域、露天矿场内发生的生产安全事故,还包括工业广场内与矿山生产直接相关且属于矿山的地面生产系统、矿山企业附属的尾矿库、排土场、洗选厂、矸石山、瓦斯抽放泵站等发生的造成人身伤亡或者直接经济损失的生产安全事故。

(2)事故等级(第四条至第七条)。其主要规定了事故分级、伤亡认定、直接经济损失认定以及事故等级认定等内容。其中,对伤亡的认定,明确规定事故中的死亡人员依据公安机关或者二级甲等及以上资质的医疗机构出具的证明材料确定,重伤人员依据具有资质的医疗机构出具的证明材料确定,与事故矿山企业有所属关系的医疗机构应当回避。此外,还明确了直接经济损失包括的内容等。

(3) 事故报告(第八条至第十四条)。其主要规定了企业、政府有关部门的报告时限、报告内容和要求以及对自然灾害、盗采或死因不明等事故的报告、举报核查等有关要求。其中,明确规定了矿山企业发生可能因自然灾害、盗采等引发的矿山事故,或者从业人员在生产过程中因病死亡的,首先应当按照生产安全事故报告程序上报,经调查认定,符合核销程序的,由负责组织调查的地方人民政府或矿山安全监察机构提出核销建议,按程序核销。此外,还明确了矿山安全监管监察部门接到矿山瞒报、谎报事故举报信息后,应当及时提请当地人民政府组织核查。

(4) 事故现场处置(第十五条至第十六条)。其主要规定了事故救援和救援过程中对现场证据进行保护。其中,造成事故等级认定不准的情况,明确规定在救援过程中,相关部门要在地方人民政府统一组织下,核实事故伤亡人数,并将核查结果及时上报,有利于下一步事故调查工作的顺利开展。

(5) 事故调查(第十七条至第二十八条)。其主要规定了事故调查组组成、职责、调查报告内容、提交时限、归档保存等内容。其中,明确规定了重大及以下煤矿事故由国家矿山安全监察局省级局牵头组织调查,重大及以下非煤矿山事故由事故发生地人民政府直接调查或者委托有关部门组织调查;对于未造成人员死亡的一般事故,可以委托事故发生单位或者有关部门组织调查。同时,还对事故调查组成员组成和事故调查组组长的职责、事故报告时限等进行了进一步明确。规定了可以聘请专家参与事故调查,要求实行专家回避制度,原则上重大、特别重大事故,专家组组长应当聘请事故地区以外的人员担任,且事故地区以外的专家占比不低于2/3。

(6) 事故处理和整改措施评估(第二十九至第三十四条)。其主要规定了事故结案程序、事故处理建议落实、报告公布和事故评估等内容。其中,明确规定了较大及以下等级煤矿事故调查报告由国家矿山安全监察局省级局按程序结案。同时按照新修订的《安全生产法》,增加了事故防范和整改措施落实情况评估要求,要求事故结案后1年内,事故调查组组长单位应当组织对事故防范和整改措施落实情况进行评估,评估结果应当及时向社会公开。评估工作组原则上由参加事故调查的部门组成,可以邀请相应监察机关按照职责同步开展工作。

(7) 附则(第三十五条)。其主要规定了该办法施行时间。

《矿山生产安全事故报告和调查处理办法》

第一章　总　则

第一条　为了规范矿山生产安全事故报告和调查处理,防范和遏制矿山生产安全事故,根据《中华人民共和国安全生产法》《生产安全事故报告和调查处理条例》《煤矿安全监察条例》等法律法规,制定本办法。

第二条　矿山生产安全事故的报告和调查处理,适用本办法。

第三条　本办法所称矿山生产安全事故(以下简称事故),是指矿山包括井口及以下区域、露天矿场、工业广场内与矿山生产直接相关且属于矿山的地面生产系统,以及附属的尾矿库、排土场、洗选厂、矸石山、瓦斯抽放泵站等场所,在生产经营活动中发生的造成人身伤亡或者直接经济损失的生产安全事故。

第二章　事故等级

第四条　根据事故造成的人员伤亡或者直接经济损失,事故分为以下等级:

(一)特别重大事故,是指造成30人以上死亡,或者100人以上重伤(包括急性工业中毒,下同),或者1亿元以上直接经济损失的事故;

(二)重大事故,是指造成10人以上30人以下死亡,或者50人以上100人以下重伤,或者5000万元以上1亿元以下直接经济损失的事故;

(三)较大事故,是指造成3人以上10人以下死亡,或者10人以上50人以下重伤,或者1000万元以上5000万元以下直接经济损失的事故;

(四)一般事故,是指造成3人以下死亡,或者10人以下重伤,或者100万元以上1000万元以下直接经济损失的事故。

本条所称的"以上"包括本数,所称的"以下"不包括本数。

第五条 事故死亡人员的认定应当依据公安机关或者二级甲等及以上资质的医疗机构出具的证明材料确定,重伤人员的认定应当依据具有资质的医疗机构出具的证明材料确定。

第六条 事故发生单位应当统计直接经济损失,并由负责牵头事故调查的矿山安全监管监察部门根据组织或者参与事故救援、赔偿等工作的地方人民政府或者事故发生单位提供的统计结果进行确定。统计结果应注明日期。

事故造成的直接经济损失包括:

(一)人身伤亡后所支出的费用,含医疗费用、护理费用、丧葬及抚恤费用、补助及救济费用、歇工工资;

(二)善后处理费用,含处理事故的事务性费用、现场抢救费用,清理现场费用、事故赔偿费用;

(三)财产损失价值,含固定资产损失价值,流动资产损失价值。

第七条 事故等级认定按照死亡人数、重伤人数、直接经济损失三者中最高级别确定。以重伤人数确定事故等级的,应当同时统计重伤人数和死亡人数。

自事故发生之日起30日内,事故造成的伤亡人数发生变化的,应当按照变化后的伤亡人数重新确定事故等级。

因事故造成的失踪人员,自事故发生之日起30日后,按照死亡人员进行统计,并重新确定事故等级。

事故抢险救援时间超过30日的,应当在抢险救援结束后7日内重新核定事故伤亡人数和直接经济损失。重新核定的事故伤亡人数和直接经济损失与原报告不一致的,按照变化后的伤亡人数和直接经济损失确定事故等级。

第三章 事故报告

第八条 矿山发生事故(包括涉险事故)后,事故现场有关人员应当立即报告矿山负责人;矿山负责人接到报告后,应当于1小时内报告事故发生地县级及以上人民政府矿山安全监管部门,同时报告国家矿山安全监察局省级局。发生较大及以上等级事故的,可直接向省级人民政府矿山安全监管部门和国家矿山安全监察局省级局报告。

第九条 县级及以上地方人民政府矿山安全监管部门接到事故报告后应当逐级上报,每一级上报时间不得超过1小时。其中,接到较大及以上等级事故报告后,应当于1小时内快报省级人民政府矿山安全监管部门和国家矿山安全监察局省级局;接到重大及以上等级事故报告后,在报告省级人民政府矿山安全监管部门和国家矿山安全监察局省级局的同时,可以立即报告国家矿山安全监察局。

国家矿山安全监察局省级局接到事故报告后，应当于48小时内在矿山安全生产综合信息系统事故调查子系统填报事故信息。

第十条 报告事故应当包括下列内容：

（一）事故发生单位概况。主要包括单位全称、所有制形式和隶属关系、生产能力、生产状态、证照情况等；

（二）事故发生的时间、地点以及事故现场情况；

（三）事故类别。煤矿事故类别分为顶板、冲击地压、瓦斯、煤尘、机电、运输、爆破、水害、火灾、其他。非煤矿山事故类别分为物体打击、车辆伤害、机械伤害、起重伤害、触电、淹溺、灼烫、火灾、高处坠落、坍塌、冒顶片帮、透水、爆破、火药爆炸、中毒和窒息、溃坝、其他；

（四）事故的简要经过，入井人数、安全升井人数，事故已经造成伤亡人数、涉险人数、失踪人数和初步估计的直接经济损失；

（五）已经采取的措施；

（六）其他应当报告的情况。

第十一条 初次报告由于情况不明暂未报告的内容，应当在情况清楚后及时续报。

事故报告后，出现新情况的（包括事故抢险救援进展情况），负责事故报告的单位应当及时补报或者续报，其中，事故伤亡人数发生变化的，应当在变化后的24小时内补报或者续报。

第十二条 事故报告应当及时、准确、完整，任何单位和个人不得瞒报、谎报或者迟报。

第十三条 矿山因自然灾害或者在生产过程中疑似因病造成从业人员死亡的，或者因盗采行为等造成人员伤亡的，应当按照生产安全事故报告程序上报。经负责牵头调查的矿山安全监管监察部门调查认定或者由事故发生地人民政府有关部门鉴定，具有下列情形之一的，由矿山安全监管监察部门提出核销建议，按照规定程序核销。

（一）超过设计风险抵御标准，工程选址合理，且安全防范措施和应急救援措施到位的情况下，由不能预见或者不能抗拒的自然灾害直接引发的；

（二）经由公安机关侦查，结案认定事故原因是蓄意破坏、恐怖行动、投毒、纵火、盗窃、自杀等人为故意行为直接或者间接造成的；

（三）矿山从业人员在生产过程中或者在岗位上，突发疾病（非遭受外部能量意外释放造成的肌体创伤）导致死亡的。

第十四条 矿山安全监管监察部门接到涉及人员死亡的矿山瞒报、谎报事故举报信息后，应当及时提请县级以上人民政府组织核查。核查属实的，按照规定程序上报，并按本办法有关规定开展事故调查。

第四章 事故现场处置

第十五条 地方人民政府和相关部门接到事故报告后，应当立即启动应急预案，组织开展现场应急处置工作。矿山安全监管监察部门接到事故报告后，应当根据事故等级和相关规定派员立即赶赴事故现场，协助有关地方人民政府做好应急处置工作。

第十六条 矿山及抢险救援队伍等有关单位和人员应当妥善保护事故现场及相关证据。任何单位和个人不得破坏事故现场、毁灭证据。因事故抢险救援必须改变事故现场状况的，现场抢险救援指挥部应当绘制现场简图并做出书面记录，妥善保存现场重要痕迹、物证。抢险救援结束后，现场抢险救援指挥部应当向事故调查组提交抢险救援报告及有关图纸、记录等资料。

矿山应当配合有关部门及时收集固定包括视听、监测监控等资料在内的相关证据。有关部门收集固定的相关证据应当提交事故调查组。

第五章 事故调查

第十七条 事故调查处理应当坚持科学严谨、依法依规、实事求是、注重实效的原则,做到事故原因未查清不放过、责任人员未处理不放过、整改措施未落实不放过、有关人员未受到教育不放过。

第十八条 事故按照等级实行分级调查。

重大及以下等级煤矿事故由国家矿山安全监察局省级局牵头组织调查。

重大、较大、一般非煤矿山事故分别由事故发生地省级人民政府、设区的市级人民政府、县级人民政府负责直接组织事故调查组进行调查,也可以授权或者委托有关部门组织事故调查组进行调查。

未造成人员死亡的一般事故,县级人民政府或者国家矿山安全监察局省级局可以委托事故发生单位或者有关部门组织事故调查组进行调查。

第十九条 国家矿山安全监察局认为必要时,可以调查由国家矿山安全监察局省级局负责调查的煤矿事故。

上级人民政府认为必要时,可以调查由下级人民政府负责调查的非煤矿山事故。

因伤亡人数变化导致事故等级发生变化,依照本办法应当由上级人民政府或者矿山安全监察机构调查的,上级人民政府或者矿山安全监察机构可以重新组织事故调查组进行调查。

第二十条 重大及以下等级煤矿事故,由国家矿山安全监察局省级局、有关地方人民政府、煤矿安全监管部门、煤炭行业管理部门、负有煤矿安全生产监督管理职责的其他有关部门、公安机关以及工会组织派人组成事故调查组,并邀请当地有管辖权的监察机关介入。

非煤矿山重大事故,由省级人民政府及其应急管理部门、负有非煤矿山安全生产监督管理职责的有关部门、公安机关以及工会组织派人组成事故调查组,并邀请省级监察机关介入。国家矿山安全监察局省级局参加事故调查。

较大及以下等级非煤矿山事故,由有关地方人民政府及其应急管理部门、负有非煤矿山安全生产监督管理职责的有关部门、公安机关以及工会组织派人组成事故调查组,并邀请当地监察机关介入。国家矿山安全监察局省级局派人参与并指导监督事故调查。

事故调查组可以聘请有关专家参与调查。专家应实行回避制度。原则上重大事故应当聘请事故发生省(区、市)以外人员担任专家组组长,事故发生省(区、市)以外专家占比不低于三分之二。

事故调查组成员应当做到诚信公正、恪尽职守、廉洁自律,遵守事故调查纪律,保守事故调查秘密。

第二十一条 事故调查组履行下列职责:

(一)查明事故单位的基本情况;

(二)查清事故发生的经过、报告过程、原因、类别、人员伤亡情况及直接经济损失;隐瞒事故的,应当查明隐瞒过程;

(三)认定事故的性质和事故责任;提出对事故责任单位和人员的处理建议;

（四）评估应急处置工作；

（五）总结事故教训，提出防范和整改措施；

（六）在规定时限内提交事故调查报告。

第二十二条　重大及以下等级煤矿事故的调查组组长由负责事故调查的矿山安全监察机构负责人担任（一般煤矿事故可由矿山安全监察机构内设处室负责人担任），重大及以下等级非煤矿山事故的调查组组长由负责事故调查的地方人民政府指定。

事故调查组组长主持事故调查工作，并履行下列职责：

（一）组织事故调查组开展工作；

（二）明确事故调查组中各小组的职责，确定事故调查组成员的分工；

（三）协调决定事故调查工作中的重要问题；

（四）提出有关事故调查的结论性意见；

（五）审核事故涉嫌犯罪的材料，批准将有关材料或者复印件移交相关部门处理。

事故调查组成员对事故的原因、性质和处理建议等不能取得一致意见时，事故调查组组长有权提出结论性意见。

第二十三条　事故调查中需要对重大技术问题、重要证据进行技术鉴定的，事故调查组可以委托具有相应资质的单位进行技术鉴定。进行技术鉴定的单位应当出具书面技术鉴定结论，并对鉴定结论负责。

第二十四条　事故调查组应当与刑事司法机关衔接，发现涉嫌安全生产犯罪的，事故调查组应当及时将有关材料移交有管辖权的刑事司法机关依法处理。事故调查组应当同监察机关沟通，并移交有关资料。

第二十五条　事故调查组应当按照下列期限提交事故调查报告：

（一）重大事故自事故发生之日起一般不得超过60日；

（二）较大事故、一般事故自事故发生之日起30日内，原则上不得超过60日。

特殊情况下，重大及以下等级事故经负责事故调查的地方人民政府或者矿山安全监察机构同意，可以延长提交事故调查报告的期限，但延长的期限最长不得超过60日。

第二十六条　下列时间不计入事故调查期限，应当在报送事故调查报告时向负责事故调查的地方人民政府或者矿山安全监察机构说明：

（一）瞒报、谎报、迟报事故的调查核实所需的时间；

（二）因事故救援无法进行现场勘查的时间；

（三）挂牌督办、跟踪督办的事故的审核备案时间；

（四）特殊疑难问题技术鉴定所需的时间；

（五）监察机关追责问责审查调查的时间。

第二十七条　事故调查报告应当包括下列内容：

（一）事故发生单位基本情况；

（二）事故发生经过、事故救援情况和应急处置评估情况；

（三）事故造成的人员伤亡、直接经济损失和事故类别；

（四）事故发生的直接原因、间接原因和事故性质；

（五）事故责任及处理建议；

（六）事故防范和整改措施。

事故调查报告应当由事故调查组成员签名确认。

第二十八条 事故调查有关资料应当由负责牵头事故调查的矿山安全监管监察部门归档保存。归档保存的材料包括事故调查报告、技术报告、管理报告、救援报告、技术鉴定报告和检测检验报告、直接经济损失报告、物证和证人证言、相关图纸资料、视听、监测监控资料、责任处理处置意见、审核意见、结案通知等。

第六章 事故处理和整改措施评估

第二十九条 煤矿重大事故调查报告经征求省级人民政府意见后,报国家矿山安全监察局审核同意后,按程序结案。较大及以下等级煤矿事故调查报告由国家矿山安全监察局省级局按程序结案。

重大及以下等级非煤矿山事故调查报告,由负责事故调查的地方人民政府按程序结案。

对国务院安委会挂牌督办的重大事故、国务院安委会办公室或者国家矿山安全监察局挂牌督办的典型事故,事故调查报告初稿形成后,事故调查组组长单位应当向国家矿山安全监察局汇报,并根据国家矿山安全监察局的意见和建议,组织事故调查组对事故调查报告进行修改完善,并正式报国务院安委会办公室或者国家矿山安全监察局,经审核同意后,按程序结案。

事故提级调查的,由组织提级调查的单位按程序结案。

第三十条 事故调查报告经地方人民政府或者矿山安全监察机构同意后15日内结案。特殊情况下,结案时间可以适当延长,延长时间最长不超过30日。

第三十一条 事故结案通知应当印送有关地方人民政府或者单位,抄送事故调查组成员单位。

有关地方人民政府及其有关部门或者单位应当依照法律法规规定的权限和程序,落实事故调查报告中关于事故责任有关单位、责任人员的责任追究意见以及事故防范和整改措施,接到事故调查报告和结案通知3个月内,将落实情况书面报(抄)事故调查组组长单位及其他有关部门。

第三十二条 事故发生单位应当制定落实事故防范和整改措施方案,防范和整改措施落实情况应当接受工会和职工的监督。矿山安全监管监察部门应当对事故发生单位落实防范和整改措施情况进行监督检查。

第三十三条 事故调查报告由事故调查组组长单位向社会公布,依法应当保密的除外。

第三十四条 事故调查组组长单位应当在事故结案1年内,组织开展事故防范和整改措施落实情况评估,评估结果应当向社会公开。评估工作组原则上由参加事故调查的部门组成,可以邀请监察机关参加。

第七章 附 则

第三十五条 本办法自印发之日起施行。

五、《国家矿山安全监察局关于做好煤矿灾害情况发生重大变化及时报告和出现事故征兆等紧急情况及时撤人工作的通知》

近年来,一些煤矿在瓦斯、水、火、冲击地压等灾害情况发生重大变化后,未及时研判报告和采取有效防范措施,造成风险失控形成重大隐患甚至酿成事故;出现事故征兆等紧急情况后,受威胁区域人员未停止作业、及时撤出,造成事故发生或伤亡扩大。为保障煤矿安全生产和从业人员生命安全,防止事故发生、减少事故损失,依据《安全生产法》和《煤矿安全规程》等法律法规和相关标准规定，国家矿山安全监察局于2023年4月3日下发了《国家矿山安全监察局关于做好煤矿灾害情况发生重大变化及时报告和出现事故征兆等紧急情况及时撤人工作的通知》，对煤矿建立煤矿灾害情况发生重大变化及时报告制度和煤矿出现事故征兆等紧急情况及时撤人制度进行了明确规定。

(一) 建立煤矿灾害情况发生重大变化及时报告制度

煤矿出现下列情形之一的，现场作业人员应当及时向煤矿分管负责人或带班值班矿领导报告；情况严重的，及时向煤矿主要负责人报告：

(1) 井下甲烷浓度达到0.75%以上，或者变化浓度超过0.2%的。

(2) 高瓦斯矿井、突出矿井煤层急剧变薄、增厚的。

(3) 矿井涌水量(不包括探放水时的可控出水量)、长观孔水位变化幅度达到20%以上的。

(4) 井下出现突水点。

(5) 矿井一氧化碳浓度达到24 ppm，或者变化浓度超过5 ppm的，或者有带式输送机的进风巷发现一氧化碳的。

(6) 冲击地压监测单个微震事件能量达到10^4 J以上的。

(7) 采掘工作面遇有预测外或者变化较大地质构造的。

(8) 顶板离层、锚杆(索)应力、支架压力等监测数据突然增大，或者锚杆(索)断裂、棚梁棚腿弯曲严重的。

(9) 露天煤矿台阶有滑动迹象，工作面有伞檐或者有塌陷危险的老空区，发现拒爆、熄爆的。

(10) 出现其他重大变化应当报告的。

(二) 建立煤矿出现事故征兆等紧急情况及时撤人制度

煤矿有下列情形之一的，必须及时撤出危险区域作业人员：

(1) 井下所有作业场所回风流中甲烷浓度超过1.0%的。

(2) 井下发生明显响煤炮声，喷孔、顶钻，煤壁外鼓、掉碴，瓦斯涌出持续增大或者忽大忽小，煤尘增大等突出征兆的。

(3) 井下出现煤层变湿、挂红、底鼓、淋水加大(含砂)等透水、突水、溃水征兆的。

(4) 井田及周边地面积水坑水位突然下降并溃入井下的。

(5) 当暴雨、洪水等自然灾害预警等级为红色(一级)、橙色(二级)的。

(6) 发现明火且不能立即扑灭的。

(7) 井下采掘作业地点出现强烈震动、巨响、瞬间底(帮)鼓、煤岩弹射等动力现象的。

(8) 全矿井计划外停电且不能立即有效恢复的。

(9) 露天煤矿遇到暴雨、8级及以上大风等特殊天气，以及边坡出现明显沉降、变形加速、裂缝增大或贯通、大面积滚石滑落等滑坡征兆的。

(10) 其他事故征兆等紧急情况应当停产撤人的。

六、《煤矿单班入井(坑)作业人数限员规定》

2023年9月28日，国家矿山安全监察局印发了《煤矿单班入井(坑)作业人数限员规定》。煤矿企业要根据本矿实际情况制定入井(坑)作业限员制度，灾害严重矿井要制定减人计划，明确减人目标，确保按期达到限员要求。

煤矿单班入井(坑)作业人数限员规定

第一条 为提高煤矿安全保障能力和生产效率，引导和推动煤矿企业加强机械化、自动化、信息化、智能化建设，简化生产系统，优化劳动组织，减少入井(坑)作业人数，从源头上防控群死群伤事故风险，结合煤矿安全生产情况，制定本规定。

第二条 本规定适用于全国所有的生产、建设煤矿。

第三条 本规定中的煤矿类型及采掘工作面范围的界定如下：

(一) 灾害严重矿井是指高瓦斯矿井、煤(岩)与瓦斯(二氧化碳)突出矿井、水文地质类型复杂极复杂矿井、冲击地压矿井。

(二) 采煤工作面是指包括工作面及工作面进、回风巷在内的区域；掘进工作面是指从掘进迎头至工作面回风流与全风压风流汇合处的区域。

采掘工作面限员人数不包括临时性进出的煤矿安全监管监察等执法人员、煤矿上级公司检查人员、煤矿矿级领导及职能部门巡检人员、巡回瓦斯检查员(当班专职瓦斯检查员除外)等，上述人员进入采掘工作面时，区别管理人员定位卡，严格控制时长，不得影响煤矿正常生产活动。

第四条 井工煤矿单班入井作业人数应符合以下规定：

生产能力 K(万 t/a)	灾害严重矿井(人)	其他矿井(人)
$K \leqslant 30$	≤100	≤80
$30 < K \leqslant 60$	≤200	≤100
$60 < K < 120$	≤300	≤180
$120 \leqslant K < 180$	≤400	≤200
$180 \leqslant K < 300$	≤600	≤280
$300 \leqslant K < 500$	≤800	≤400
$K \geqslant 500$	≤850	≤450

第五条 井工采煤工作面单班作业人数应符合以下规定：

矿井类型	机械化采煤工作面(人)		炮采工作面(人)
	检修班	生产班	
灾害严重矿井	≤40	≤25	≤25
其他矿井	≤30	≤20	≤25

第六条 井工掘进工作面单班作业人数应符合以下规定：

矿井类型	综掘工作面(人)	炮掘工作面(人)
灾害严重矿井	≤18	≤15
其他矿井	≤16	≤12

第七条 露天煤矿单班入坑作业人数应符合以下规定：

生产能力 K(万 t/a)	剥采比 R(m^3/t)	单班入坑作业人数(人)
$K\leqslant 100$	$R<6$	$\leqslant 80$
	$R\geqslant 6$	$\leqslant 120$
$100<K\leqslant 400$	$R<6$	$\leqslant 200$
	$R\geqslant 6$	$\leqslant 250$
$400<K<1000$	$R<6$	$\leqslant 300$
	$R\geqslant 6$	$\leqslant 400$
$1000\leqslant K<2000$	$R<6$	$\leqslant 550$
	$R\geqslant 6$	$\leqslant 650$
$2000\leqslant K<3000$		$\leqslant 750$
$K\geqslant 3000$		$\leqslant 850$

第八条 露天煤矿入坑通勤车最大乘坐人数不得超过 29 人，一个爆破区域(100 m 范围内)作业人数不得超过 9 人，采剥设备之间安全距离、运输设备行驶前后安全距离，严格执行《煤矿安全规程》有关规定。

第九条 煤矿交接班期间井(坑)下瞬时总人数(不包含采掘工作面)不受限员规定限制，应尽量缩短交接班时间，时间不得超过 2 小时，瞬时总人数不得超 1000 人。交接班期间井(坑)下停止放炮、排放瓦斯、启封密闭、动火等危险作业，强化劳动组织，合理划分交接区域，防止人员过度集中。露天煤矿除坑下固定设备操作人员外，原则上在坑上交接班，不具备条件的应选择在稳定边坡区域交接班。

第十条 煤矿要不断优化生产系统，尽量减少作业地点，制定入井(坑)作业限员制度，严格控制井(坑)下总人数和采掘工作面作业人数，灾害严重矿井采掘工作面作业人数另有规定的，从其规定。井工煤矿采掘工作面入口悬挂限员牌板，按照《煤矿安全规程》要求布置人员位置监测系统读卡分站，露天煤矿在入坑口处安装读卡基站，实时监测入井(坑)人员数量，并接入监测预警系统。煤矿要制定减人计划，明确减人目标，确保达到限员要求。

第十一条 各级煤矿安全监管部门和国家矿山安全监察局省级局要将煤矿执行限员规定情况作为检查的重点内容，强化监督检查，督促煤矿认真落实限员要求。

第十二条 对未达到本规定第四条、第五条、第六条、第七条、第九条要求的煤矿，煤矿安全监管监察部门要依法依规查处，查处煤矿自整改完成起半年内，不予核增生产能力、不予通过一、二级煤矿安全生产标准化管理体系考核定级。露天煤矿 3 年后执行本条规定。

第十三条 灾害严重矿井采掘工作面确需增加灾害治理人员的，“三软煤层”矿井确需增加巷修人员的，新水平开拓延伸、掘进工作面走向距离超过 1000 m 确需增加人员的，采用充填开采、沿空留巷、盾构机掘进工艺确需增加施工人员的，露天煤矿地质条件复杂、运距过大、受地下水等灾害影响大确需增加入坑人员的，必须经省级煤矿安全监管部门现场审查同意，并报告国家矿山安全监察局省级局。

第十四条 省级煤矿安全监管部门可结合本地实际，制定实施细则。

第十五条 本规定自印发之日起施行。原《煤矿井下单班作业人数限员规定(试行)》(煤安监行管〔2018〕38 号)同时废止。

七、《地下矿山动火作业安全管理规定》

2023年11月22日,国家矿山安全监察局印发了《地下矿山动火作业安全管理规定》。地下矿山动火作业应严格执行"一项动火作业、一个安全技术措施、一张动火作业票"制度;动火作业监控视频、动火作业票由矿调度室统一连续编号保存,保存时间不得少于1年。

地下矿山动火作业安全管理规定

第一条 为进一步降低动火作业安全风险,防范遏制火灾事故,依据《中华人民共和国安全生产法》等有关法律法规、部门规章,制定本规定。

第二条 本规定适用于井工煤矿井口房、井筒和井下主要硐室、主要进风井巷,金属非金属地下矿山井下和井口建筑物内动火作业的安全管理。煤矿井下其他地点严禁动火作业。

第三条 本规定所称的动火作业是指进行焊接与热切割作业及使用喷灯、电钻、砂轮等可能产生火焰、火花和炽热表面的作业,包括电焊、气焊(割)、喷灯焊接加热及电钻、砂轮打磨等作业方式。

第四条 地下矿山动火作业严格执行"一项动火作业、一个安全技术措施、一张动火作业票"制度。

第五条 施工单位在动火作业前填写动火作业票,分管矿领导组织施工单位和机电、通风、技术、安全管理等部门进行现场勘查,制定动火作业专项安全技术措施,并按程序审批,动火作业票经矿长签字批准,方可施工。

第六条 动火作业专项安全技术措施中应当明确动火作业时间、地点、作业方式、作业内容、作业流程、可能出现的风险及管控措施。动火作业前,施工单位负责人应组织动火作业、喷水等人员宣贯专项安全技术措施,并签字确认。

第七条 施工单位要做好动火设备出库、入井、使用、整理、升井、入库全过程安全管理,并做好记录。动火作业使用的氧气瓶、乙炔瓶应当使用矿车运输,设置防震胶圈、防护帽,轻装轻放、绑扎牢固,严禁同车运输。

第八条 施工单位负责人、安全生产管理人员对动火现场作业条件验收合格,在动火作业票上签字确认,且报告矿调度室后,方可实施动火作业。有下列情形之一的,不准动火作业:

(一)在井筒和倾斜巷道内动火作业时未停止提升运输作业的,未检查和清除井窝内的油污和可燃物的;

(二)以动火点为中心周围20 m范围内有高压容器、油箱等易燃易爆物品的;

(三)煤层中的主要硐室和主要进风大巷未采用砌碹或者喷浆封闭的;

(四)金属非金属地下矿山动火点未实现全负压通风的;

(五)动火点前后两端各10 m的井巷范围内,未采用不燃性材料支护、未设置供水管路、无专人负责喷水的;

(六)未清理或者隔离焊渣飞溅区域内可燃物的;

(七)在井下配电室、高压电缆等附近动火作业未采取防火隔火措施的;

(八)动火点未设置满足需要的灭火器、灭火沙等灭火器材的;

(九)氧气瓶、乙炔瓶距离动火点不足10 m的,或者其间距不足5 m的。

第九条 动火作业操作人员持焊接与热切割特种作业操作证上岗,作业前对现场作业环境进行安全确认，不具备动火条件的，应当拒绝作业。

第十条　在井口和井筒内动火作业时，必须撤出井下所有作业人员。在主要进风井巷动火作业时，必须撤出回风侧所有人员。

第十一条　煤矿井下动火作业前，确认动火点风流中的甲烷浓度不超过0.5%、附近20 m范围内巷道顶部和支护背板无瓦斯积存时，方可进行作业；突出矿井井下进行动火作业时，必须停止突出煤层的掘进、回采、钻孔、支护以及其他所有扰动突出煤层的作业。

第十二条　动火作业过程中，环境或条件发生不利变化时，应当立即停止作业，及时采取处置措施，并上报矿调度室。

第十三条　动火点具备视频监控条件的，调度室值班人员要对动火作业进行全程视频监督，发现不具备作业条件的，立即下达停止作业指令。

第十四条　在井口房、井筒和倾斜巷道内动火时，必须在工作地点的下方用不燃性材料设施接受掉落的火星或其他高温物质。

第十五条　动火作业结束后，要对作业现场再次用水喷洒，并安排专人在作业地点检查1 h，发现异常，立即处理。施工单位负责人和安全生产管理人员负责动火作业现场的验收，并将验收情况填写在动火作业票上，签字确认。

第十六条　动火作业监控视频、动火作业票由矿调度室统一连续编号保存，保存时间不得少于1年。

第十七条　矿山企业上级公司应当强化动火作业的监督检查，重点检查持证上岗、作业地点安全条件、专项安全技术措施落实、现场作业监控等情况。

第十八条　其他未尽事项，按照有关规定执行。

附　件

动火作业票　　　　NO:

<table>
<tr><td>施工单位</td><td></td><td>施工单位负责人</td><td></td><td>安全生产管理人员</td><td></td></tr>
<tr><td>动火地点</td><td colspan="5"></td></tr>
<tr><td>动火方式</td><td colspan="5"></td></tr>
<tr><td>动火具体事项</td><td colspan="5"></td></tr>
<tr><td>动火计划开始时间</td><td></td><td colspan="2">动火计划结束时间</td><td colspan="2"></td></tr>
<tr><td>动火操作人员</td><td></td><td colspan="2">动火操作人员证书编号</td><td colspan="2"></td></tr>
<tr><td>瓦检员</td><td></td><td colspan="2">喷水人员</td><td colspan="2"></td></tr>
<tr><td>存在的风险</td><td colspan="5">触电□　火灾□　高处坠落□　爆炸□
中毒窒息□　顶板塌冒□　其他伤害□</td></tr>
<tr><td>审批部门或审批人</td><td colspan="3">审批意见</td><td colspan="2">审批人签字</td></tr>
<tr><td>施工单位</td><td colspan="3"></td><td colspan="2"></td></tr>
<tr><td>机电部(科)</td><td colspan="3"></td><td colspan="2"></td></tr>
<tr><td>技术部(科)</td><td colspan="3"></td><td colspan="2"></td></tr>
<tr><td>通风部(科)</td><td colspan="3"></td><td colspan="2"></td></tr>
<tr><td>安检部(科)</td><td colspan="3"></td><td colspan="2"></td></tr>
</table>

表(续)

分管副矿长		
矿长		
动火作业现场条件验收情况	是否可以动火	施工单位负责人、安全生产管理人员签字确认
	是□　否□	
动火作业完工验收情况	是否可以撤离	施工单位负责人、安全生产管理人员签字确认
	是□　否□	

动火实际开始时间：　年　月　日　时　分
动火实际完成时间：　年　月　日　时　分
离开现场时间：　年　月　日　时　分

八、《煤矿地质工作细则》

2023 年 12 月 29 日，国家矿山安全监察局印发了《煤矿地质工作细则》。修订后的《煤矿地质工作细则》共 10 章、5 个附录，102 条。修订的主要内容涉及以下 10 个方面：

(1) 调整章节结构。将"煤矿隐蔽致灾地质因素普查"由第四章调整至第三章；将掘进、回采期间地质工作各自独立设为一节。

(2) 加强隐蔽致灾地质因素普查。明确了普查工作对象为建设煤矿、生产煤矿、资源整合煤矿等；增加了如离层空间，地表水体，油气及油气井、煤层气井，冲击地压危险性，煤(岩)层风氧化带、火烧区，边坡稳定性等因素，明确了每 3 年 1 次的普查周期。

(3) 夯实人员保障基础。规定煤矿企业、煤矿应配备由地质及相关专业技术人员担任的地质副总工程师。

(4) 强化煤矿冲击地压工作。将冲击地压危险等级作为井工煤矿地质类型划分的一项主要指标，增加了如煤层顶板坚硬岩层、采空区大面积悬顶、冲击倾向性、冲击危险性等相关地质工作内容。

(5) 优化煤矿地质类型和地质报告编写周期。规定基建煤矿移交生产后 3 年内完成地质类型划分，地质类型划分报告和生产地质报告每 3 年修编 1 次，二者可合并编写。

(6) 严格把控各类地质报告质量。规定无上级公司的煤矿，应当聘请专家对地质类型划分报告和生产地质报告进行评审。

(7) 加强新技术对地质探查的保障作用。其包括：提升地质构造探查精度(如原《煤矿地质工作规定》要求查明井田内直径大于 30 m 的陷落柱，《煤矿地质工作细则》修改为 20 m)，增加先进技术装备在地质编录、掘进和回采地质探查中的应用。

(8) 强化露天煤矿边坡地质工作。增加了露天煤矿地质工程条件补充勘探、露天煤矿边坡稳定性预测和评价等内容；增加了边坡动态监测系统建设、安设工业视频监控等边坡监测等规定。

(9) 新增揭煤地质说明书。增加了编写揭煤地质说明书及其编写提纲，以及说明书审批的要求。

(10) 深化煤矿地质数字化建设。为适应煤矿数字化、智能化建设发展趋势，首次将透明地质、数字矿图纳入《细则》，增加了编绘数字地质图件、建设地质测量信息“一张图”和透明地质保障系统等内容，同时逐步推动地质透明化与采掘活动、灾害防治等结合，为智能开采提供地质保障。

复习思考题

1. 习近平总书记关于安全生产的重要论述有哪些？

2.《刑法》中关于安全生产的犯罪有哪几种？

3. 什么是危险作业罪？

4. 什么是全员安全生产责任制？

5. 2022 年修订的《煤矿安全规程》有何特点？

6. 煤矿出现哪些情形后，现场作业人员应当及时向煤矿分管负责人或带班矿领导报告？

第二章 煤矿开采新技术、新工艺和新设备

第一节 煤(岩)巷快速掘进新技术

快速掘进

综合机械化掘进技术是由掘进机、输送机等组成的综合性配套技术。在采用综合机械化掘进技术的巷道内，将测量定向、掘进、运煤、通风、除尘、材料运输、巷道支护、供水、供电、排水系统等设备配套使用，形成一条效率高、相互配合、连续均衡生产、完整的掘进系统，可以实现巷道掘进、转载、运输、支护机械化作业，从而提高掘进速度和经济效益。

一、煤层巷道快速掘进

在煤层巷道中采用综合机械化掘进技术，应用综掘机、综掘机载锚杆钻机、连续转载带式输送机等成套设备，代替掘、锚、支交替作业的普通综掘，实现掘进、支护、运输的半连续作业，巷道掘进与支护施工全部采用机械化，可以减少掘进工作面人员的60%以上。目前，可以在以下5个方面实现煤层巷道快速掘进。

(一)选用性能优良的掘进机，进一步提高设备可靠性

在煤层巷道掘进的过程中，掘进机是有效实现巷道快速掘进的重要机械设备，掘进机的使用性能优劣直接关系到巷道掘进速度的快慢和掘进效率的高低。在掘进机选择的过程中，不仅仅要考量掘进机的性能，同时还要考虑工程参数设计和施工现场条件。巷道掘进效率及其经济效益的提高取决于选择适应现场条件的掘进机。掘进设备工作时，震动冲击大，加之井下环境恶劣，因此要根据使用条件选择掘进设备。掘进机在液压、电气、元件的选用上，必须严格筛选，严把质量关。在齿轮传动装置及机械连接装置方面，尽量减少串联系统，采用独立部件或组件。在有条件的地方以嵌装式结构代替螺栓组结构，采用模块组装方式，既可简化结构便于机械的拆装检修，又可大大提高设备的可靠性。

目前比较常用的掘进机是悬臂式掘进机，自20世纪40年代至今，悬臂式掘进机已有80多年发展历史，比较有代表性的是英国多斯克公司的LH1300型、德国保拉特公司的E200型、日本三井三池公司的S220型、奥地利阿尔比尼公司的AM系列等。我国悬臂式掘进机的研制和应用起步于20世纪70年代，通过多年的技术攻关，尤其是近年来国家对煤炭行业的大力支持，我国的掘进机发展迅速。目前，我国的掘进机机型已从轻型发展到中、重型，切割对象从煤向岩石拓展，切割功率和机重都大大增加，掘进能力大幅度提升。我国的掘进机主要经历了引进、消化吸收和自主研发3个阶段。20世纪90年代以来，我国进入了掘进机的自主研发阶段。这一阶段我国中型掘进机制造技术已经相对成熟，能够独立研制截割硬度不大于80 MPa、机重60 t左右，截割功率160～220 kW的重型掘进机，并且可以根据矿井条件进行个性化设计。

在煤层巷道快速掘进的过程中，很多时候是由于掘进设备的使用效率较低、没有发挥应有的作用而影响了煤矿生产和经济效益。这一问题的产生主要在于掘进系统没有完善的综合配套能力，因此在实际的工作应用中应提升掘进设备的综合配套能力，尤其是提升支护环节和装运环节的综合配套能力。综合机械化掘进常用方式有以下3种。

1. 综掘机＋气动锚杆钻机

这种方式在我国应用最为广泛、技术比较成熟，能够适应一般地质条件的巷道掘进与支护。其存在的问题主要是掘进与支护交替顺序作业，掘进效率低，劳动强度大。EBZ200型掘进机和EBZ260型综掘机如图2-1所示。

(a) EBZ200型掘进机　　(b) EBZ260型综掘机

图2-1　EBZ200型掘进机和EBZ260型综掘机

2. 综掘机＋机载锚杆钻机

这种方式是在掘进机上增加两个锚杆钻臂，实现了掘进与支护平行作业。该方式具有功率大、钻孔能力强、功能齐全、适用范围广、可自带动力、操作安全等优点。该方式虽然能在掘进和支护过程中降低劳动强度，但由于机载锚杆钻机支护范围受限，较难完成整个巷道的支护任务。

3. 综掘机＋运锚机

该方式可实现掘进与支护平行作业，在支护过程中增加临时支护工序，可应用于巷道顶板较为破碎、巷道断面不大的情况，能够实现月进尺600 m。掘进机连续向前掘进，超前支护对空顶进行临时性支护，运锚机在转载的同时进行锚杆的打设。一个作业循环完成后，掘进机向前推进，超前支架交叉式迈步向前行走，空顶始终处于支护状态，同时拉动运锚机也向前行走，进入下一个循环。

(二) 采用现代化测控技术，提高机电一体化程度

一是掘进机操作实现自动控制，包括推进方向监控、切割电机功率自控调节、切割断面轮廓尺寸监控等；二是实现掘进机工况监测和故障诊断，包括供电电压、电机负荷和温度、液压系统油压、油温及污染等监测。采用现代测控技术对掘进机的工况监测、故障诊断和离机控制系统加以改进和完善，实现机电一体化，可以最大限度地提高掘进机的使用效率，有利于改进和完善煤巷快速掘进技术。

(三) 推广锚杆支护，改进运输方式，提高设备综合配套能力

煤巷掘进效率低、机械设备不能充分发挥作用，在很大程度上与配套能力低、配套不完善有关。巷道掘进系统中的主要配套环节多，包括支护、运输、供电、供水、通风和降尘等，要提高煤巷掘进效率、充分发挥机械的作用，必须提高设备综合配套能力。其中，支护和运输工作量大，占用时间多，必须解决好这两个关键环节，才能充分发挥综掘设备的潜力。

在缩短支护时间方面,根据地质条件,尽量采用锚杆支护,提高巷道支护效果,减轻工人劳动强度,加快成巷掘进速度。施工时采用机载锚杆钻机打孔和安装锚杆,减少传统锚杆支护的多道施工工序,改变掘进机割煤与锚杆钻孔安装不平衡的现象。减少锚杆有效作业时间和掘进工作面作业人员,减少单位面积锚杆根数,从而减少锚杆施工工作量,同时采用先进的锚杆施工机具,大幅度提高成巷速度。对于使用锚杆钻机的巷道,掘进和钻锚不能平行作业,应当及时快速地安设临时支架,并采用小孔径强力钻头和高强度钻杆,提高钻进速度;选用螺旋式锚杆钻机,建立快速安装系统,用锚杆机一次完成钻孔、搅拌树脂药卷和拧紧螺母等工序,尽量缩短钻锚时间。

在降尘方面,可采用高压水外喷雾降尘新技术,在掘进机上安装一台小型增压水泵,还可在掘进机上安装长筒式负压二次降尘装置,从而净化综掘工作面的空气。

在减少辅助运输工作量方面,尽量采用锚杆支护,避免使用金属棚支护,以减少材料运输工作量。在煤岩运输环节,采用连续运输方式。在转载环节,完善转载机的功能,采用自移式转载机,以节省转载时间,提高运输转载效率。

(四)有条件的矿井采用掘锚机,实现掘锚一体化

如果单独采用掘进机掘进、单体锚杆机钻装锚杆这种掘进方式,很多时候并不能满足快速掘进的需要,尽量实现掘进与支护平行作业,这样才能保证快速掘进。而掘锚机组能够很好地解决掘进和支护平行作业问题,是煤巷快速掘进技术的飞跃性突破,在现代化的大型安全高效矿井中,它是一种理想的快速掘进设备。

掘锚机组由掘锚机、运输系统、通风系统和供电系统等组成,采用掘进割煤和锚杆支护平行作业方式。掘锚机组运输方式有 3 种:梭车给料破碎机+带式输送机后配套系统、带式转载机+带式输送机后配套系统、行走式破碎转载机+带式转载机+带式输送机后配套系统。掘锚机组的关键设备是掘锚机,掘锚机集切割、装运、行走、锚杆支护和机载除尘等功能于一体,是连续采煤机和锚杆钻机的有机结合。

世界上的主要采煤国家如中国、美国、澳大利亚、英国等,已广泛采用掘锚机组掘锚一体化技术,通过掘锚机组可实现掘、锚同时作业。与连续采煤机和锚杆钻车交叉换位施工技术相比,掘锚一体化技术适用范围更广,支护和掘进效果大大改善,被看作是煤巷掘进的一次技术革新。

掘锚机组能够得到广泛使用还有一个重要原因是生产安全可靠。采用掘锚一体化作业,锚杆支护质量得到显著提高,支护效果大大改善。同时,锚杆在顶板暴露后能够及时安装,避免了顶板在锚杆支护前发生离层的可能,安装锚杆的位置距迎头一般为 1.5~2.0 m。另外,掘锚机组配备临时支护系统,顶推力一般为 40 kN,可实现对顶板的预压缩。预压缩锚固的优势在于将施加的顶推力大部分转化成锚杆的预紧力,从而提高锚杆及时支护效果。掘锚机组使巷道成型好,且能够改善作业环境并提高安全性。其掘巷为一次成巷,彻底消除悬臂式掘进机操作时的超欠挖现象,巷道成型质量好。另外,操作时主要工序都实现了机械化,并且始终有支护系统的保护,劳动强度低,且能够保证作业安全。

(五)在条件适宜的矿井中,推广应用连续采煤机

连续采煤机适用于井下采煤和掘进作业,是能够连续采掘煤炭的机械设备。它既可以用来开掘煤层巷道,又可以作为单独的采煤机使用。连续采煤机是现代化的掘进设备,配套运煤车、锚杆钻机、铲车、转载破碎机等机械化装备,可用于煤巷多头掘进,具有速度快、用人

少、效率高、配套简单、安全可靠、使用方便的优点。

连续采煤机快速掘进以单巷和双巷两种方式较为常见，连续采煤机后配套设备一般是梭车、连续运输系统、掘锚机后配套系统三种。单巷掘进时，连续采煤机后配套设备多以连续运输系统或掘锚机后配套系统为主，一般不配套梭车；双巷掘进时，连续采煤机后配套设备多以梭车或连续运输系统为主。

二、岩石巷道快速掘进

针对岩石巷道围岩坚硬的特点，应用大功率岩巷掘进机、锚杆台车和连续运输机等成套设备代替传统的钻爆法掘进技术，实现掘进、支护和运输的机械化作业，可以减少掘进工作面人员的50%以上。

全岩巷快速掘进技术包括全液压钻车机组掘进、岩巷钻装机组快速掘进、全岩巷重型悬臂式掘进机掘进和岩巷全断面一次成巷快速掘进技术等。

(一) 全液压钻车机组

全液压钻车机组是以钻爆法为主的全液压钻车配侧卸装岩机的岩石巷道机械化作业线。全液压钻车机组按矿井运输及地质条件有几种不同的配套形式。

(1) 胶轮车运输矿井，底板较硬或硬化的岩石巷道：钻车—侧卸车(装载机)—移动矸石仓—胶轮车；钻车—扒碴机—移动矸石仓—胶轮车。

(2) 胶轮车运输矿井，底板较软的长距离岩石巷道：钻车—扒碴机—带式输送机—胶轮车；钻车—扒碴机—带式输送机—移动矸石仓—胶轮车。

(3) 胶轮车运输矿井，底板较软的短距离岩石巷道：钻车—侧卸车(装载机)—胶轮车；钻车—侧卸车(装载机)—移动矸石仓—胶轮车。

(4) 轨道运输矿井，长距离大断面岩石巷道：钻车—扒碴机—移动矸石仓—矿车；钻车—扒碴机—带式输送机—移动矸石仓—矿车。

(5) 轨道运输矿井，长距离小断面岩石巷道：钻车—侧卸车(装载机)—移动矸石仓—矿车。

(6) 轨道运输矿井，短距离大断面岩石巷道：钻车—扒碴机—矿车；钻车—扒碴机—移动矸石仓—矿车；钻车—侧卸车(装载机)—矿车；钻车—侧卸车(装载机)—移动矸石仓—矿车。

(7) 轨道运输矿井，短距离小断面岩石巷道：钻车—侧卸车(装载机)—矿车；钻车—侧卸车(装载机)—移动矸石仓—矿车。

全液压钻车机组适用于半煤岩巷道、岩石巷道掘进，其优点是凿岩速度快，机动灵活，工作人员劳动强度低，岩石巷道全断面能够实现一次钻眼、一次定炮、一次起爆、一次支护，在保证岩石巷道全断面支护质量的同时，提高了效率。其缺点是安全性较差，钻装不能同步作业，装运不连续，设备综合利用率低。

(二) 岩巷钻装机组快速掘进

钻装机是集凿岩、装载、排矸于一体的综合掘进设备，主要用于中小断面(巷宽 3.6 m左右)、巷道坡度不大于 20°、岩石硬度 f 大于 7 的岩巷掘进施工。该设备体积小，拆装灵活，可以通过钻臂实现打眼作业，还可以进行爆破后的连续排矸作业，迎头设备配置少，避免了窄巷多种设备作业时的错车问题，有较好的施工适应性，降低了人员的劳动强度，保障了人员的作业安全，提高了岩巷掘进效率。其主要特点有：

(1) 集打眼与装载于一体,能在爆破后快速切换为装载作业,解决设备在掘进头交叉换位的空间和效率问题,实现岩巷快速掘进。

(2) 打眼钻进效率高,尤其是对硬岩效果更好,可不受岩石硬度的限制,特别适用于中小断面硬岩巷道的掘进,其破岩能力强,经济效益好,可实现月进尺 200 m 左右。

(3) 采用刮板输送机进行矸石转运,可与矿车或带式输送机灵活配合。

(4) 具有手动和遥控两种操作方式,其中行走和扒装可采用无线遥控操作。

(5) 采用中高压液压系统先导阀控制,系统保护齐全,工作平稳。

(三) 全岩巷重型悬臂式掘进机掘进

近年来,我国在吸收借鉴国外掘进机先进设计理念和制造技术的基础上,研究开发了 EBZ300 型、EBH300 型、EBH315 型、EBH350 型等大功率硬岩掘进机,为我国煤矿岩巷的快速掘进提供了较为成熟的硬岩掘进装备,其主要技术性能达到国际同类产品先进水平。其中 EBH315 型岩巷掘进机(图 2-2)是目前国内机型最大、截割能力最强、自动化程度最高的重型岩巷掘进机之一,整个设备的质量约为 130 t,截割深度可达 3.8 m,适合巷道坡度为 16°左右的巷道掘进。其可截割的岩石单向抗压强度为 100 MPa,最大掘进高度为 5.8 m,最大掘进宽度为 7 m,设备的龙门高度为 4 m,设备供电电压为 1140 V,截割功率为 315 kW。掘进机的截割部属于横截式,截割效果较好且截割能力较强。整个系统属于变量系统,整机装备有特定的检测功能,可以对掘进机的各个工作部位进行及时有效的监测,同时还能够实现多个参数的同时检测,有效提高了设备的工作效率及安全系数。

图 2-2　EBH315 型岩巷掘进机

(四) 岩巷全断面一次成巷快速掘进技术

岩巷全断面一次成巷快速掘进采用岩石巷道全断面掘进机,它是针对煤矿岩巷高强度、大功率施工的特殊要求而设计的。该设备可以在岩石硬度为 40～200 MPa 时,达到月进尺 500～1500 m 的施工进度,而且自身配备支护、除尘、液压、电气、导向等自动控制系统,其卓越的除尘性能彻底改变了井下传统的施工工作环境,降低了工人职业病的发生率。它是实施煤矿岩巷先进施工技术首选的技术装备。其独有的安全、高效、环保等性能为煤矿岩巷开采工艺及设备技术的革新带来了现实可行性。

1. 盾构机

盾构机作为工程施工中的重要机械类型,具备诸多功能,具有切削土体、输送渣土、隧道衬砌和测量导向纠偏等功能,对于隧道工程和地下工程的整体施工效率和安全性具有直接的影响。

盾构机掘进施工的优势：① 掘进速度快，施工效率高；② 机械化水平高，劳动强度低；③ 施工环境好，工人效率高；④ 围岩扰动小、巷道断面好，有利于支护；⑤ 安全性高。

盾构机掘进施工的不足：① 临时支护护盾具有一定的适应性，围岩较破碎时，支护受影响；② 转向性能较差，对岩层起伏适应有限；③ 对巷道围岩硬度有要求，有一定适应条件；④ 没有排水设备，影响下山施工；⑤ 前期准备复杂，对准备硐室、安装技术、安装时间要求较高，前期投入较大。

2. 全断面硬岩掘进机

全断面硬岩掘进机是集机械、电子、液压、激光、控制等技术于一体的高度机械化和自动化的大型隧道开挖衬砌成套设备；是一种由电动机（或电动机—液压马达）驱动刀盘旋转、液压缸推进，使刀盘在一定推力作用下贴紧岩石壁面，通过安装在刀盘上的刀具破碎岩石，使隧道断面一次成型的大型工程机械。全断面硬岩掘进机施工具有自动化程度高、施工速度快、节约人力、安全经济、一次成型等优点，且不受外界气候影响，开挖时可以控制地面沉陷，减少对地面建筑物的影响，水下地下施工不影响水中和地面交通，是岩石隧道掘进最有发展潜力的机械设备。该设备适用于岩石地质结构，主要用于道路、涵洞、水利等工程建设。它与盾构机的区别在于：① 适用的工程不一样，全断面硬岩掘进机用于硬岩，盾构机用于土层的挖掘；② 两者的掘进、平衡、支护系统不一样；③ 全断面硬岩掘进机掘进技术比盾构技术更先进，也更复杂。

全断面硬岩掘进机又分为敞开式、双护盾式、单护盾式，在相同的条件下，全断面硬岩掘进机掘进速度为常规钻爆法的 4～10 倍，最佳日进尺可达 40 m。全断面硬岩掘进机具有快速、优质、安全、经济、有利于环境保护和劳动力保护等优点。

世界上生产全断面硬岩掘进机的厂家主要有美国罗宾斯、德国海瑞克和维尔特、法国法码通等。中国首台国产的价值 1.8 亿元的“长春号”全断面硬岩掘进机，于 2014 年 12 月 27 日下线，是全断面双护盾岩石隧道掘进机，自带护盾，不需要铺设管片，集开挖、支护、出渣于一体，可以实现隧道的一次成型。

【案例 2-1】　　中国铁建重工集团全断面岩巷掘进机

2015 年，神华集团和中国铁建重工集团联合研发了拥有完全自主知识产权的国内煤矿斜井单护盾全断面岩巷掘进机，应用在神东补连塔煤矿 2 号辅运平硐。这台单护盾全断面岩巷掘进机总长 165 m，总质量超过 1560 t，开挖直径 7.635 m，总装机功率 3800 kW。2 号辅运平硐总掘进长度 2718 m，创下最高月进尺 639 m 的世界纪录和连续 4 个月月进尺超过 500 m、最高月进尺 639 m 的良好成绩。

【案例 2-2】　　“蛟龙号”全断面高效快速掘进系统

神东煤炭集团和太原煤科院合作，自主创新研制的煤海“蛟龙号”是世界首套全断面高效快速掘进系统，该系统借鉴隧道施工的盾构技术，整合了传统的掘进、运输、支护、除尘等工序。该系统由掘进机系统和后配套系统两部分组成，掘进机系统主要由截割系统、装运系统、行走系统和临时支护系统 4 部分组成，后配套系统由履带行走跨骑式十臂锚杆钻车、可弯曲胶带转载机、迈步式自移机尾、破碎机和自移动力站 5 部分组成。该系统集全断面连续切割技术、自动定位、无线遥控技术、快速装运、机载除尘、机载锚杆钻机、调车等功能于一体。2014 年 5 月 29 日，全断面高效快速掘进系统井下工业性试验在大柳塔煤矿井下连采三队工作面组装试运行,做到掘支同步、一次成型,实现了在 25 m^2 大断面巷道掘进 150 m、月进尺 0.3 m,运输能力 1500 t/h,可实现 50 m 无线遥控,达到日进尺 4000 m 以上,成巷速度比之前提高 4 倍多。

三、掘支运三位一体高效快速掘进

采用掘支运一体化控制技术,应用掘锚一体机、破碎转载机、多臂锚杆钻车、可弯曲带式输送机、迈步式自移机尾等成套装备,代替单一功能的掘进机、单体锚杆机、带式转载机等设备,实现掘进、支护、运输平行连续作业,巷道掘进施工工序全部机械化一次完成,可以减少掘进工作面人员的 50%以上。

为提高掘进效率,中煤科工集团太原研究院与神东煤炭集团联合研制了掘支运三位一体高效快速掘进系统。该系统是用于煤巷快速掘进的成套装备,由掘锚机、十臂锚杆钻车、破碎转载机、可弯曲带式转载机、迈步式自移机尾组成,并集成配套通风除尘、供电、控制通信等设备。该系统把传统的掘进、运输、支护等分步实施的工序,通过新技术装备有机整合在一起,有效解决了掘进、支护、运输的同步进行和连续作业问题,实现了掘锚平行作业、多臂同时支护、连续破碎运输、长压短抽通风和智能远程操控高效一体化运行。

目前,针对不同矿区的煤层结构和地质条件进行系列化设计,发展了"掘锚机+运锚机""掘进机+运锚机"等多种掘支运三位一体高效快速掘进配套形式,在神东矿区、黄陵矿区、阳泉矿区、潞安矿区等推广使用。

【案例 2-3】　　曹家滩煤矿大断面智能快速掘进工作面

曹家滩煤矿作为特大型现代化智慧煤矿,如何实现大断面煤巷的快速掘进,成为曹家滩煤矿亟待解决的主要问题。为解决该问题,曹家滩煤矿成立科研专班,与科研单位及院校合作,开展煤巷大断面快速掘进研究。研究煤巷快速掘进顶板的稳定性机理及主要影响因素,形成基于顶板稳定性的成套支护理论和技术,选择安全有效的支护方法;同时分析影响快速掘进的因素,对掘支各工艺、全要素、全时段关键流程进行判别,优化制约煤巷掘进速度的瓶颈,确定以"以掘定支、掘支平行"为准则的施工工艺及劳动组织。

一、技术特点及先进性

针对大断面煤巷快速掘锚成套装备的运行效果,构建以人机协同、掘支同步的智能化信息化装备创新为硬件,以减量提质、强帮护顶高强度高刚度围岩控制技术创新为理念,以空间交叉、掘支平行高匹配高融合精细卓越施工工艺创新为抓手,以实时实地、由表及里全方位高质量安全创新监测系统架构为保障,充分体现了思维方式、技术、装备、工艺、安全管理现代化与创新。

(一) 思路创新

快掘装备初期引进的失败经验,揭示了地质条件对工业性试验的重要性,要想取得试验的阶段性成果,在地质条件的选择上一定要从简单到复杂,由单一到全面。曹家滩煤矿主采 2-2 煤,属于稳定型厚煤层,平均埋深 286 m,矿井地质结构简单,取得成功后再逐步向相似条件、复杂条件及不同工艺的矿井推广。

(二) 装备创新

结合曹家滩煤矿地质条件及掘锚机组运行情况,全方位优化了设备结构和性能,对自动化锚护系统、自移式连续运输机、记忆式自适应截割系统、可视化远程操控系统、隔绝式全覆盖立体除尘、机身姿态自纠系统、动态感知安全防护系统、组合式精准定位系统、超前钻探等方面进行了改造。优化提升后的快掘装备具备大断面巷道“探、掘、支、运”一次成巷、可伸缩式超大宽度截割控制、大断面快速支护与超前钻探、物料输送、多机协同控制等功能，最终实现掘进、支护和运输一体化连续作业，大幅度提高了掘进效率。

1. 智能化快掘装备

(1) 快掘3.0成套装备。曹家滩煤矿与科研单位、装备制造厂家合作，结合自身地质条件，研发了“掘锚一体机＋煤矿用锚杆钻车＋自移式超长远距离带式输送机”快掘成套装备(图2-3)。在保证快掘的前提下增加智能控制功能，实现了精准定位、自主导航、超前钻探、智能截割、自动支护、连续转载、故障自诊、远程集控，将掘进工作面作业人数减少至7～9人，在“少人则安”理念的基础上实现了掘进工作面的智能化生产。

图2-3　掘锚成套装备整体示意图

(2) 快掘4.0成套装备。快掘4.0成套装备包括掘锚一体机、锚杆转载机、智能连续运输系统、除尘系统、集控中心和物料配送机器人六大模块(图2-4)。该装备是在快掘3.0成套装备的基础上研发的新型掘锚一体机，适应巷道宽度6.6 m，巷道高度5.5 m。该装备增加了物料输送系统，可将锚护物料运送至掘锚机机尾，并将物料举升至离地3 m处；增加了多模式通风除尘系统，通过机载高效湿式除尘技术和泡沫除尘技术相结合，有效降低了工作面煤尘。研发了新型喷涂材料，告别传统的锚网支护技术，大大降低了工人劳动强度。

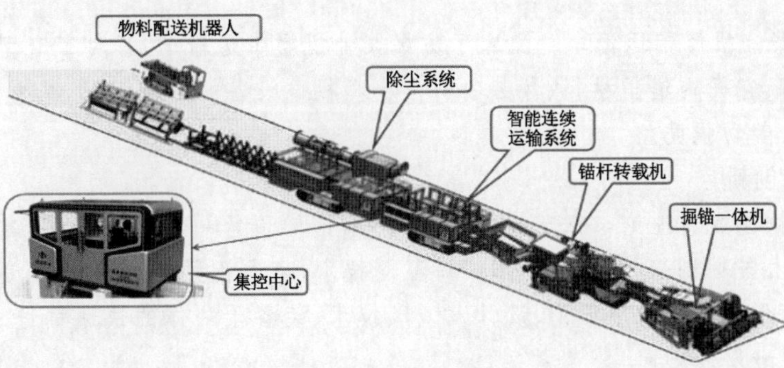

图2-4　快掘4.0成套装备联调示意图

2. 辅助保障装备

(1) 防爆柴油机滑模混凝土摊铺机。配套了防爆柴油机滑模混凝土摊铺机＋防爆混凝土输送罐车施工巷道混凝土路面(图2-5)。混凝土摊铺机安装的传感器测定巷道基线信号传输到控制器，控制器控制整机动力部件按照基线滑模施工。采用持续补料、振动棒提浆密实、抹平板成型的智能化施工工艺，日均施工混凝土路面200 m以上。

(2) 煤矿用巷道修复机。配套了煤矿用巷道修复机(图 2-6),解决了遗煤影响拉移机尾和巷道清理问题,减少了辅助作业人员人数,降低了劳动强度。

图 2-5 混凝土摊铺机

图 2-6 煤矿用巷道修复机

(3) 防爆柴油机履带运输车。配套了防爆柴油机履带运输车,解决了窄型巷道、快速掘进工作面等受限空间内锚护材料、散装物料及小型机电设备的运输问题,减少了辅助作业人员人数,降低了劳动强度。

(三) 工艺创新

研究巷道快速成巷理论与工艺技术,突破新型钻锚预紧一体化锚杆、一键打锚杆、高效喷涂等关键技术与材料;研发巷道变形实时监测技术;研发新型掘锚一体机、运输、控制等先进技术与装备,形成领先的集理论、设计、材料、技术、装备于一体的快速掘进成套技术与装备,引领快速掘进发展方向。

二、智能化建设成效

(一) 安全效益

(1)“少人则安”的本质安全型掘进工作面。智能快速掘锚成套装备通过配备机械手、智能材料库、一体化中空树脂锚杆、自动探放水设备、远程操作台、高效喷涂等设备实现掘进智能化工艺。作业人员人数由 15 人减少至 7～9 人,打造了“少人则安”的本质安全型掘进工作面。

(2) 现场安全管理全覆盖。机身配备了临时支护护盾,永久支护紧跟临时支护,从根本上杜绝了空顶作业；左右机身侧均安装了大空间高作业平台，平台与煤壁加装了防砸挡板，杜绝了片帮煤从高空坠落对人员的伤害；侧翼安装了自动报警系统，设备运行期间人员靠近时，系统自动报警停机，保证了人员安全；截割大臂前配备了自动超长钻探，实现了水患有效预警。

(二) 经济效益

巷道掘进速度由传统施工工艺的月均进尺 500 m 提升至 2020 m 以上，每月增加近 4 万 t 掘进煤量；同时快速掘进技术的应用将传统成巷周期由 10 个月缩短到 4 个月，采煤工作面巷道形成周期缩短了 60%，大幅度降低了掘巷周期和巷道维护费用，具有广阔的推广应用前景和经济效益。

(三) 社会效益

(1) 积累了大量的快速掘进巷道围岩支护参数优化、掘锚成套装备优化、工艺优化及施工组织优化经验，锻炼了一大批经验丰富的技术管理人员和成熟的快速掘进施工人员，形成了大断面快速掘进技术体系，大幅度提高了巷道掘进速度，解决了矿井采掘失衡的难题，为矿井高质量发展奠定了基础。

(2) 打造行业标杆，成为行业典范。2020 年 11 月 26 日，在曹家滩煤矿召开了全国煤矿快速掘进现场推进会，参会代表对曹家滩煤矿大断面快掘建设成果给予了充分肯定。国家能源集团、山东能源集团、延长石油集团、徐矿集团等先进煤矿企业先后派学习组来公司对标学习。

第二节　煤矿综采工作面自动化、智能化新技术

通过采用综采工作面智能控制技术和可视化远程干预控制技术，应用液压支架电液控制系统、智能集成供液系统、图像视频远程跟踪系统、采煤机和刮板输送机协同控制系统、远程智能控制平台等综采工作面智能成套装备，代替液压支架手工操作阀、传统采煤机刮板输送机泵站控制系统等手动操作平台，实现割煤、推移输送机、移架、运输、除尘等工艺过程智能化，可以减少工作面作业人员的 50%以上。

一、综采工作面智能控制技术

综采工作面普遍采用走向长壁全部垮落法回采工艺，伴随综采设备进一步向大型化、大功率方向发展，采煤机的平均功率达到 1020 kW，工作面的总装机功率超过 3000 kW，有很多的工作面设备电压为 3300 V，安装了现代化的大型设备，确保了煤矿能够安全高效地生产。

(一) 采煤机的发展趋势

随着智能化采煤机特别是电牵引采煤机的广泛应用，采煤机向着大型化、大功率、稳定性方向发展，就当前发展的状况来看，单是割煤高度这一方面已经达到 0.8～8.8 m 的水平，而且能够适应的倾角范围也从最开始的 0°提升到了 60°。随着技术水平的不断进步，用于总装机功率监测的产品也得到了很大程度的改善，以 238～2500 kW 功率设备为例，其牵引速度能达到 20 m/min 以上，落煤速度达到 6000 t/h。采煤机的截割速度一直在增加，目前采煤机的截割速度一般为 0.2～0.4 m/s，一些新研究开发的采煤机的截割速度达到 0.4～0.6 m/s，采用计算机人工智能控制的采煤机和具备超前防护功能液压支

架的应用,使长壁工作面生产能力和效率得到持续改善。内置式多功能微处理机和控制系统的使用,使采煤机控制技术取得重大进步,微处理机应用功能的增加使采煤机的生产能力和性能大为改进。另外,人工智能装置的采用使采煤机增加了动态控制和故障处理能力,安装在采煤机上的计算机人工智能系统,可根据煤层地质条件的实际变化情况,自动地改变采煤机的运行状态参数,包括采煤机截割速度、截割滚筒和挡煤板位置,截割速度可以通过程序进行控制。

【案例 2-4】 8.8 m 采高特厚煤层采煤机

世界首台 8.8 m 采高特厚煤层采煤机即 MG1100/2925-WD 型交流电牵引采煤机由天地科技股份有限公司上海分公司研制成功,进一步增大了采煤机一次采全高范围,提高了特厚煤层采出率和生产效率,引领了大采高、大功率采煤机技术发展方向。该采煤机在整机稳定性与连接可靠性、高强度轻量化截割部、高速高可靠性重载牵引行走系统等方面实现了技术突破,具有摇臂运行状态在线监测系统,可配置多种传感器,实现自动化采煤功能。该采煤机机身高度 4200 mm,机身长度 9717 mm,配置直径 4300 mm 的滚筒,配套刮板输送机型号为 SGZ1388/4800,整机质量约 220 t。该机截割功率 2×1100 kW,牵引功率 2×200 kW,破碎机功率 270 kW,泵站功率 55 kW,采高达 8.8 m,年产煤能力超过 1600 万 t。首台设备于 2018 年 3 月用于神东上湾煤矿四盘区,布置 8.8 m 液压支架 128 台,投产后使上湾煤矿工作效率提高 85%以上,成本降低 30%,资源采出率提高 30%,上湾煤矿也成为世界上采高最大、工效最高、单井单面年产量超 1600 万 t 的特级安全高效矿井。

【案例 2-5】 久益采煤机和艾柯夫采煤机

目前,美国久益公司的 7LS 系列和德国艾柯夫公司的 SL 系列占据着采煤机高端市场,最大装机功率近 3000 kW,最大牵引速度达到 30 m/min 以上,最大开采高度达到 7 m,设备生产能力达到 5000 t/h 以上。久益公司的 7LS8 采煤机摇臂截割功率 1100 kW,左右牵引电机功率各 200 kW,泵电机功率 55 kW,破碎机功率 270 kW,设备总功率 2925 kW,采高 7.2 m,设计生产能力可达 8000 t/h,装备以计算机为核心的电控系统,采用先进的信息处理技术和传感技术,具备故障诊断功能,实现机电一体化。自 2010 年开始在神东大柳塔煤矿 52304-1 工作面、上湾煤矿 12206 工作面、补连塔煤矿 22304 工作面使用。艾柯夫公司的 SL1000 采煤机摇臂截割功率 900 kW,设备总功率 2800 kW,采高 3.0~8.6 m,设计生产能力可达 5000 t/h,于 2007 年向全球推介,并首次在阳泉一矿 S8310 工作面使用。

(二) 工作面液压支架的发展趋势

我国从 20 世纪 60 年代末开始液压支架研发工作。20 世纪 80 年代初,我国分三次大规模引进国外支架,尤其是第一次引进了当时较为先进的综采设备共 100 套,其液压支架主要以二柱掩护式和四柱掩护式为主,支架的参数和性能比以往支架有了明显的提高。通过消化吸收国外先进技术,我国科研人员自主研发了多种用途的液压支架,最具代表性的有 QY 系列和 YZ 系列支架。20 世纪 80 年代以来,我国开发了适用于坚硬顶板的大吨位支架、分层开采自动铺连网支架、放顶煤液压支架和大流量安全阀、操纵阀等。从 20 世纪 90 年代中期开始,我国的液压支架进入了快速发展阶段,全综掘、综采工作面数量大幅度提高,液压支架的性能、参数、可靠性有了明显的提高,支架的架型不断丰富,如大采高支架、薄煤层支架、大倾角液压支架、铺网液压支架和端头支架等。到目前为止,适用于我国安全高效的国产液压支架有 20 余种架型,其中用于缓倾斜中厚煤层和特厚煤层的各占一半;适用于缓倾斜厚煤层安全高效的液压支架分为机械化铺连网支架、一次采全高支架和放顶煤支架三大类。近年来研制的主要高端液压支架架型如下。

1. 特种液压支架

ZZ9000 型特种液压支架大大提高了液压支架撤出工作的安全性，降低了支架撤出成本，提高了回撤速度。其特点有：使用四连杆或其他机构，保持梁端和煤壁之间的基本安全距离；使用整体自移式结构和智能自控系统，便于支架操作及自动控制和远程控制。

2. 大采高综放液压支架

ZF15000/28/52 型四柱大采高综放液压支架，工作阻力达 15000 kN，采用铰接前梁和高可靠性伸缩梁加二级护帮结构，以防止工作面片帮和冒顶；采用新型双四连杆中通式大空间放顶煤支架稳定机构和扰动式高效放煤机构，整体材料以 Q690 为主，并研制了 360 mm 恒阻抗冲击立柱。该设备在塔山煤矿 8105 工作面进行了工业试验，工作面设备平均开机率为 92.1%，煤炭资源采出率达 88.9%，平均月产超过 0.9 Mt，年产量 10.85 Mt。

3. 7～8.8 m 超大采高液压支架

近年来，大采高液压支架的研制工作不断取得新的成效。

安徽矿业机电装备有限责任公司自主研发了 ZY18800/32.5/72D 型掩护式电液控液压支架，采用整体顶梁带内伸缩式伸缩梁和三级协动护帮装置，采用 500 mm 缸径立柱，采高范围 3.25～7.2 m，工作阻力达到 18800 kN，可实现远程自动成组控制，极大地降低综采工作面工人劳动强度，已经达到国内高端水平，一次采全高，资源采出率可提高到 90%以上；其独特的双平衡千斤顶设计更加能够保证支架抗扭转力，确保支架稳定，更好地适应煤层开采条件。

兖矿东华重工有限公司研制的 ZY21000/38/82D 型液压支架是 8.2 m 超大采高掩护式液压支架，质量约 78 t，工作阻力 21000 kN。

中煤北京煤矿机械有限责任公司成功研制了 ZY22000/39/85D 型特大采高强力轻量化掩护式电液控制支架，该支架支撑高度为 8.5 m，工作阻力为 22000 kN。

郑州煤矿机械集团股份有限公司的 ZY26000/40/88D 型两柱掩护式液压支架，支架中心距 2.4 m，立柱缸径 600 mm，采高 4～8.8 m，工作阻力 26000 kN，支护强度 1.71～1.83 MPa，支架使用高强度双伸缩立柱。

上海天地研制了 7LS8 型双滚筒采煤机(滚筒直径 4300 mm、截割高度 4.3～8.8 m、功率 2925 kW、生产能力 6000 t/h)、8.8 m 的 ZY26000/40/88D 型两柱掩护式液压支架(架宽 2.4 m、护帮板为三级护帮、高度 3.6 m)等一次采全高重型综采工作面采掘设备，避免了特厚煤层开采时留顶、底煤问题(在上湾煤矿应用)。

随着信息技术和智能化的不断发展，液压支架也将朝着电液控制系统和移架速度快、钢板强度高、技术含量大的方向发展，对有断层或破碎带的工作面将会加大支架移架力，尽可能减少千斤顶数量，尽可能采用抬底座机构和整体的可靠推杆。另外，液压支架会采用额定流量 400 L/min 的高压大流量乳化液泵站，系统采用双向或环形 40 MPa 供液，从而为支架提供必要的初撑力，并广泛应用于端头支架和多用途支架等。

4. 工作面输送机的发展趋势

随着采煤工作面长度的增加和煤岩产量的不断增加，工作面输送机链的直径也在不断增大。现阶段，高产长壁式综采工作面的输送机中部槽通常为 1342 mm，采用直径 423 mm

的中双链,总装机功率在1400 kW以上,电压3300 V,这种输送机可以使用于长度在300 m及以上的工作面,每小时输送能力超过3000 t。为保证高产长壁工作面输送机达到这一输送能力,就必须满足输送机全载启动运行时具有较高的启动电压和启动功率。

我国刮板输送机的研制及使用起步较晚。目前,我国自行研制和引进的刮板输送机品种多达几十种,就其发展过程而言,大体上经历了4个阶段。第一阶段的代表产品有SGB型、SGWD-17型、SGD-20型;第二阶段的代表产品有SGW-44型、SGW-80T型;第三阶段是综采机械自动化阶段,20世纪70年代初我国从国外引进了一批刮板输送机,这些设备对我国煤矿综采机械化的发展起到了积极的推动作用,经消化、吸收并加以改进,发展了适用于我国煤矿实际情况的刮板输送机;第四阶段的代表产品有SGZ1000/1710型、YBSD-855/430型刮板输送机。

近年来,我国刮板输送机已经由普通的端卸式发展到侧卸式,由只适应中厚煤层发展到特厚和薄煤层的各种机型;功率档次越来越高,已经由最初的整机功率150 kW发展到目前的2×855 kW;中板厚度不断增加,链条直径不断加大,从而使设备的寿命得到较大提高;实现了矿井安全高效和集约化生产,为综采机械化水平的提高和经济效益的增长发挥了很大的作用。

【案例2-6】　厚煤层一次采全高综采工作面用刮板输送机

张家口煤矿机械有限责任公司设计生产的SGZ1400/3×1600型刮板输送机,适用于厚煤层一次采全高综采工作面,运输能力超过6000 t/h,能够满足工作面长度300 m以上、单一工作面产量20 Mt以上、服务寿命50 Mt以上的配套使用要求。该型号系列的成套输送设备于2016年上半年在金鸡滩煤矿得到成功应用,创出了平均每月110万～130万t煤的产量纪录。

5. 配套设备的发展趋势

以主导技术为龙头,带动相关技术群的同步创新、发展和进步,在使用大功率设备的同时,电气控制使用先进的矿用低压组合开关,支架配套使用的乳化液泵、乳化液自动配比系统,以及带式输送机的集中控制系统等得到很好的发展。

目前,在煤层赋存条件较优异的矿区已经实现了综采工作面采煤机记忆截割、液压支架自动跟机移架、刮板输送机变频协同控制等,并基于LASC定位导航技术实现了采煤机三维空间位置的精确定位及工作面直线度的智能调整,但井下综采设备的实时精准定位与导航、采煤机自适应智能调高、煤壁片帮冒顶自适应智能控制、刮板输送机智能调斜、煤流量智能监测与协同控制等尚存在技术瓶颈,制约了综采工作面由自动化开采向智能化开采迈进。研究基于采煤机截割阻力感知的采煤机功率协调、牵引速度调控原理,开发采煤机与煤层自适应控制专家系统;研发采煤机姿态感知技术与装置,实现采煤机姿态的自动感知与调控;研发采煤机自动调高系统,实现基于煤层赋存条件的采煤机自适应控制;研发综采工作面分布式多机协同控制技术与系统,通过构建基于统一坐标系的综采设备群姿态、位置关系运动模型,研究综采装备群分布式协同控制原理;研究仰俯采等复杂条件下液压支架自动跟机移架、液压支架自适应控制、刮板输送机智能调速等,实现复杂条件下综采设备群的多机协同控制。通过综采工作面智能化开采关键技术攻关,切实提高综采设备与围岩的自适应控制及协同控制水平,实现井下综采工作面的安全、高效、绿色、智能化、少人化开采,并逐步实现有限条件下的无人化开采目标。

【案例 2-7】 上湾煤矿大采高综采配套设备

上湾煤矿 12401 综采工作面 8.8 m 一次采全高配套采用江苏天明机械集团生产的 SZZ1588/700 型转载机和 PLM7000 型破碎机，满足运输能力 6000 t/h、破碎能力 6000 t/h 的需要。神东设备维修中心维修二厂自主设计制造的大采高数字自移机尾装置，适用于 1.8 m 带宽的带式输送机，配套上湾煤矿 8.8 m 超大采高综采工作面，可实行自动、手动等控制，自动储存各类信息数据，增加了油缸位移、机身倾角、输送带偏移位移等传感器，实现了油缸调高、调偏和推移自动化。

二、采煤工作面端头及巷道超前支护自动化

煤矿按照开展“机械化换人、自动化减人”科技强安专项行动的要求，通过采用工作面端头及巷道超前区域联合支护技术，应用能够与工作面设备同步推移的后置式端头支架、迈步式自移超前支护系统、搬移式超前支护装备等机械化、自动化设备，代替单体支柱、木垛等人工非机械化支护装置，实现工作面端头与巷道连接区安全、高效支护，减少作业人员 50% 以上。

1. 综采工作面端头液压支架布置方式

(1) 无端头液压支架布置方式。运输巷顶板稳定完整、锚索锚杆或架棚支护、矿山压力小、工作面倾角小的综采工作面可以不布置端头液压支架；运输巷顶板破碎、钢带锚网索或架棚支护、矿山压力特别大、顶底板软、巷道极易变形、巷道断面小、不利于端头液压支架拉移的综采工作面可以不布置端头液压支架。

(2) 一架中置及时支护端头液压支架布置方式。运输巷顶板较稳定、锚网索或架棚支护、矿山压力较小、工作面倾角较小(尤其是拱形巷道)的综采工作面可以布置一架中置及时支护端头液压支架；运输巷顶板较破碎、底板较硬、锚网索或架棚支护、矿山压力较大、巷道易变形、巷道断面小的综采工作面也可以布置一架中置及时支护端头液压支架。端头液压支架全封底，转载机安装于端头液压支架中间凹槽内。

(3) 两架一组及时支护端头液压支架布置方式。运输巷顶板破碎、底板较硬、钢带锚网索或架棚支护、矿山压力大的综采工作面可以布置两架一组底座平齐式及时支护端头液压支架。端头液压支架底座平齐，转载机安装于两架端头液压支架中间。

运输巷顶板破碎、底板软、钢带锚网索或架棚支护、矿山压力大的综采工作面可以布置两架一组底座内伸式及时支护端头液压支架。端头液压支架底座内伸，内伸板可搭接，也可不搭接，一般内伸板不搭接，转载机安装于两架端头液压支架中间“L”形底板上。

(4) 两架一主一副偏置及时支护端头液压支架布置方式。运输巷顶板破碎、底板较软、钢带锚网索或架棚支护、矿山压力大、巷道断面较小的综采工作面可以布置两架一主一副偏置及时支护端头液压支架。副端头液压支架较窄，主端头液压支架较宽全封底，靠近工作面煤壁安装，转载机安装于主端头液压支架中间凹槽内。

(5) 三架一组中置及时支护端头液压支架布置方式。运输巷顶板破碎、底板较软、钢带锚网索或架棚支护、矿山压力较大、巷道断面较小的综采工作面可以布置三架一组中置及时支护端头液压支架。中间端头液压支架较宽全封底，转载机安装于中间端头液压支架中间凹槽内，两侧各安装一架较窄的端头液压支架。

(6) 两架或三架滞后支护端头(排头)液压支架布置方式。运输巷顶板较稳定完整、底板较软、钢带锚网索或架棚支护、矿山压力较大的综采工作面可以布置两架或三架滞后支护

端头(排头)液压支架,并完善后置式工作面端头(排头)、过渡支架布置方式。为保证工作面上下出口的支护,过渡支架顶梁长度与基本支架顶梁长度一致。端头(排头)支架顶梁伸缩梁伸出与基本支架顶梁长度一致,转载机安装于端头液压支架之前,改进端头(排头)液压支架推移梁,使其与转载机尾限位,增加端头(排头)液压支架两侧辅助推移千斤顶,提高两架端头(排头)液压支架推移梁支点稳定性。

(7) 超前支护+端头液压支架布置方式。工作面巷道顶板破碎、底板软、锚网索支护、矿山压力小的综采工作面可以布置超前支护+端头液压支架,可以是一架中置超前支护+端头液压支架布置方式,也可以是两架迈步中置超前支护+端头液压支架布置方式。超前支护长度根据具体情况可安装一架或两架或三架超前支架,因超前支护使顶板压力重新分布,造成顶板更加破碎,人为增大巷道矿山压力,且网包在两架之间难以处理,所以超前支护+端头液压支架布置方式应用较少。

(8) 综采放顶煤端头液压支架布置方式。为解决综采放顶煤工作面运输巷后部刮板输送机处的支护问题,综采放顶煤端头液压支架设计较长,一般采用及时支护端头液压支架布置方式。

2. 新型端头及超前支护液压支架

除目前广泛应用中置式端头液压支架之外,还考虑采煤效率和安全因素,研发出了前后置式端头液压支架,以及能够与工作面设备同步推移的后置式端头液压支架和迈步式端头支架。

我国已开发使用综采工作面自移式超前液压支架,这种支架能更好地实现自动化。它们大多是基于以往采煤工作面液压支架架型发展而来的,一般都带有四连杆机构、前后两架为一组,一般有整体底座。优点是具有较好的自稳能力和较强的支护能力;缺点是尺寸相对较大,空间机动性差,向前推移难度较大,超前支护范围一般也达不到要求的20 m长度。因此,这种超前支架用在回风巷效果比较好;在运输巷中,由于装载机等大型设备限制很难采用整体底座,一般要与装载机连接起来,其支护能力会受到影响,特别是推移的机动性受到很大限制,影响工作面的快速推进。如天地科技股份有限公司根据红柳林煤矿综采工作面回风巷的支护要求,研制了ZTC16044/27/50型超前支架并在15206综采工作面运用,工作面运输巷超前支护段布设ZYT17000/32/7/0型端头支架,自移式超前支架采用独立的开底交错迈步自移方式;在工作面端头支架前方,超前支架的左、右立柱在巷道中按“骑”转载机的方式安装,两组顶梁和立柱交错迈步前移两副支架,较好地解决了红柳林煤矿大采高综采工作面运输巷超前支护难的技术问题,为综采工作面的安全高效、安全低成本提供了保障,并使得综采工作面运输巷超前支护技术更加自动化和机械化。同时,该公司根据上湾煤矿51203工作面回风巷地质条件,研制了ZFDC10300/25/43型自移式支架组。

【案例 2-8】 小保当煤矿 450 m 超长智能化开采工作面

一、主要建设内容

针对中厚煤层小采场开采效益较低,以及工作面加长后顶板控制难度大、工作面装备配套复杂、安全保障亟待革新、装备稳定性和可靠性较低等问题,采用450 m智能化超长工作面方案实现小保当煤矿二号井2～3 m煤层年产10 Mt的目标,实现了工作面“顶板可控可预测”“智能开采提效率”“高速截运创效益”,形成了2～3 m中厚煤层千万吨级450 m智能化超长工作面成套装备及关键技术。

(一) 超长工作面高速截割智能控制工艺

针对生产过程中采煤机从机头开向机尾时煤与矸石堵塞采煤机，采煤机与输送机逆向行驶时采煤机速度难以掌控、输送机负荷过载，严重制约生产效率的问题，提出了"分段控速"的采煤工艺，即在工作面前半段采煤机高速割煤、后半段采煤机降速，从而控制输送机负荷。为了控制输送机煤量达到跟机推溜的效果，创新提出前半部分推一半刮板输送机跟紧采煤机、随后推出另一半的分段推溜模式，在满足跟机需求的同时又能有效控制煤量。通过融合工作面液压支架的采高、倾角、推移行程、支架动作时的姿态，对液压支架移架及推溜过程进行建模，实现刮板输送机直线推移。

(二) 超长工作面高可靠性支—采—运和控制成套装备与系统

采用中煤科工开采研究院研发设计的 ZY16000/18/32D 型液压支架，实现了自动补压、自适应支护、姿态调整、人员定位、辅助降尘等功能，联合泵站实现了智能供液。工作面具有自动调直系统和精准拉架推溜控制，配合 360°高清视频监控，实现了自动化、可视化、节约化的高级智能综采工作模式。国产 MG750/1940-WD 型采煤机具备高速牵引与高速截割，提升了关键零部件使用寿命，解决了智能综采高清视频传输、低延时控制响应、自动化长效运行、快速便捷运维等关键问题，工作效率提高了 18%，各项性能指标均达到国际领先水平。国产 SGZ1100/3×1400 型刮板输送机能够定时检测记录刮板输送机链条伸长量、磨损量，实现设备全生命周期管理；具有煤流负荷检测和链条自动张紧功能，有效减少刮板输送机断链压死等停车风险。国产 SAM 型自动化控制系统实现了对工作面采煤机、液压支架、刮板输送机、泵站等远程一键启停；建立了智能化工作面大数据"一张图"模式，在远控模式下监测采煤机、液压支架、刮板输送机等运行情况，实现了"透明工作面"。

(三) 基于真实数据驱动的监控系统

基于高精度、高可靠性传感系统开发的智能截割软件，实现了全作业循环的智能截割、循环记忆截割。可修改参数配置，实现工作面采煤机、液压支架数字孪生应用。通过数字孪生技术构建了井上下协同控制系统，辅助远程开采决策及控制。支持支架动作的三维展示，实时反映井下支架状态、采煤机的实时位置和速度，并能指导截割工艺的修订。建立了机-液耦合移架运动学模型，分析移架运动学规律，辨识移架速度关键影响因素，为大流量智能供液系统和高压升柱系统提供决策。450 m 高度智能化超长综采工作面的探索与实践，创新提出了"全培训""全岗位""全能力"的"三全"管理理念，首创"一人多岗、一岗多能、混搭使用"新模式，减少用工 60%以上，为中厚煤层冲击"一人一面一千万吨"目标高效生产提供了"中国方案"。

二、智能化建设成效

小保当煤矿围绕减人、增产、保安、提效目标，以智能化综合管控平台为枢纽，实现了支架状态、工作面起伏变化、采高、割煤速度的自动调整。采煤机速度达到每分钟 10～15 m 以上，生产效率提高了 15%，全天最高割煤达到 19 刀、最高日产达到 4.6 万 t。2～3 m 煤层千万吨级 450 m 智能化综采工作面关键技术及成套装备的成功实施，标志着我国在高端煤机装备制造和智能化开采技术方面迈出了突破性的一步，为我国中厚煤层智能化高效开采做了示范。

第三节 厚煤层整层开采技术

目前,我国厚煤层开采形成了分层、放顶煤、大采高3种开采方法各具特色的局面。分层开采在我国应用时间最长,技术已经比较成熟。随着煤炭开采技术的不断发展,放顶煤开采技术和大采高开采技术得到了快速发展和广泛应用。

一、综采放顶煤技术

综采放顶煤采煤工艺实质是:在开采煤层的底部(沿底板或在煤层中某一高度范围的底部)布置一个综采工作面,用常规的综采工艺进行回采,而工作面上方的顶煤则利用矿山压力的作用或辅以液压支架活动松动的方法使其破碎,并随工作面推进在放顶煤液压支架放煤窗口放出。

(一) 综放放顶煤开采类型

根据放顶煤工作面使用的液压支架架型,综放开采可分为高位放顶煤综采、中位放顶煤综采和低位放顶煤综采,目前广泛采用的是低位放顶煤综采。

1. 高位放顶煤综采

高位放顶煤综采的特点是:放煤口位于液压支架的上部,即顶梁或掩护梁上。这种放顶煤综采一般使用单输送机运送采煤机采落的煤和放出的顶煤。其最大优点是,工作面运输系统简单,端头易于维护。主要缺点是放煤口较高,而且朝工作面输送机内放煤,煤尘较大;采放不能平行作业,推进速度慢,产量低,支架顶梁较短,容易出现架前顶煤放空从而造成支架失稳或移架困难的现象。

2. 中位放顶煤综采

中位放顶煤综采的主要特点是:支架的放煤口位于支架高度的中部。支架的结构形式多数以单铰取代四连杆结构,以增加支架的整体稳定性和后部工作空间。工作面为双输送机,一前一后分别运输采煤机的落煤和放落的顶煤。

采用中位放顶煤综采,工作面有两套相互独立的出煤系统,采煤和放煤相互干扰较少,可以实现采放平行作业,提高工作面单产。

3. 低位放顶煤综采

低位放顶煤综采的显著特征为:支架的放煤口位置低、尺寸大,而且是连续的,多为插板式,放煤口间无脊背煤炭损失,支架的四连杆机构置于支架中间,后输送机置于支架拖板上或直接放在底板上。低位放顶煤综采的主要优点是放煤在支架后下方,放煤效果好,煤尘少;后输送机外运煤炭顺利,一般不需要清理后方浮煤;支架尾梁还可以摆动,有利于提高顶煤的回收率。

(二) 综采放顶煤工艺特点及过程

1. 综采放顶煤工艺特点

(1) 初采放煤工艺。在放顶煤开采初期,通常工作面初采推进10~20 m前不放顶煤,主要是为了防止顶板垮落对采煤工作面造成威胁。事实上,目前大多数综放工作面在推出开切眼后即放顶煤,由于初采阶段矿压小,有时需要对顶煤采取松动措施。

(2) 末采放煤工艺。应用放顶煤开采的末期,通常在工作面收作前20 m左右铺双层网停止放煤,或将沿底板布置的工作面向上爬至顶板时再收作(图2-7),这就造成了大量的煤炭损失。近年来在综采放顶煤实践中，普遍缩小了不放顶煤的范围，一般提前 10 m 左右停止放顶煤并铺顶网。但应注意解决好两个问题：一是要选择合理的终采线位置，使撤架空间处于稳定的顶板下；二是要有效地防止后方矸石窜入。

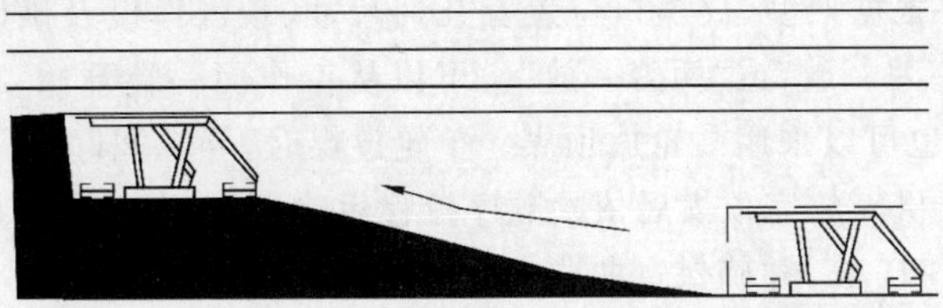

图 2-7　停采时工作面向上爬至顶板

（3）放煤步距。在工作面推进方向上，两次放顶煤之间的推进距离称为循环放煤步距。不同放煤步距下的混矸状况如图 2-8 所示。由图 2-8 可以看出，放煤步距太大时，顶板方向的矸石先于采空区后方的煤到达放煤口，关闭放煤口后，后方顶煤将放不出来，脊背煤炭损失大；放煤步距太小时，采空区方向的矸石先于上部顶煤到达放煤口，上部顶煤会被截断在采空区。

（a）大放煤步距　（b）合理放煤步距　（c）小放煤步距

图 2-8　不同放煤步距下的煤矸运动状态

合理的放煤步距应是采煤机截深的整倍数，并与顶煤的厚度有关。顶煤厚度较小时，通常以一采一放较为合理；顶煤厚度较大时，放煤步距可适当增大，采用两采一放或三采一放。应当指出，放煤步距还与顶板冒落和运动的特点及顶煤的破碎程度有关。

2. 放煤方式

放顶煤工作面放煤顺序、次数和放煤量的配合方式称为放煤方式。

放煤方式不仅对煤炭采出率、含矸率影响较大，还影响总的放煤速度和工作面单产。

3. 综采放顶煤工艺过程

（1）割煤。综放工作面一般采用双滚筒采煤机沿工作面全长割煤，工作面两端多采用斜切进刀方式，截深一般为 0.6～0.8 m，采高一般为 1.8～3.2 m。近年来随着矿山机械行业的技术进步，也开始出现了大采高综放液压支架，采高可达 4 m。

（2）移架。为维护断面顶煤的稳定性，液压支架一般装有伸缩前探梁和防片帮装置。采煤机割煤后应立即伸缩前探梁支护新暴露顶煤。采煤机通过后，及时移架，并伸出防片帮板护住煤壁。注意：移架前应首先收回前探梁，待支架移到位并支撑好后，方可将前探梁伸出，封闭端面顶板。

（3）移前输送机。移架后即可移置前输送机。若采用一次推移到位，可以在距采煤机约10 m处逐节一次完成输送机的推移。若采用多架协调操作、分段移输送机,可在采煤机后方5 m左右开始移输送机,每次推移不超过300 mm,分2～3次将前输送机全部移靠煤壁,并保证前输送机弯曲段不小于12～15 m,输送机推移后呈直线状,不得出现急弯。

(4) 放顶煤。要根据架型、放煤口位置及几何尺寸、顶煤厚度及破碎状况,合理确定循环放煤步距,多为"一刀一放"或"两刀一放"。可以从工作面一端开始,顺序逐架依次放煤,如果顶煤厚度较大,也可以采用多轮放顶煤。单轮放煤时,要掌握好"见矸关口"的尺度。

(5) 拉移后输送机。放完顶煤后依次顺序拉移后输送机,严禁相向操作,拉移一般滞后放煤的液压支架10～15 m,并确保弯曲段长度。

二、大采高开采技术

大采高开采技术是指开采厚度在3.5 m以上的厚煤层时采用综合机械化整层开采方法,工作面使用大功率双滚筒采煤机和重型刮板输送机割、运煤,用大吨位液压支架(支架工作阻力、单架支护面积和支架支撑高度大)控制顶板,一次采全高的综采技术。其具有自动化程度高、技术先进、性能可靠、装机功率大、生产效率高、回采率高等特点。

对于煤层倾角小于30°的厚煤层开采,大采高开采技术与放顶煤开采技术相比,具有煤炭资源回采率高、煤炭含矸率低、回采工作面煤尘少、煤的自然发火和瓦斯涌出安全性好等优点。对于3～4 m不适宜放顶煤开采的厚煤层,大采高开采具有工效高、成本低等优点。

(一) 大采高综合机械化采煤工艺特点

大采高一次采全高综合机械化采煤法,是近年来随着大采高液压支架、大功率采煤机的出现而产生的一种新工艺。目前世界上对3.5～5.0 m厚煤层开采的发展趋势是采用综采一次采全高采煤法。我国从20世纪80年代开始,在引进国外设备的基础上研制出了适应我国煤矿地质条件的一系列产品,并进行了工业性试验和实际应用,取得了一定的经验。大采高一次采全高采煤法已在我国许多矿区得到应用,并取得了可喜的成绩。

大采高综采工作面一般装备成套设备,其特征是采煤机功率大,采用强力刮板输送机和掩护式液压支架(表2-1)。20世纪80年代中期在邢台东庞煤矿试验成功,其典型配套装备为:MXA-300/4.5型采煤机,功率300 kW,牵引速度0～8.6 m/min;SGZC-730/400型侧卸式双中链刮板输送机,功率2×160 kW,链速1.08 m/s;BY3600-25/50型两柱掩护式液压支架,支撑高度2.5～5.0 m,支架装有可伸缩的前探梁和两段护帮板,能够防止片帮。该套设备年生产能力可达225万t。

表2-1 我国年产煤炭超过300万t的部分大采高综采队的装备

采煤队名称	煤厚/m	煤层倾角/(°)	年产量/万t	液压支架型号/架数	采煤机型号	刮板输送机型号
神东哈拉沟矿综采一队	5.6	1	1059	DBT/188	7LS6/LW603	SDAFC
神东补连塔矿综采一队	6.3	1	1191.2	郑煤6.3 m/176	SL1000	DBT3×1000

表2-1(续)

采煤队名称	煤厚/m	煤层倾角/(°)	年产量/万t	液压支架型号/架数	采煤机型号	刮板输送机型号
神东榆家梁矿综采二队	3.6	1	664.5	郑煤 2×4412/233	JOY7LS	JOY375
神东大柳塔井综采队	5	1	805.14	JOY(2×7625 kN)/141	JOY(6LS-5)	JOY(700+522)kW
神东活鸡兔井综采二、三队	3.5	1	935.93	JOY(2×7625 kN)/170	JOY(6LS-5)	JOY(700+522)kW
晋城寺河矿综采一队	6.31	3	801.5	ZY9400/28/62/112、ZYG9400/25.5/55/10、ZYT9400/25.5/55/8	SL-500	JOY
淮南张集矿综采一队	4.2	4	352.76	ZZ6400/22/45/163	MG610/1400-WD	SGZ1000/1400

20 世纪 90 年代中期，神华大柳塔煤矿全部引进国外大功率大采高综采装备，采煤机功率 1500 kW，刮板输送机功率 1400 kW，2000 年产煤 800 万 t。

大采高综采工作面采煤工艺过程与一般综采基本相同，但由于设备高度大、煤壁易片帮等，采煤方法多采用走向长壁或俯斜长壁，其采煤工艺与一般综采相比具有以下特点：

(1) 初采高度较小，一般为 3.5 m。在工作面推进至直接顶初次垮落后，逐渐沿走向将采高调整至全高。沿倾斜方向则在直接顶初次垮落之前，先将工作面两端 7.5 m 范围内的采高由巷道高度渐增至 3.5 m，直接顶初次垮落后，在工作面 15～20 m 范围内，将采高渐增至正常采高。

(2) 煤壁片帮甚至架前漏顶是大采高开采应解决的关键性技术问题。控制片帮的措施一般有以下几点：① 采煤机割煤后，及时擦顶移架并立即打开护帮板，必要时将第一段护帮板用千斤顶顶起使其向上翻转，临时支护顶板，以减小端面距，并用第二段护帮板支撑煤壁，采煤机通过前收起；② 加快工作面推进速度；③ 用快硬膨胀水泥尼龙绳等加固煤壁；④ 在地质条件允许时，采用俯斜开采方式；⑤ 提高液压支架的初撑力，以求改善近煤壁处围岩的应力状态，减小端面顶板的下沉量及减轻煤壁片帮程度。

(3) 支架防倒、防滑工作显得尤为突出。由于支架高度大，当工作面倾角增大时，支架倾倒、下滑的概率增加。

(4) 端头支护及超前支护工作比一般综采更为重要。加强端头和超前支护的具体做法是：① 上、下端头的巷道末端采用丛柱切顶、挡矸；② 排头、排尾各三架，采用伸缩梁或护帮板作临时支护，其移架落后于中间支架一个步距，待移机头、机尾后再移架，使工作面梁端保持一致；③ 运输巷、回风巷采用单体液压支柱配铰接顶梁超前支护 20 m，平行巷道架设，一般回风巷设两排，运输巷设三排，均为一梁二柱。

(5) 厚煤层一次采全高综采与分层综采相比，具有以下优点：① 工作面产量和效率大幅度提高；② 回采巷道的掘进量比分层开采减少一半，并减少了假顶的铺设；③ 减少了综采设备的搬迁次数，节省了搬迁费用，增加了生产时间；④ 虽然其设备投资比分层综采大，但其产量大、效益高、巷道掘进量少、无假顶铺设、工作面搬家少等,其综合经济效益明显高于分层综采。

(二)大采高开采适用条件

目前开采技术条件下,大采高开采方法的一般适用条件为:

(1) 工作面地质构造简单,无大的褶曲和断层,水文地质条件简单。

(2) 工作面煤层的煤质较硬(普氏系数大于1.5),煤层厚度3.5～6.0 m,煤层赋存稳定,厚度变异系数小。

(3) 煤层倾角一般小于12°,最大不超过18°。

(4) 煤层顶板属于稳定或较稳定的类型,能够随采随冒,冒落后能够充满采空区;煤层底板较坚硬。

(5) 矿井生产能力大,辅助运输及提升条件能够满足重型支架的运送要求。

(三)大采高发展的主要影响因素

尽管大采高开采在适宜的地质条件下的优点是突出的,但影响大采高实现安全高效生产的因素也很多,这些因素不同程度地限制了大采高的发展。目前,影响我国大采高技术发展的因素主要表现在以下几个方面。

1. 大采高围岩控制理论研究不能满足生产实践要求

针对我国具体条件下普通采高的围岩控制理论已经系统化,并逐步走向成熟,有效地指导了生产实践,为安全高效回采作出了巨大贡献。近40年来,放顶煤开采的围岩控制理论及顶煤放出理论研究也逐步走向深入,同样有效地指导了放顶煤开采实践,为厚煤层高效开采开辟了新的途径。相比而言,大采高的围岩控制理论较少,这方面的研究尚未引起足够的重视。目前在解释大采高开采中出现的矿压显现规律、评价大采高的适用条件、提出合理的围岩控制方案等方面存在理论研究不足等问题,这些阻碍了大采高的推广应用。

2. 辅助运输系统落后,巷道断面及布置先天不足,阻碍了大采高的发展

大采高工作面设备重型化要求有高效的辅助运输系统,大多数生产矿井采用传统的轨道运输,环节复杂、效率低,运输重型设备易出现运输事故,使大采高工作面搬家设备上下非常困难,与安全高效的模式不匹配;另外,传统布置的巷道断面小,也不能满足设备运送要求,要使用大采高技术,则改造工作量太大,影响现有生产,致使很多矿井不能使用大采高技术。

3. 国产设备的可靠性影响大采高发展

大采高开采要求综采设备必须有较高的可靠性,特别是液压支架应有好的稳定性。总体来看,国产设备距先进的国外产品尚有一定的差距,如果综采设备的可靠性不高,则无法发挥大采高的优势,有时甚至比不上普通采高的经济技术指标。大采高使用初期,支架就出现了种种问题,影响了使用效果,可分为两种情况:第一类,实际采高低于3.5 m,未显示大采高支架的特点;第二类,支架架型参数与煤层赋存条件不适应,试验效果不佳,支架歪斜倾倒,顶板状况恶劣,片帮严重。以上两种情况既与支架围岩关系不合理有关,也与支架本身的稳定性有关。近几年,我国支架制造技术有了很大的提高,但关键部件的材质仍有差距,核心部件需要进口,其他配套设备也存在类似情况,而进口设备投资大于国产设备,配件也很昂贵,这在一定程度上限制了大采高的使用。

第四节 煤矿井下辅助运输新技术

目前,在煤层赋存条件较好的矿区,无轨胶轮车已经成为矿区的主要辅助运输设备,极大地提高了矿井人员、物料、设备的运输能力与效率,实现了无轨胶轮车的井下定位与综合调度。无轨胶轮车的定位精度、运行管理模式等正朝着智能化、无人化的方向发展。对于轨道运输、单轨吊运输等其他形式的辅助运输系统,主要处于机械化运输阶段,有待实现遥控式自动运输。应用井下人员、车辆的精准定位与智能导航技术,积极推进无人驾驶技术,开发适用于不同运输场景的井上下智能辅助运输系统,开发井下物料智能运输模式,实现井上下人员、物料、设备的运输路线智能规划、自动运输、协同管理,这是煤矿井下辅助运输的发展方向。

一、煤矿井下无轨辅助运输系统

我国煤矿辅助运输机械化起步较晚,直至20世纪70年代后期才开始这方面的研制工作。20世纪80年代中期,大同矿务局引进了澳大利亚诺依斯公司的支架运输车和英国埃姆科公司的多用途铲车。20世纪90年代中期,神东大柳塔煤矿和活鸡兔煤矿引进了英国埃姆科公司的913HLD型无轨胶轮铲车、人车、运煤车等无轨辅助运输设备,实现了全部无轨化运输,不再铺设轨道。我国已先后研制成功并定型生产了一些新型高效的煤矿辅助运输设备,如柴油机单轨吊、绳牵引卡轨车、柴油机胶套轮齿轨卡轨车、无轨胶轮车及无极绳巷道连续牵引车等。有些设备如柴油机胶套轮齿轨卡轨车、无轨胶轮车和巷道连续牵引车,在我国许多煤矿生产实践中已经得到了推广应用,并产生了巨大的经济效益和社会效益。

我国在引进、消化、吸收国外无轨辅助运输系统使用工艺和各种设备的同时,也推进了设备国产化研制进程和大量新型设备的开发进程,各种车型和专用设备层出不穷。

(一)无轨胶轮车

综采工作面采用无轨辅助运输方式,可以实现综采设备"面到面"不转载运输,简化了传统轨道辅助运输方式,也减少了大量辅助作业人员。无轨胶轮车多用于赋存较浅、倾角不大的近水平煤层矿井中,也可用于顶底板条件较好的竖井开拓的矿井。无轨胶轮车水平转弯半径小(4~6 m),爬坡能力强(最大可达14°),运行速度快(重载支架车可达1~3 m/s,运料车和运人车可达2~8 m/s),载重能力大,可以整体运输25 t的支架等重型设备。但要求巷道断面宽度较大(一般不小于4 m);对巷道底板硬度要求普氏系数$f>4$,最好是砂岩或砂质页岩等较完整的底板条件,如果底板较软,需人工加固。

(二)蓄电池动力车辆

煤矿特殊型铅酸蓄电池车辆的整车牵引和蓄电池等技术比较稳定。由于采取了井下多电池快速更换方式,也不存在充电等待等限制条件,能够满足短途循环往复连续作业需求,并且专业化维护也能保证蓄电池的使用寿命。因此,我国煤矿井下无轨辅助运输在不断加大防爆柴油机动力车辆产品研发的过程中,也根据国内井下柴油机尾气污染治理要求和地面蓄电池车辆的发展水平,在继续发展大吨位防爆铅酸蓄电池铲板车的同时,也创新研判出新型防爆锂离子蓄电池动力车型,并在内蒙古、陕西、山东等省份的几十个矿井推广使用。目前,国内使用的以防爆发动机为动力源的进口车辆主要有埃姆科公司的912、比塞洛斯公司的FBL系列多功能车、布特朗耶公司的350P及LWC系列多功能车和支架搬运车。以防爆铅酸蓄电池为动力源的进口车辆主要有比塞洛斯公司的GLBC488系列铲车和VT630、VT650、VT680系列铲板式支架搬运车。国内现在有上百家整车厂或柴油机厂可生产防爆柴油机。其中,山西天地煤机装备有限公司自行研制的系列防爆柴油机有TY4100、TY6100、TY6114、TY6121、TY6V132等多个系列及型号,最大功率可达到260 kW。

二、煤矿井下有轨辅助运输系统

(一) 单轨吊车

单轨吊车运输是目前国内外广泛采用的先进的煤矿辅助运输方式。单轨吊车由于吊在巷道上空运输,所以不受巷道底板变形的影响。单轨吊车体积小,机动灵活,占用巷道空间小,通过巷道断面小,转弯半径小,连续运输距离长。如果开拓系统和运输系统条件允许,采用单轨吊车可以实现从地面到井下任何工作面的不转载直达运输。但由于吊车自重及全部负载均由巷道支架及顶板承担,所以对巷道支架及顶板承载能力有一定要求。一般最大单件质量要求3 m长轨为12 t,2 m长轨为16 t,运行速度最大为2 m/s。太大、太重的设备需要解体运输。对于巷道顶板比较稳定,支护条件较好,运输的单件质量不太大,特别是在出现底鼓的巷道中,选用单轨吊车运输系统是比较合适的。

【案例2-9】　　鲍店煤矿单轨吊车新型辅助运输方式

2017年鲍店煤矿推广应用单轨吊车新型辅助运输方式,采用的3部德国沙尔夫DZ2200型4+4柴油单轨吊车中有2部配有36 t和12 t起吊梁各一套,用于工作面轨道巷支架整体运输。另外1部配有2套12 t起吊梁,用于工作面带式输送机机道小型设备运输安装,最大限度地解决原轨道系统设备多、环节多、占用人员多和安全隐患多的问题。起吊装卸设备重物时全部为机械化操作,去掉了装封车环节,不再进行人工装卸和搬运,形成了单轨吊车运输网络,创出全国工作面安装单轨吊车运输距离4800 m最新纪录,19°坡度、37.8 t整体支架运输也在国内首屈一指。

(二) 架空乘人装置

煤矿架空乘人装置(俗称猴车)是一种矿井斜巷或平巷人员运输设备,主要由驱动部分、乘人部分、拖绳部分、尾轮部分、张紧部分及电控系统组成。它通过电动机带动减速机上的摩擦轮作为驱动装置,采用架空的无极循环的钢丝绳作为牵引承载,将钢丝绳安装在驱动轮、拖绳轮、压绳轮、尾轮上并经张紧装置拉紧后,由驱动装置的驱动轮带动钢丝绳运行,从而实现人员输送。用架空乘人装置来输送人员,目的是缩短人员上下井的路途时间,减轻人员上下井的体能消耗。它具有以下特点:① 设备投资少,其投资只占斜井人车投资的50%左右,且占地面积小,运行成本低,维护工作量小;② 人员运输量大,效率高,运量可达到200～1000人/h,索道无极循环运行,人员不需要等候,随到随行;③ 安全性能好,牵引钢丝绳运行速度低(0.8～3.0 m/s),乘人吊椅离地不高(0.2 m),运行平稳可靠,人员上、下吊椅方便自如,设备本身配有完善的安全保护装置;④ 适用范围广,运行距离在100～4000 m之间,最大倾角40°,还可以满足巷道多变坡点的情况;⑤ 布置方式灵活、独特。除布置在专用巷道外,还可以与带式输送机共用巷道、与单钩提升绞车共用巷道,也可以布置在小断面巷道中,以及通过单向往复运行实现小运量的人员输送。

根据《煤矿用架空乘人装置安全检验规范》(AQ 1038—2007)的规定,煤矿架空乘人装置分为三大系列:① RJY系列——煤矿固定抱索器架空乘人装置;② RJHY系列——煤矿活动抱索器架空乘人装置；③ RJKY 系列——煤矿大坡度可摘挂抱索器架空乘人装置。

（三）轨道运输机车

1. 卡轨车

卡轨车运输系统是在普通窄轨车辆运输的基础上，改用专用轨道并增加卡轨轮防止脱轨掉道，以提高其运输安全可靠性的新型运输系统。卡轨车可以是柴油机机车、蓄电池机车，也可以是无极绳绞车或有极绳绞车。卡轨车有两种：一种是绳牵引的卡轨车；另一种是柴油机牵引的卡轨车。它们在应用中的共同特点是巷道底板的轨道承受全部的重量，在使用的过程中对底板的要求比较高，但是对于有明显积水的巷道卡轨车不太适用。

卡轨车按其功能不同分为牵引车、制动车、承载车和乘人车等。卡轨车在结构上除装有行走轮外，还装设了防止行走轮脱轨的装置，即卡轨轮。卡轨轮装在车架底部，卡在槽钢轨道的槽内，使行走轮转动时不掉道。牵引车是钢丝绳牵引卡轨车系统中与牵引钢丝绳连挂的车辆。制动车是钢丝绳牵引卡轨车系统中必须配备的，它的功能同单轨吊车中的制动车一样，当发生断绳、脱钩或车速超过规定值时，车上的紧急制动系统动作，产生制动力，使卡轨车迅速停止在轨道上，起安全保护作用。承载车按其用途不同，可制成不同的结构。如平板承载车用于运输大型设备，箱式承载车用于运送一般材料或设备，有支撑架的运送电缆、输送带等。承载车可用现有矿车、平板车加装卡轨轮改制而成。各种承载车上都有卡轨轮。卡轨车的优点是承载能力大、运行速度快、爬坡能力强、安全性能好；缺点是只能在固定段进行运输、占用设备多、设备利用率低、劳动强度比较大。德国沙尔夫柴油齿轨式卡轨车可在大倾角、高瓦斯井下执行重载荷运输任务。一般情况下，机车拖车适合倾角 4°左右，无轨胶轮车适合倾角 10°左右，单轨吊车系统摩擦轮驱动适合倾角 24°左右，柴油齿轨式卡轨车适合倾角达 30°。

2. 齿轨车

齿轨车一般是指带钢轮和齿轨轮的机车。它在平道上靠钢轮与轨道的黏着力高速运行，在斜巷上（小于 10°）靠齿轨轮与齿轨的啮合低速牵引，因此这种机车能直接进入上下山斜巷和起伏不平的工作面运输巷和回风巷。缺点是自重和转弯半径较大，不适合在采区运行。如果变坡较多，则铺设齿轨较长，影响成本和车速，只宜用于水平大巷及与其相连的坡度不大的主要上下山巷道。

3. 防爆柴油机车

目前，煤矿井下水平运输大巷的运输，主要以架线电机车及蓄电池机车为主。由于架线电机车以井下整流电源驱动直流电机作为机车动力，需要大量的前期投资且周期长，使用范围受到限制。而防爆柴油机车牵引能力大、机动灵活，应用较为广泛。国内各研究部门及生产厂家先后研制开发了 1.5～14 t 系列的防爆柴油机车。

第五节　煤矿绿色开采技术

煤矿绿色开采是指考虑环境与资源保护的煤炭开采方法。具体来说，煤矿绿色开采和相应的绿色开采技术，基本概念是从广义资源的角度认识和对待煤、瓦斯、水、土地、矸石等一切可以利用的资源；基本出发点是从开采的角度防止或尽可能减轻开采煤炭对环境和其他资源的不良影响；基本手段是控制或利用采动岩层破断运动；目标是在取得经济效益的同时,实现最佳的环境效益和社会效益。

煤矿绿色开采技术具有以下三个方面的内涵与特点:

(1) 对原有矿井废弃(或有害)物观念的转变。从广义资源的角度来说,在矿区范围内的煤炭、地下水、瓦斯、土地、煤矸石、矿井地热以及煤层附近的其他矿床都是宝贵的资源,都应该作为矿区的开发对象加以利用。而传统煤炭开采中仅将煤炭作为资源来对待,其他的并没有作为资源来对待,有的甚至作为有害物来对待。

原来对矿井瓦斯的定义是:矿井中主要以甲烷为主的有害气体。事实上,瓦斯是清洁能源,1 m^3 瓦斯可发电 3～3.5 kW·h。

原来对矿井水文地质类型的定义是:根据矿井水文地质条件、涌水量、水害情况和防治水难易程度等划分类型。这个定义是将矿井水作为水害来对待的。事实上,在防治地下水的同时可将矿井水资源加以利用。

矸石是开采产生的固体废弃物,但也可作为塌陷地的复垦材料、采空区充填骨料和制砖材料等。

(2) 在源头上采取措施减轻开采对环境的破坏。从源头消除或减少采矿对环境的破坏,而不是先破坏后治理,这符合循环经济原则。如通过采矿方法的改变和调整来实现地下水资源的保护、减缓地表沉陷以及减少瓦斯和矸石的排放等。

(3) 研究采动岩层破断运动规律。岩层运动不仅对矿山压力造成影响,而且煤层开采后引起的岩层"变形—破断—移动"是造成一系列采动损害与环境问题的根源。如果岩体不破坏,水与瓦斯流动、地表沉陷与土地破坏等环境问题就不会发生。因此,绿色开采的基本手段是控制岩层运动,防止和减少采动对环境的不良影响。

一、绿色开采技术框架

对于井工煤矿,绿色开采技术主要包括保水开采、煤与瓦斯共采、减沉开采、矸石减排、地下气化开采等,据此构建了如图 2-9 所示的煤炭绿色开采技术框架。

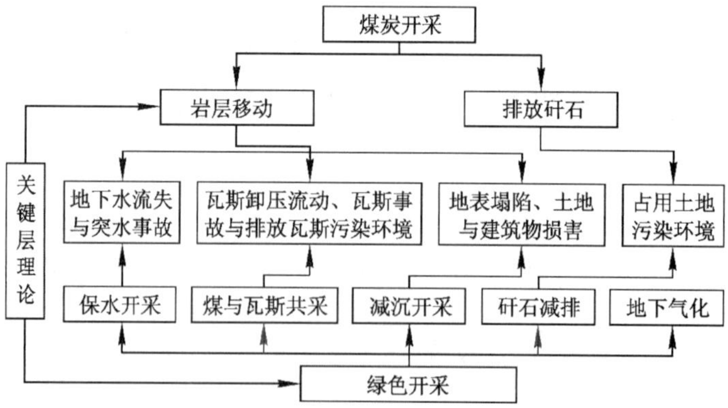

图 2-9　煤炭绿色开采技术框架

二、减沉开采技术体系

减沉开采就是减少开采引起的地表沉陷以保护土地资源和地面建筑物。我国东部矿区及粮食与煤炭复合主产区应重视减沉开采技术的研究,将减沉开采作为矿区绿色开采的重点。根据目前减沉开采技术发展现状,构建了如图 2-10 所示的减沉开采技术体系。

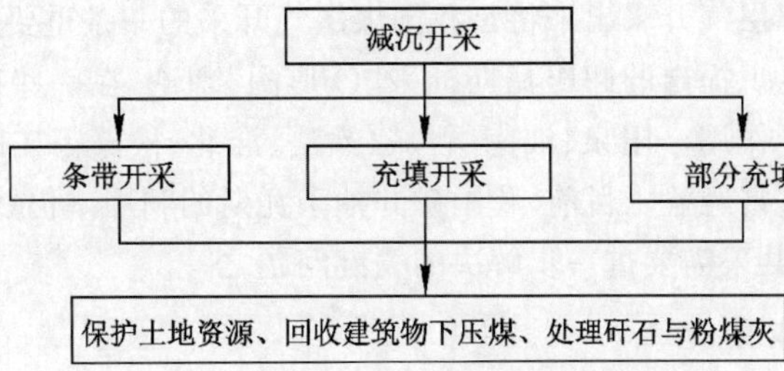

图 2-10　减沉开采技术体系

减沉开采技术主要包括:条带开采技术与充填开采技术。条带开采技术与传统充填开采技术都存在明显的不足之处。条带开采技术存在的主要问题是:采出率低,浪费大量煤炭资源;而传统充填开采技术存在的主要问题是:充填成本相对煤炭价格偏高,充填量大,充填材料来源受限,充填工艺不能适应煤矿高效开采要求等。综合条带开采技术与充填开采技术的特点,提出了煤矿部分充填开采技术,其充填量和充填范围仅是采出煤量的一部分,仅对采空区的局部或离层区和冒落区进行充填,依靠覆岩关键层结构、充填体及部分煤柱共同支撑覆岩控制开采沉陷。按照部分充填的位置和时间不同,提出了采空区条带充填、条带开采冒落区注浆充填、覆岩离层分区隔离注浆充填 3 种部分充填开采技术。目前,冀中、济宁、新汶、淄博、枣庄、淮北等矿区都在积极开展有关充填减沉开采的试验研究工作。

三、煤与瓦斯共采技术体系

煤与瓦斯共采就是将煤炭和赋存于煤层中的瓦斯都作为矿井的资源加以开采,实现两种资源的共同开采。我国高瓦斯矿区应重视煤与瓦斯共采技术的研究,将煤与瓦斯共采作为矿区绿色开采的重点。根据目前煤与瓦斯共采技术发展现状,构建了如图 2-11 所示的煤与瓦斯共采技术体系。

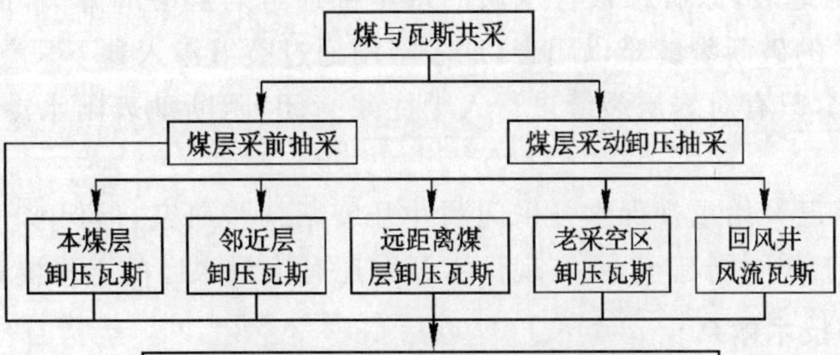

图 2-11　煤与瓦斯共采技术体系

煤层气(瓦斯)开采方法分为煤层采前预抽与采动卸压抽采。在煤层开采前,煤层气开采的效果取决于煤层原始渗透率大小。研究表明,我国埋深在 2000 m 以内的煤层具有(30～35)×10^{12} m^3 的煤层气资源,但我国 70%以上煤层的渗透率小于 1×10^{-3} μm^2。正因为如此,我国已钻的多口采前地面煤层气井中,除个别矿区(如晋城)外,稳产高产井很少。如何提高煤层开采前的渗透率是目前尚未解决的难题。实践表明,一旦煤层开采引起岩层移动,即使是渗透率很低的煤层,其渗透率也将增大数十倍至数百倍,为煤层气运移和开采创造了条件。因此,利用岩层运动的特点将卸压煤层气开采出来将是我国煤层气开采的一条重要途径。基于对岩层采动裂隙动态分布规律的认识提出的卸压瓦斯抽采"O 形圈"理论,在一些矿区的卸压瓦斯抽采中对钻孔布置起到了指导作用。阳泉、淮南、晋城、铁法、淮北、松藻等矿区在煤与瓦斯共采方面已取得了很大成绩和丰富经验。目前,我国矿井抽采瓦斯的利用率仍然很低,大部分仍排放到大气中,这是煤与瓦斯共采需要进一步解决的关键问题之一。

四、保水开采技术体系

保水开采就是在采煤的过程中对地下水资源进行保护并对矿井排水进行资源化利用。我国西北干旱缺水矿区应重视保水开采技术的研究,将保水开采作为矿区绿色开采的重点。根据保水开采技术的特点,构建了如图 2-12 所示的保水开采技术体系。

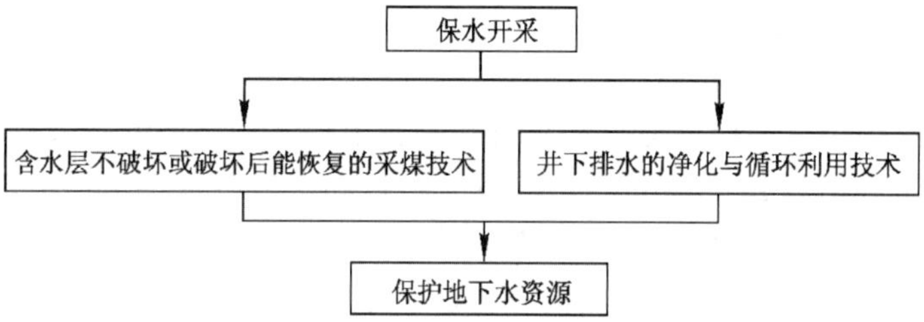

图 2-12　保水开采技术体系

煤层开采后,随着上覆岩层中关键层的破断,在该区域内地下水将形成下降漏斗。地下水位能否恢复,取决于随着工作面的推进,上覆岩层中是否有软弱岩层经重新压实导致裂隙闭合而形成隔水带。若有隔水带,则随着雨水的再次补给,下降漏斗也将随之消失,地下水位随之恢复。而煤层开采对地面生态的影响则决定于漏斗形成与消失的时间间隔。在我国西北部分地区(如大同),煤层顶板为厚层坚硬岩层,表土层薄,煤层开采后顶板破断裂缝从井下采空区贯穿至地表,原有顶板含水层的水全部通过岩层裂缝漏失,造成区域地下水干枯。由于贯通地表的破断裂缝难以闭合,地表降雨通过裂缝渗入井下采空区,原有顶板含水层无法恢复。因此,只有对岩层裂缝进行人工注浆封闭,阻断地表雨水渗漏,才能逐步恢复原有含水层。

我国西北矿区已开始重视保水开采问题并开展了初步研究,但保水开采的技术难度很大,目前有关研究工作刚刚起步,要实现保水开采还有大量艰巨的工作要做。

五、矸石减排技术体系

矸石减排就是减少煤矿矸石排放量、消除矸石山堆积。我国所有煤矿都应重视矸石减排技术研究,为此,构建了如图 2-13 所示的矸石减排技术体系。

首先少出或不出矸石,以煤巷取代岩巷,涉及开采布局设计和煤巷维护问题,需要不断研发煤巷高效支护技术。其次矸石井下处理,即不将井下岩巷掘进矸石提升出井,通过建立井下矸石转运、储存与充填系统,将矸石充填到采空区或进行巷旁和废弃巷道充填及矸石充填置换井下煤柱等。矸石综合利用包括:将地面矸石作为减沉充填或复垦充填材料、矸石制砖、矸石发电等。

六、煤炭地下气化

煤炭地下气化就是不将煤炭采出地面,而是在地下通过热化学反应将其原地转化为可

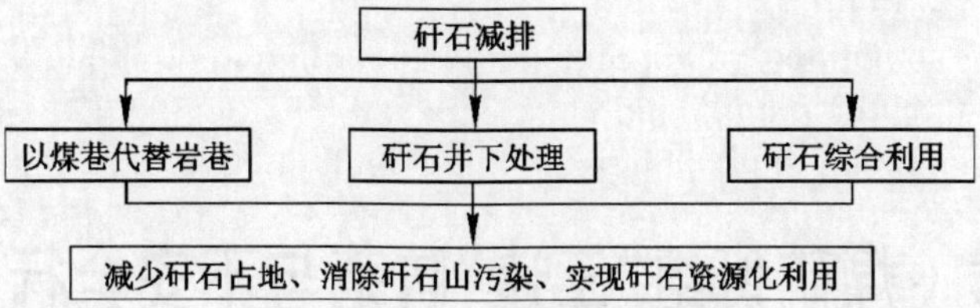

图 2-13　矸石减排技术体系

燃气体，这是一种整体绿色开采技术。对于难以回收的残留煤柱、低品位煤、难采煤层，应积极开展地下气化技术的试验研究。

目前我国的煤炭地下气化技术仍处于工业试验阶段，地下煤炭气化燃烧产生的苯和酚是致癌物质，有可能毒化水资源。另外，煤炭地下气化多联产技术等很多问题都需要去研究和探索。

复习思考题

1. 从哪些方面来实现煤巷快速掘进？
2. 从哪些方面可以实现岩巷快速掘进？
3. 综采工作面端头液压支架的布置方式有哪些？
4. 综采工作面装备智能化的发展趋势有哪些？
5. 煤矿井下辅助运输新技术有哪些？
6. 厚煤层整层开采技术有哪些？
7. 煤矿绿色开采技术体系包括哪些内容？

第三章　煤矿班组“三违”防范与不安全行为管控

第一节　煤矿班组“三违”及其防范

“三违”是指煤矿员工在生产建设中所发生或出现的违章指挥、违章作业和违反劳动纪律的现象及行为。任何人如果违反了其中的一项,就被称为“三违”人员。

“三违”现象及行为是导致煤矿发生事故的重要原因,严重威胁着煤矿的正常生产和员工的生命安全。据调查,90%以上的事故均是由人员“三违”造成的。因此,煤矿员工对“三违”现象和行为,绝不能宽容和忽视,要从自身做起,坚决与“三违”人员做斗争,确保安全生产。

一、“三违”现象的心理

(1) 麻痹心理。麻痹就是失去警惕或疏忽大意。

(2) 侥幸心理。明知道个人行为有导致事故发生的危险,但抱着“撞大运”的思想,以为自己违章不会出事。

(3) 从众心理。大家都违章,自己也跟着违章。

(4) 盲目无知。安全知识一知半解或一无所知。

(5) 习惯心理。习惯是长期养成的,并且一时不容易改变的行为,有些工人不顾井下多变的场所和条件,沿袭原有习惯的活动方式,“习惯成自然”地违章作业。

(6) 好强逞能。逞英雄,以此证明自己比别人强。

(7) 慌张心理。这是探亲及休假前后容易产生的一种心理,探亲前或休假前矿工归心似箭,表现为思想慌、干活慌、快干活、快升井、快回家、不沉着,急切忙乱,慌中易出错。

(8) 攀比、模仿心理。别人这样干没出事,我也这样干,照别人的办法做不会错。

(9) 紧张心理。紧张是一种恐惧情绪,初次接触陌生事物,过度紧张会带来一系列的行为紊乱。

(10) 简单应付。对存在的隐患不认真整改,敷衍了事,只是满足于领导检查时蒙混过关,检查后依然如故。

(11) 喜悦心理。由于不按规程要求做事省时省力省劲,冒险成功的刺激,每一次“成功”的喜悦都伴随着冒险冲动而产生,违章次数越来越多,这种乐于违章的心理观念就越强。

(12) 一味求快。面对进度压力,或者效益指标,不能很好地平衡,一味追求数量,忽视安全。

(13) 失落心理。生活和工作中受到挫折后,在井下工作注意力集中不起来,往往容易违章或出事。

(14) 疲劳作战。心烦意乱、注意力下降、动作协调性不够。

(15) 逆反心理。逆反心理表现为对某些人或某个领导的言行不满,产生抵触情绪。

(16) 作风散漫。自由主义、工作满不在乎,脱岗串岗,纪律涣散,不服管理,藐视规章,无视制度。

(17) 自谅、补偿心理。具有这种心态的人认为煤矿井下工作违章是难免的,有的矿工认为在井下又脏又累,偷点懒,违点章算是补偿。

(18) 自信心理。井下干的时间长了,熟悉情况,认为违章不会出事。

(19) 好奇心强。生性好奇,管不住自己,擅闯禁区,乱摸乱动,以至于引起误操作。

(20) 急躁情绪。不做好准备就想马上达到目的。

二、容易产生“三违”的时间

通过对违章时间进行大量统计调查发现,违章现象有以下时间上的规律:

(1) 下午和夜间违章现象较多。

(2) 每个班的下半班违章普遍要高于上半班。

(3) 交接班前后违章偏多。

(4) 倒班前后容易违章。

(5) 上级安全质量检查过后容易违章。

(6) 改变新的工作场所工作时容易违章。

(7) 生产任务紧张时违章较多。

(8) 出勤率低时容易违章。

(9) 领导不在场时违章偏多。

(10) 领导干部调动变换时容易违章。

(11) 生产材料供应不及时或者缺少时容易违章。

(12) 人体生物节律处于低潮时容易违章。

(13) 家庭闹矛盾时容易违章。

(14) 农忙季节容易违章。

(15) 新婚前后,由于思想不够集中,容易违章。

(16) 家中出事期间,思想紊乱,不专心容易违章。

(17) 安全周期延长时,滋长麻痹心理,容易违章。

(18) 工作面各个工序不协调或各工种进展不均衡时容易违章。

(19) 安检人员不认真检查时,容易违章。

(20) 黎明前的一段时间违章偏多,并且较为严重。

三、“三违”现象的防范措施

(1) 追查分析。由煤矿安监部门组织、相关部门领导、“三违”人员及单位负责人和发现“三违”人员参加,共同分析产生“三违”的各种原因,找出主要根源。

(2) 现身说法。“三违”人员在本单位安全活动时,结合自身“三违”事实,谈认识、谈体会,吸取教训,保证不再违章。这些均由各基层单位党政主管负责落实。

(3) 停班学习。停班学习的形式采取自学和集中学习相结合,集中学习由教培部门负责。

(4) 帮教提高。科级以上的领导、支部书记、工会女工协管对“三违”人员进行谈话,帮助“三违”人员提高思想认识。

(5) 行政处罚。按照企业文件规定的相关条款,对“三违”责任人进行处罚或处分。

(6) 公示。通过公示栏、局域网等形式公布“三违”人员名单。

(7) 媒体曝光。由企业宣传部门组织,通过企业内部新闻媒体对“三违”人员的追查、分析、处理进行曝光。

(8) 亲属签字。“三违”人员在停班学习期间,通过反思,写出安全保证书,家属或亲人在安全保证书上签名,由单位支部书记负责。

(9) 建档立卡。对各类“三违”人员由安监部门负责建立追查、处理档案,并记录清楚。

(10) 业务考试。停班学习期满前一天,由教育培训部门负责对“三违”人员进行业务知识考试,考试时严格按照教考分离的办法执行,考试不合格,将延长停班学习时间,直至考试合格后方可上岗。

四、“三违”处罚实施办法

为有效制止各种违章行为,杜绝和减少事故,保障职工人身安全,依据《安全生产法》《劳动法》《劳动合同法》《安全生产违法行为行政处罚办法》等法律、法规和规定,制定《“三违”处罚实施办法》。

“三违”行为划分为严重“三违”和一般“三违”。对“三违”人员的处理可参照以下方法:

(1) 对所有“三违”人员进行登记建档,定期公布,凡是有“三违”行为的,取消评先资格。

(2) 对一般“三违”人员,未造成事故的,采取帮教、经济处罚进行处理。

(3) 对严重“三违”人员,强制培训教育3~24个月。

(4) 对造成事故的“三违”人员,强制培训教育3~24个月。

① 对造成轻伤事故的“三违”人员,强制培训教育3~6个月。

② 对造成重伤事故的“三违”人员,强制培训教育6~12个月。

③ 对造成死亡事故的“三违”人员,强制培训教育9~24个月。

(5) 凡出现群体违章的,对群体违章人员强制培训教育7~15天。

(6) 被强制培训人员的待遇如下:

① 强制培训期间,其工资按本地区最低工资标准发放。

② 强制培训结束后,经考试合格方准许再上岗。

③ 强制培训结束后,单位可根据需要另行安排工作。

(7) 除对“三违”人员给予帮教、经济处罚、强制培训外,可以根据情节轻重给予警告、记过直至撤职、留用察看、解除劳动合同、开除等处分,涉嫌构成犯罪的,依法移送司法机关,追究刑事责任。

有下列行为之一的给予警告、记过行政处分,并给予一定数额的经济处罚。情节严重的,给予解除劳动合同。

(1) 违章指挥或强令工人违章、冒险作业。

(2) 对工人屡次违章作业熟视无睹、不加制止。

(3) 对重大事故预兆或已发现的严重事故隐患不及时采取措施。

(4) 严重违反企业规章制度。

违章造成企业财产损失的，视情节轻重，违章人员赔偿一定数额的经济损失。

五、煤矿班组长管控“三违”行为的能力提升

班组长要加强对职工日常安全教育工作，坚决做好“五清楚”“七必谈”和“十种人”的排查工作，尤其对“十种人”的排查，必须作为班前重点工作。

(1) 五清楚：家庭情况清楚；脾气性格和特长爱好清楚；个人缺点清楚；业余生活和社会交往清楚；不同时期的思想变化清楚。

(2) 七必谈：员工思想波动必谈；受到批评必谈；人际关系紧张必谈；工作变动必谈；新工人入职必谈；完不成任务必谈；发生“三违”必谈。

(3) “十种人”排查：图省事怕麻烦的懒惰人；盲目蛮干的粗鲁人；遭遇不幸的痛苦人；探亲归来的疲劳人；家庭不和的烦恼人；不安心上班的人；业务不熟的糊涂人；红白大事的费心人；新婚前后的幸福人；受到批评的情绪人。

班组长根据现场可能发生不安全行为的地点、人员、作业工序、关键环节和时间段，做好重点盯防管控。

班组长合理安排工作任务和工作量，避免“人少活多”“加班延点”等情况的出现，防止因抢时间、赶进度而发生不安全行为。

对新上岗、转岗的职工要重点关注、重点管控，严把“师带徒”关口，切实从源头抓好、管理好他们的思想意识和行为。

第二节　煤矿班组长的不安全行为管控

管控员工的不安全行为，对不安全行为从发现到制止、从帮教到再上岗的全流程管理，赋予每一个员工现场抵制和制止不安全行为(含“三违”行为)的权力，对不安全行为进行分析，制定不安全行为管控措施，不断减少员工不安全行为，杜绝员工“三违”行为，是每一位班组长应具备的安全技能。

一、煤矿不安全行为管控流程

(一) 不安全行为的发现、举报、申诉

1. 不安全行为的发现

(1) 各层级安全排查、检查，包括煤矿安全监管监察部门、上级公司、矿井及各专业安全排查、检查期间，在现场查出的不安全行为。

(2) 矿井及区队领导入井带班，矿井、科室及区队安全生产管理人员、安监员、班组长等各层级在现场查出的不安全行为。

(3) 员工在现场制止的或举报并经查实的不安全行为。

(4) 查出不安全行为后，检查人必须及时告知不安全行为人，并按规定填写不安全行为人员登记台账。

2. 不安全行为的举报

(1) 员工有权对现场存在的各类不安全行为进行举报。举报受理单位为各级安全监管部门或本单位安全生产管理人员。

(2) 根据举报人意愿,举报人可直接向现场的跟带班领导、安监员举报;举报人与被举报人是同区队(科室)的,也可向本单位值班领导或主要负责人举报。

(3) 举报人可以采用书面、口头、电话、邮箱等方式进行举报。举报时应描述清楚不安全行为发生的时间、地点、不安全行为内容及现场人员,为不安全行为的核查创造有利条件。

(4) 受理举报的科室、区队(或接受举报的现场管理人员),应按照要求及时核查认定,并严格按规定对不安全行为进行考核或责任追究。

(5) 对不安全行为举报实行奖励机制,举报一般不安全行为并经查实的,对举报人奖励;举报触碰红线或严重不安全行为并经查实的,根据不安全行为性质,对举报人进行奖励。

(6) 举报受理单位或受理人,必须对举报人予以保护。未经举报人同意,严禁公开或泄露举报人信息,同时严厉打击任何报复举报人的行为。

3. 不安全行为的申诉

(1) 对被查出的不安全行为存在异议的,员工有权进行申诉。

(2) 员工对被查出的不安全行为存在异议的,应在接到通知后三日内,向不安全行为安监部门或工会提出申诉,安监部门和工会负责组织对申诉内容进行复核。

(3) 主管部门收到申诉请求后,应在三日内完成对申诉事项的核查,并将核查结果告知申诉人和被申诉单位。对事实清楚、处罚无误的,按原处理执行;对事实不清、处罚不当的,要撤销或变更处罚。

(二) 不安全行为的帮教和考核

1. 对不安全行为人员的帮教

按照"系统抓,抓系统"原则,对不安全行为要分层级开展不安全行为帮教工作。

(1) 安监部门、工会等职能科室,负责组织矿井层面查出及举报核实的不安全行为人的学习、帮教工作。专业系统、区队班组分别负责各自单位查出及举报核实的不安全行为人的学习、帮教工作。

(2) 对触碰红线和严重不安全行为人员,要采取多种方法(如:亲情帮教、友情提示、协管帮扶等)进行帮教,责任单位接到帮教通知单后,要及时通知责任人即日起停止工作,分别接受工会、安监等部门的安全帮教。对区队自查出的严重不安全行为,由区队组织学习帮教和考核。

2. 对不安全行为人员帮教的要求

(1) 帮教部门负责向不安全行为人员所在单位下达不安全行为人员安全学习帮教通知单,并严格按要求填写不安全行为人员帮教记录、不安全行为人员学习记录、不安全行为人员帮教反馈意见。

(2) 不安全行为人员学习的内容主要为:有关煤矿安全生产法律法规、典型事故案例、规程措施、不安全行为管理制度等,学习结束并经考试合格后,方可重新上岗工作。

(3) 参加学习原则上不得请假,特殊情况不能按时参加学习,必须书面请假,并经学习责任单位主要负责人同意。在核准的假期内严禁上岗作业,假期结束后,学习时间按要求顺延。

(4) 帮教单位必须严格按要求对不安全行为人员进行帮教,保证帮教效果,凡出现交差应付、走过场或造假现象，对帮教人及帮教单位主要负责人给予相应追究。

（三）不安全行为人员的返岗和回访

1. 不安全行为人员的返岗

（1）不安全行为人员只有经过帮教、参加学习培训并考试合格后，才具有重新上岗资格。

（2）对不安全行为再上岗人员再上岗一周内，至少对其实施一次行为观察（观察人应为班组长以上管理人员），并按要求填写不安全行为人员观察记录。

（3）在停工学习培训合格和帮教结束前，不安全行为人员所在单位不得安排不安全行为人员再上岗工作。

2. 不安全行为人员的回访

（1）由不安全行为管控主管单位对再上岗人员按要求进行回访。

（2）回访至少包括不安全行为人员所在单位的领导、同事不少于 3 人签署的再上岗人员的评价意见，填写不安全行为人员回访记录。

（3）回访评价结果判定不安全行为人员不具备再上岗条件的，立即对不安全行为人员停止工作，继续对其进行帮教，直至具备再上岗条件后方可重新上岗工作。

二、煤矿不安全行为管控能力提升

（一）树立理念，用安全理念引领员工

安全理念也称为安全价值观，是在安全方面衡量对与错、好与坏的最基本的道德规范和思想。要引导和教育员工弘扬“人民至上、生命至上”的思想，树牢“从零开始、向零奋斗”的安全理念，强化红线意识和底线思维，持续提高员工“安全我一个，幸福一家人”的安全责任意识，真正做到为自己而安全、为亲人而安全、为企业和社会而安全。

（二）倡导文化，用安全文化熏陶员工

（1）强化文化引安、文化育安，提升企业安全发展软实力。要继承“特别能战斗”精神，变“要我安全”为“我要安全”“我能安全”，让每名员工都成为安全文化的受益者。

（2）倡导安全承诺文化。安全承诺是对履行岗位安全职责的宣誓，便于从思想上引导、从氛围上促进职工自觉履行岗位职责，增强落实安全责任的荣誉感和自觉性，是一种有效的安全心理文化。煤矿安全标准化也要求矿长每年率先作出安全承诺，让每名员工都成为庄严安全承诺的践行者。

（3）倡导安全诚信文化。把“讲诚信、不作假、不隐瞒”观念引入安全生产管理全过程，大力倡导“守法规、遵制度、按规程”和“规定动作一丝不苟”的安全诚信风尚，引导职工“禁区雷区绝不可逾越、法律代价清清楚楚”的安全诚信文化认知，建立安全失信行为惩戒机制，让每名员工都成为安全诚信的守护者。

（4）提升安全文化氛围。加强安全核心理念的宣贯，丰富载体、创新方式，夯实安全文化。充分发挥文化育人功能，积极组织开展各种形式的安全宣讲，如在集团微信公众号开设“习近平总书记关于安全生产重要论述学习专栏”，在集团电视台长期开设“安全为天”“灾害治理”等栏目，各基层单位要积极组织安全演讲、安全知识竞赛、张贴安全宣传海报、在职工经常聚集或经过的场所悬挂安全标语、播放安全教育视频等群众性的安全宣教工作，使员工置身于浓厚的安全文化氛围中，提高安全意识。

(三) 改善环境,用良好环境保护员工

通过采取措施,不断改善和优化作业环境,消除和减少作业人员因不良环境而产生不良的心理和生理反应,使操作者身心愉快地去工作,从而避免不安全行为的发生。

(四) 善于疏通,用真情真意感染员工

员工因思想情绪的变化而影响正常工作的事件突出表现在:工资和福利待遇问题、晋级问题、与同事矛盾问题、家庭和个人生活中发生的问题,等等。

要积极采取交流和谈心等方式化解各类矛盾,员工与班组长发生矛盾时,班组长要理性对待,避免员工带情绪上岗而发生不安全行为。

亲情感染的力量是巨大的,要发挥亲情感染在促进员工行为安全规范上的重要作用,采取利用播放电视亲情教育片、向家属通报员工不安全行为、请家属到矿帮教等方式唤起员工的责任感等方法,强化员工安全意识。

(五) 正向激励,用奖惩机制激励员工

要围绕员工各类不安全行为,进一步完善安全奖惩机制,逐步将以罚为主改变为以奖为主,采取增加员工安全绩效工资、安全风险抵押金等措施,真正使员工不敢违章、不愿违章,形成人人为安全工作出力、个个为安全工作争光的氛围,推动安全生产工作持续稳定发展。

(六) 煤矿智能化管控“三违”能力

有效防范现场作业中的违章指挥、违章作业、违反劳动纪律等行为,坚决遏制因习惯性“三违”导致的伤亡事故发生,在煤矿重要作业场所增设完善视频监控,实现煤矿重要作业场所全过程视频监控,监督从业人员“上标准岗、干标准活”,构建无监控不作业、作业行为受监督的煤矿作业现场可视化监控环境。

在容易发生违章指挥、违章作业、违反劳动纪律的作业场所必须增补视频监控设施,实现对作业过程的全过程监督和作业的全流程管控,对作业人员从业行为、操作过程、执行纪律的行为进行实时监督,对作业程序实现透明管理。

(1) 井工煤矿重要作业场所是指井下采掘工作面、巷道维修作业点、钻孔施工作业点、重要机电设备检修作业点、大型设备安装回撤作业点等作业场所。

① 采煤工作面超前支护段至少补设 1 路摄像仪,监视工作面出口是否通畅及人员进出情况;采煤工作面安装 1～4 路摄像仪,监视采煤工作面设备状态及工作面人员作业情况。

② 掘进工作面迎头 15 m 范围内至少补设 1 路摄像仪,监视工作面支护、探放水、设备运行状态及人员作业情况。

③ 工作面安装回撤作业点至少补设 2 路摄像仪,在进设备及设备回撤通道口安设 1 路摄像仪,监视工作面设备安装回撤工序及人员作业情况。

④ 巷道维修作业点至少补设 1 路摄像仪,监视巷道修理期间顶板、巷帮支护情况及维修巷道人员作业情况。

⑤ 钻孔施工作业点至少补设 1 路摄像仪,监视钻孔施工期间人员作业情况。

⑥ 重要机电设备检修作业点至少补设 1 路摄像仪,监视机电设备检修期间人员作业情况。

(2) 露天煤矿重要作业场所是指排土场和采剥作业点。

① 采剥作业点至少安装 2 路摄像仪,监视采剥作业点的运输、采剥、边坡及人员作业情况。

② 排土场至少安装1路摄像仪，监视排土场车辆、边坡情况。

【案例3-1】　　补连塔煤矿“无不安全行为班组”创建活动

补连塔煤矿规定：班组成员在25人及以上的为大班，其他的为小班。月度考核，季度兑现。对完成季度无不安全行为班组创建任务的班组执行叠加奖励，颁发流动红旗，对大班班组成员每人奖励500元，大班班组长奖励800元；小班班组成员奖励300元，小班班组长奖励500元；第二、三、四季度持续完成创建任务的，以大班班组成员为例，第二、三、四季度分别奖励1000元、1500元、2000元；季度内班组成员有被查处不安全行为的，取消当季度奖励，以第一季度奖励标准起步，从下一季度重新计算叠加奖励。

落实班组互保联保责任，班组成员之间相互监管、监督和提醒，树立一人被查处全班受损的管理理念，在增强班组凝聚力的基础上，有效形成了安全管理合力。同时，为发挥带班队长安全管理绩效，带班队长全年带班期间（带班180次以上）所带班班组成员未发生不安全行为的，对带班队长执行10000元奖励，带班队长的责任心和积极性被有效激励和调动起来。

复习思考题

1. 什么时间容易产生“三违”？
2. “三违”现象的防范措施有哪些？
3. 本矿对“三违”有哪些处罚措施？
4. 本岗位有哪些常见“三违”行为？
5. 班组长如何提升不安全行为管控能力？

第四章 煤矿班组安全风险管控与隐患排查治理

第一节 安全风险和隐患基本知识

一、煤矿安全风险分级与管控

(一) 风险分级

煤矿企业可根据自身实际情况,选择适用的风险评估方法,依据统一标准对本企业的安全风险进行有效的分级。安全风险等级,从高到低依次划分为重大风险、较大风险、一般风险和低风险四级,对应Ⅰ级、Ⅱ级、Ⅲ级和Ⅳ级风险分别采用红、橙、黄、蓝四种颜色标示。

(二) 煤矿安全风险分级管控的原则和分类

风险分级管控基本原则是风险越大,管控级别越高;上级负责管控的风险,下级必须负责管控。风险辨识应遵循大小适中、便于分类、功能独立、易于管理、范围清晰的原则,涵盖生产全过程所有常规和非常规状态的作业活动。

风险辨识分为年度辨识、专项辨识和岗位辨识三类。

(1)年度辨识。每年矿长组织开展年度安全风险辨识,重点对容易导致群死群伤事故的危险因素进行安全风险辨识评估。

(2)专项辨识。《煤矿安全生产标准化管理体系基本要求及评分方法(试行)》规定了应按要求进行专项安全风险辨识评估的情形。

(3)岗位辨识。建立岗位安全风险清单,落实具体的管理对象、主要责任人、直接管理人员、主要监管部门、主要监管人员,进一步落实各岗位安全生产责任。依据岗位安全风险清单的条款和内容,制作岗位安全风险辨识评估卡,发到每个岗位员工手中,并保证在工作过程中随身携带。

(三) 分级管控

煤矿企业安全风险分级管控应遵循"分类、分级、分层、分专业"的方法,按照风险分级管控基本原则开展。

煤矿企业应对安全风险进行分级管控。要建立安全风险分级管控工作制度,制定工作方案,明确安全风险分级管控原则和责任主体,分别落实领导层、管理层、员工层的风险管控职责和风险管控清单,分类别、分专业明确部门、车间、班组、岗位的安全风险管理措施。

煤矿企业应在醒目位置和重点区域设置重大风险公告栏,制作岗位安全风险告知卡,标明主要安全风险、可能引发事故隐患类别、事故后果、管控措施、应急措施及报告方式等内容。同时,煤矿企业应以岗位安全风险及防控措施、应急处置方法为重点,强化风险教育和技能培训。

区队、班组、岗位要依据相应风险管控措施,开展区域安全风险评估,重点工序安全风险评估，岗位安全风险评估，排查事故隐患，立即组织整改。

二、事故隐患排查治理

（一）事故隐患分级原则及标准

安全风险管控不到位形成事故隐患。事故隐患分为重大事故隐患和一般事故隐患。

重大事故隐患是指危害程度高、整改难度大、整改时间长，应当全部或者局部停产停业治理方能排除的隐患，或者因外部因素影响致使生产经营单位自身难以排除的隐患，以及其他性质严重可能造成重大社会影响的隐患。

一般事故隐患是指危害较小，在采取有效安全措施后可以边治理边生产的隐患。

（二）隐患分级治理原则及流程

事故隐患治理应坚持及时有效、先急后缓、先重点后一般、先安全后生产的原则，必须做到不安全不生产。事故隐患治理前无法保证安全或事故隐患治理过程中出现险情时，应撤离危险区域作业人员，并设置警示标志；事故隐患治理过程中，必须有可靠的安全措施，不得冒险作业和施工，严防事故发生。

严格隐患分级治理和挂牌督办。煤矿是隐患治理的责任主体，必须认真制定隐患治理方案，严格做到治理责任、措施、资金、期限、应急预案、监控措施"六落实"。重大事故隐患按监管权限由省级煤炭管理部门及市级煤炭管理部门负责挂牌督办。

三、重大安全风险和重大事故隐患上报与公示

（一）上报

煤矿必须向负有安全生产监督管理职责的部门报告重大安全风险和重大事故隐患。

(1) 上报的安全风险应当包括以下内容：

① 风险点的基本情况。

② 危险源及危险因素的类别。

③ 风险级别和描述。

④ 风险管控措施。

⑤ 风险分级管控责任落实。

(2) 上报的重大事故隐患应当包括以下内容：

① 隐患的基本情况和产生原因。

② 隐患危害程度、波及范围和治理难易程度。

③ 需要停产治理的区域。

④ 发现隐患后采取的安全措施。

（二）公示

重大安全风险和重大事故隐患要公告警示。在井口采用电子屏或牌板等形式公示重大安全风险。重大事故隐患相关信息，在采掘工作面等作业场所采用牌板公示重大安全风险、重大事故隐患相关信息。公示内容包括风险描述、管控措施、管控单位和管控责任人，重大隐患的地点、主要内容、治理时限、责任人员和停产停工范围。明确存在重大安全风险的采掘工作面和其他作业场所，限定作业人数，并在采掘工作面显著位置挂牌公示。

【案例 4-1】　大柳塔煤矿作业现场风险问询管理法

针对班组员工现场作业过程中可能存在的安全隐患开展作业流程风险问询管理法，制

定作业流程风险问询观察卡,并将卡片发放给每位员工。

每个班组利用班前会时间,确定本班工作任务及工作小组成员(2人及以上),并明确小组长,制定各项工作问询计划,保证每个工作组都有问询。

在下井作业前,针对将要做的工作执行先问询后工作,由小组长问询:安全完成本项工作存在哪些风险?怎样做更安全?参与人员分别从工作环境、岗位危险源、岗位标准化作业流程、岗位风险和安全技术措施等方面进行现场再辨识并相互补充,直至完善全面,方可展开作业。问询人将问询内容简要填写在作业风险问询观察卡上。跟班队干观察员对各项工作小组进行安全观察,检查工作过程中是否按照岗位标准化作业流程作业,对作业完成后的工作进行检查。

该项工作完成后,继续由组长组织总结工作地点存在的隐患,是否发现新的危险源并提出合理化建议等。部门管理人员负责对区队各工作小组是否进行问询进行监督检查。队内设专人对问询卡进行总结分析,针对员工提出的作业风险、存在的隐患、发现新危险源及合理化建议等作出正确的筛选,并将其作为制定、修改相关作业规程、操作规程、岗位标准化作业流程及安全技术措施等的参考,使各种规程、流程和措施等更加符合现场实际。

第二节　煤矿班组长岗位风险管控和隐患排查治理

一、采煤班组长岗位风险管控和隐患排查治理

(一)岗位风险管控

(1)未对各作业地点的隐患进行排查,易发生安全事故。

管控措施:作业前,必须仔细检查各作业地点的支护情况和设备的完好情况,存在隐患必须先排除隐患再组织生产。

(2)启动采煤机未检查四周情况,易发生安全事故。

管控措施:采煤机司机开机前必须巡视采煤机周围,确认附近5 m范围内无人员方可开机。

(3)采煤机停止作业,未打开隔离开关和离合器,误操作易发生安全事故。

管控措施:采煤机停止工作或检查时,必须切断电源,打开隔离开关和离合器,并切断采煤机电源。

(4)架间、煤壁活矸、活石掉落,有伤人风险。

管控措施:工作面支架接顶严实,支架间隙不超过200 mm,发现活矸、活石有掉落风险的,必须先处理。

(5)支架初撑力不符合要求,护帮板未打实,有顶板冒落或片帮伤人风险。

管控措施:液压支架初撑力不得低于24 MPa,护帮板打实,在线监测仪显示准确,设专人看护、提醒。

(6)班前会未对职工精神状态仔细排查,易发生安全事故。

管控措施:班前会必须对每位职工的精神状态进行安全确认,情绪不佳者,严禁上班。

(7)职工为快速完成安全生产任务而违章作业,易发生安全事故。

管控措施:现场必须监督到位,杜绝人员违章作业,发现违章作业人员必须及时制止并矫正。

(8) 工作面重点岗位巡查不到位,易发生安全事故。

管控措施:重点岗位要重点巡查、盯守,避免发生事故。

(9) 各类安全技术措施未学习贯彻,易发生安全事故。

管控措施:严格按要求对班组人员学习和贯彻安全技术措施情况进行岗位风险辨识。

(10) 未及时掌握和处理生产过程中各类问题,易造成安全事故和机电事故扩大化。

管控措施:及时了解、掌握安全生产过程中出现的隐患并及时调配人员进行处理,隐患排除后方可恢复生产。

(二) 岗位隐患排查

1. 常见事故隐患

(1) 工作面作业规程未组织学习和贯彻就组织施工。

(2) 现场劳动组织混乱,操作不规范。

(3) 作业前未进行安全确认、未执行敲帮问顶制度。

(4) 工作面空顶、超控顶距组织劳动作业。

(5) 工作面支护不及时、支护强度不足,导致顶板出现裂缝、快速下沉。

(6) 不同类型或不同性能的支柱混用;底板松软而支柱不穿铁鞋,造成支柱钻底超过规定要求。

(7) 工作面安全出口不畅通,人行道宽度、工作面安全出口高度不符合规定要求。

(8) 顶板来压或悬顶超过作业规程规定未加强支护或采取人工强制放顶措施。

(9) 工作面无支护质量、顶板动态监测。

(10) 冒顶处理过程未设专人观山。

(11) 工作面过断裂构造带、过破碎带、过老空区或老巷、复合顶板开采,或现场条件发生变化时,未及时制定安全措施。

(12) 工作面液压泵站压力小于 30 MPa,炮采工作面液压泵站压力小于 18 MPa。

(13) 采煤机更换截齿或距滚筒上、下 3 m 以内有人工作时,未切断电源并打开离合器。

(14) 采煤机未装置能停开工作面输送机的闭锁装置或装置失效。

(15) 无安全措施采用刮板输送机、带式输送机运送物料。

(16) 开采冲击地压危险工作面,未进行冲击危险性预测预报、无防治措施。

(17) 甲烷传感器安装位置不符合规定,瓦斯治理措施不到位。

(18) 工作面净化水幕安装位置不符合规定,各转载点喷雾降尘效果差。

【案例 4-2】 2022 年 3 月 8 日,中煤新集阜阳矿业有限公司 111306 采煤工作面维修采煤机时发生事故,两名作业人员被下落的综采液压支架的护帮板挤压在采煤机与护帮板之间,造成 1 人死亡,1 人受伤,直接经济损失 247.4 万元。

2. 常见事故隐患治理措施

(1) 规范岗位操作,严格落实各项规章制度。

(2) 完善班组现场管理制度,明确岗位责任。

(3) 加强作业现场的安全检查,发现问题,及时妥善处理。

(4) 劳动组织安排合理,保证正规循环作业。

(5) 加强支护质量检查,发现不符合标准规定及时整改处理。

(6) 加强设备管理,安装、使用符合规程要求。

(7) 保证各种保护和监测系统灵敏、可靠。

(8) 加强工作面通风,防治瓦斯聚积或超限。

(9) 加强机电设备管理,确保无失爆、失修等现象。

(10) 改善作业环境,清除有害气体、爆炸、火种等危险源。

(11) 设备布置、物料堆放要符合规定要求,保持通道畅通。

(12) 正确穿戴和使用劳动保护用品。

(13) 加强职工的安全教育培训。

二、掘进班组长岗位风险管控和隐患排查治理

(一) 岗位风险管控

(1) 工作面危岩活矸掉落伤人风险、片帮伤人风险。

管控措施:作业前要进行观察,严格执行敲帮问顶制度。

(2) 掘进机运行前后及两侧有人容易伤人。

管控措施:掘进机运行期间前后 5 m、机身两侧严禁有人。

(3) 掘进机电缆损伤,发生机电事故和触电伤人事故。

管控措施:掘进机运行时要派专人看护电缆,防止有挤压现象。

(4) 任务安排时未合理搭配,导致作业期间人员力不从心或盲目瞎干,易发生安全事故。

管控措施:安排任务时从年龄、性格、技术、责任心等方面综合考虑合理搭配。

(5) 开工前安全确认流于形式,隐患排查不实,不具备开工条件组织生产,发生事故。

管控措施:作业前对照安全确认牌板逐一排查,并对重大风险管控措施落实情况进行有效确认。

(6) 班中巡查不到位,有不安全行为未及时制止,违章作业发生事故。

管控措施:做好班中巡查,每天班前会对前一天的岗位流程标准化落实情况进行总结改进,逐步规范员工行为。

(7) 切割头未落地,护罩未覆盖,易发生安全事故。

管控措施:停机后,综掘机切割头必须落地,并盖好护罩。

(8) 班前会未对职工精神状态仔细排查,人员状态不佳,易发生安全事故。

管控措施:班前会必须对每位职工的精神状态进行安全确认,精神状态不佳者,严禁入井作业。

(9) 职工为求任务进度快,违章作业发生安全事故。

管控措施:现场必须监督到位,杜绝违章作业。

(10) 工作面重点岗位巡查不到位,造成人员伤亡。

管控措施:重点岗位要经常巡查,避免发生事故。

(二) 岗位隐患排查

1. 常见事故隐患

(1) 接班未如实告知班中遗留未处理问题。

(2) 工作面现场条件发生变化时,未及时补充安全措施。

(3) 未执行敲帮问顶制度;空顶、超控顶距作业。

(4) 工作面无临时支护或临时支护不合格,前探支架移设不及时,接顶不牢固仍继续掘

进作业。

(5) 架棚巷道支护出现严重变形或失效未及时处理。

(6) 锚杆(锚索)锚固力达不到设计规定值,未按照规定进行拉拔试验。

(7) 喷层厚度不符合规定要求,未对喷体厚度、强度进行检验。

(8) 爆破作业时没有设置警戒,未按照规定处理拒爆、残爆。

(9) 巷道失修严重影响通风、运输、供电、排水和行人安全。

(10) 工作面风量不足、出现局部瓦斯聚积。

(11) 未按照规定进行洒水降尘或降尘措施未落实。

(12) 机械设备故障没有处理,带病运转。

【案例 4-3】 2002 年 9 月 1 日,成庄矿综掘四队施工 2229 巷工作面,连续掘进 11 m,未按作业规程要求打注锚索,致使煤顶与岩层之间离层,煤顶整体垮落导致顶板大面积冒顶,造成 8 人死亡。

2. 常见事故隐患治理措施

(1) 规范岗位操作,严格落实各项规章制度。

(2) 完善班组现场管理制度,明确岗位责任。

(3) 加强作业现场的安全检查,及时排查安全隐患。

(4) 劳动组织安排合理,保证正规循环作业。

(5) 支护质量符合标准要求,控顶距符合规程规定。

(6) 加强工作面通风,防治瓦斯聚积或超限。

(7) 瓦斯治理、综合防尘措施落实到位。

(8) 监测监控装置完好、动作灵敏可靠。

(9) 加强机电设备管理,确保无失爆、失修等现象。

(10) 正确穿戴和使用劳动保护用品。

(11) 加强职工安全教育培训。

三、机电班组长岗位风险管控和隐患排查治理

(一) 岗位风险管控

(1) 个人防护用具和防护设施不齐全完好,易发生安全事故。

管控措施:维修电工检修电气设备前,必须配备防护手套、绝缘手套、验电笔、停电牌、绝缘台、放电地线及相关工具,以上有一项不完好或缺失不符合检修条件的,都不得进行检修工作。

(2) 没有停电、闭锁挂牌或设专人监护,易发生机电事故。

管控措施:维修电工检修电气设备前,须将上级电源(或持有效的停电工作票)断电并闭锁,挂"有人工作、严禁送电"警示牌,并设专人进行监护,电气设备的停送电必须严格执行"谁停电、谁送电"的规定。

(3) 打开检修的设备没有验电、放电,就触及电器元件,易发生机电事故。

管控措施:打开电气设备前,用合格的验电笔进行验电,确认无电后,将接地线先接接地端、后接放电端进行放电。

(4) 电气设备检修完毕后,设备内遗留工具、杂物,易发生机械事故。

管控措施:电气设备检修完毕,维修电工必须认真检查设备内有无遗留工具、杂物,并检

查接线及螺丝紧固情况,确认无问题,方可关闭柜门或盖板。

(5)带电搬迁电气设备,易发生机电事故。

管控措施:检修电气设备时,严禁带电搬迁电气设备,需要搬迁电气设备时,必须将上级电源(或持有效的停电工作票)断电并闭锁,挂"有人工作、严禁送电"警示牌,并设专人进行监护。

(6)检修完毕未检查确认就送电,易发生机电事故。

管控措施:电气设备检修完毕,维修电工必须检查接线、螺丝紧固、插头插接、进出线、橡胶圈、挡板、接地线、防爆结合面等情况,确认无问题,方可合盖送电。

(7)测量电压时万用表挡位不对,易引起触电事故。

管控措施:万用表测量电路电流、电压时,打到对应挡位。

(8)防爆电气开关螺丝出扣过长,导致电气设备不完好。

管控措施:防爆电气开关螺丝出扣数不超过3扣。

(9)防爆电气设备密封圈、挡板、挡圈安装顺序不对,导致设备不完好。

管控措施:密封圈分层面要向内,且密封圈、挡板、挡圈依次装好。

(10)防爆电气设备防爆面不及时处理,导致设备不完好。

管控措施:修理好的电气设备开关应涂抹凡士林进行防爆面处理。

(二)岗位隐患排查

1. 常见事故隐患

(1)非专职人员擅自操作电气设备。

(2)供电系统不按规定定期试验、整定、检修。

(3)供电线路故障未排除强制送电。

(4)供电线路检修无措施或未严格执行措施施工。

(5)供电存在"鸡爪子""羊尾巴"、明接头现象。

(6)未按照规定敷设、吊挂电缆。

(7)未按照规定执行停送电制度。

(8)电气设备存在失爆现象。

(9)违章带电作业、检修,带电搬迁电气设备及电缆。

(10)未按照规定进行验放电,验放电不按规定检查瓦斯。

(11)停电检修未悬挂停电作业牌,或未经许可擅自摘掉停电牌。

(12)低压配电点未按要求装设局部接地极。

(13)井下照明配电装置,不具有短路、过负荷和漏电保护的照明信号综合保护功能。

(14)电气设备、电缆未按规定设置标志牌或标志牌字迹不清、内容与实际不符。

(15)手持式电气设备手柄和接触部分绝缘破坏。

(16)未按照规定正确穿戴防护用品操作高压电气设备。

(17)停止运转的机电设备、开关在检修、处理故障、交班和长期停运时未打到零位并闭锁。

(18)机电设备安全保护装置和安全设施未按规定配齐。

(19)机电设备带病运行。

2. 常见事故隐患治理措施

(1) 加强操作人员安全技能培训,持证上岗。

(2) 规范作业人员操作,杜绝"三违"行为。

(3) 加强对作业场所的安全检查,发现问题及时处理。

(4) 完善机电管理制度,明确操作人员岗位职责。

(5) 定期对机电设备、设施进行检测检验。

(6) 严格按照规定要求装设过流、漏电、保护接地装置。

(7) 保证各种保护和监测系统灵敏、可靠;电气设备、电缆无失爆。

(8) 严格落实停送电制度。

(9) 保证各种保护和监测系统灵敏、可靠,设备、电缆无失爆。

(10) 加强设备管理,按规定做好设备和安全设施、防护装置的维护保养。

(11) 按照规定正确穿戴和使用劳动防护用具、用品。

(12) 不断完善工程设计,改善作业条件,提升机电装备水平。

四、运输班组长岗位风险管控和隐患排查治理

(一) 岗位风险管控

(1) 职工为求任务违章作业,造成人员伤亡。

管控措施:现场必须监督到位、杜绝违章作业。

(2) 重点岗位巡查不到位造成人员伤亡。

管控措施:重点岗位要经常巡查,避免发生事故。

(3) 各类安全技术措施未学习贯彻,发生工伤事故。

管控措施:严格贯彻和学习各种技术安全措施和风险辨识。

(4) 未及时了解和处理生产过程中各类问题。

管控措施:必须在现场亲自指挥,了解上一班遗留的问题。

(5) 高空作业未系安全带,易造成人员坠落。

管控措施:高空作业必须系好安全带,安全带高挂低用。

(6) 班前会未对职工精神状态仔细排查,发生安全事故。

管控措施:班前会确认职工情绪,严格执行四步骤五必做。

(7) 纵容职工习惯性违章。

管控措施:杜绝违章作业。

(8) 发生灾害时,现场指挥救灾、指挥避险不当,造成灾情扩大或伤及人员生命。

管控措施:跟班队长作为现场指挥救灾避险的第一责任人,必须时刻清楚现场救灾避险的原则并按照原则组织实施。

(9) 新分配职工上岗前未签订师徒合同和自保互保联保责任书,发生安全事故。

管控措施:新分配职工上岗前必须有专职师傅并和师傅签订自保互保联保责任书。

(10) 班前会未进行情绪确认发生事故。

管控措施:班前会必须对每位员工进行情绪确认。

(二) 岗位隐患排查

1. 常见事故隐患

(1) 操作人员无证操作(驾驶)。

(2) 提升运输制度不完善,岗位操作不规范。

(3) 轨道线路未按标准铺设,同一线路未使用同一型号钢轨。

(4) 道岔不合格,道岔的钢轨型号低于线路的钢轨型号。

(5) 未按照规定要求对提升装置进行安全检查。

(6) 提升信号不明或未发出信号进行提升操作。

(7) 提升钢丝绳磨损、断丝、锈蚀超过规定,未按规定期限更换钢丝绳。

(8) 专为升降人员和升降人员与物料的罐笼乘人层顶部未设置可以打开的铁盖或铁门。

(9) 提升罐笼装车未按规定使用挡车装置。

(10) 斜巷运输未按规定装车、刹车或超挂车。

(11) 斜巷轨道运输未按规定安装使用声光语音报警装置及红灯。

(12) “一坡三挡”不齐全完好或使用管理不符合规定。

(13) 斜巷运输违反“行车不行人,行人不行车”规定。

(14) 斜巷轨道运输未按规定周期进行检查和试验安全保护装置。

(15) 带式输送机未按规定对保护装置进行试验,保护装置不齐全或失灵。

(16) 机车牵引速度超过规程规定。

(17) 电机车的制动、灯、警铃、连接装置等故障无处理运行。

(18) 蓄电池电机车电气检修未在维修车库内进行。

(19) 机车行近巷道口、硐室口、弯道、道岔或者噪声大等地段,未减速慢行,未发出警示信号。

(20) 违反人力推车规定的,推车过程中,不按规定发出警号。

(21) 架空乘人装置未按照乘人制度执行。

(22) 架空乘人装置、制动装置、抱索器等不完好。

(23) 无极绳绞车保护装置、通信信号、语音及红灯信号不全或失效。

(24) 无极绳绞车托、压绳轮数量不足,出现跳绳、磨绳现象。

(25) 未按照规定使用专用人车运送人员或超员运送。

2. 常见事故隐患治理措施

(1) 加强操作人员安全技能培训,持证上岗。

(2) 规范作业人员操作,杜绝“三违”行为。

(3) 加强对作业场所的安全检查,发现问题及时处理。

(4) 落实提升运输管理制度,明确岗位职责。

(5) 提升运输设备的选型、安装符合规程要求。

(6) 加强轨道的日常检查维护,发现轨道不符合标准规定及时处理。

(7) 定期对提升运输设备、设施进行检测检验、维护保养,保持设备完好。

(8) 加强保护装置检查和提升车辆连接检查。

(9) 按照规定运送设备、物料,捆绑牢固可靠,有防跑、防滑措施。

(10) 改善提升运输机械的安全性能,提升运输标准化管理。

五、通风班组长岗位风险管控和隐患排查治理

（一）岗位风险管控

(1) 未检查作业地点顶帮支护、周围环境，容易造成顶帮落石伤人。

管控措施：认真检查顶帮支护，挑落活矸，确认周边无碎矸后，方可施工。

(2) 未检查作业地点瓦斯毒气，易造成瓦斯超限或毒气窒息伤人。

管控措施：认真检查，瓦斯毒气不超标，方可施工。

(3) 施工现场安全措施监督不到位，易发生伤害事故。

管控措施：现场施工严格按规程措施执行，杜绝"三违"行为。

(4) 未及时处理施工过程中的隐患和问题，施工期容易发生伤害事故。

管控措施：必须在施工现场亲临指挥，现场发现隐患、问题及时采取措施组织处理。

(5) 未按规定砌筑墙体，墙体歪斜塌落伤人。

管控措施：施工砌墙铺底搭线正确，砖块摆放平稳，砂浆饱满，砖缝交错搭接，墙面平整。

(6) 脚手架搭接不牢，易摔伤。

管控措施：脚手架平台搭接牢固，平台底座安放平稳，不晃动、不歪斜，上架人员系好安全带，站在脚手架平台中部。

(7) 多人作业配合过失，容易造成物件砸伤人员。

管控措施：多人作业抬举物件时要配合密切，用力均匀，同起同放，有专人指挥。

(8) 未及时处理施工过程中隐患和问题，施工期容易发生伤害事故。

管控措施：必须在施工现场亲临指挥，现场发现隐患、问题及时采取措施组织处理。

(9) 盲巷管理不到位，容易发生人员窒息伤害事故。

管控措施：临时停工的地点不得停风，否则必须设置警标，搭设栅栏，严禁人员入内。

(10) 随意脱掉安全帽坐在安全帽上休息，易造成顶帮落石砸伤人员。

管控措施：休息时，严禁人员随意脱掉安全帽坐在安全帽上休息，必须选择支护完好的地点休息。

（二）岗位隐患排查

1. 常见事故隐患

(1) 通风系统不合理，通风设施不齐全。

(2) 未按照规程规定进行测风和风流调节。

(3) 用风地点出现无风、微风及不符合规定的串联通风。

(4) 局部通风机安装位置不符合规定要求，产生循环风。

(5) 局部通风机"三专两闭锁"装置故障未排除、未采取有效措施继续使用。

(6) 局部通风机停止运转后，未停止作业、切断电源、撤出人员。

(7) 工作面漏风导致风量不足，未及时处理仍继续作业。

(8) 风门同时打开，造成用风地点风流短路现象。

(9) 巷道贯通后，调整通风系统不及时，造成瓦斯积聚。

(10) 除尘制度不健全、防尘系统不完善、防尘设施不全。

(11) 未按规定进行冲刷、清扫煤尘，造成煤尘堆积。

(12) 未采用湿式钻眼。

(13) 爆破作业未按照规定采用乳化炸药、水炮泥；爆破前后，未按照规定进行洒水降尘。

(14) 采掘机械无内、外喷雾装置,内、外喷雾装置不合格或使用不正常。

(15) 各运煤(岩)转载点无喷雾洒水装置,造成粉尘浓度超限。

(16) 作业人员未正确佩戴劳动防护用品。

(17) 瓦斯检查工出现空岗、脱岗、漏检及假检现象。

(18) 瓦斯监测探头吊挂位置不符合规定要求,导致监测数据失真。

(19) 作业地点瓦斯超限时,不采取措施,继续组织作业。

(20) 煤与瓦斯突出危险的采掘工作面未严格落实防突措施。

(21) 工作面出现局部瓦斯聚积,未进行瓦斯排放或排放措施不落实。

(22) 工作面瓦斯超限时未及时切断电源、撤出人员;未及时汇报和采取措施进行处理。

(23) 作业地点瓦斯浓度超过规程规定,仍坚持爆破作业。

(24) 未建立消防库或库内消防器材不齐全,未定期检查、更换。

(25) 携带点火、易燃物入井。

(26) 违反规定在井下动火作业。

(27) 开采有自然发火危险的煤层,未严格执行防灭火措施。

(28) 未按规定使用阻燃电缆、风筒、带式输送机等。

(29) 带式输送机巷道无消防管路,机头未按规定采用不燃材料支护;机头硐室无砂箱和灭火器材;输送机无烟雾报警装置。

(30) 未按照规程规定管理火区。

2. 常见事故隐患治理措施

(1) 严格执行隐患排查治理制度,及时排查现场动态隐患。

(2) 规范作业人员的安全行为,严格执行操作规程。

(3) 加强对作业场所的安全检查,发现隐患及时整改处理。

(4) 改善作业场所的通风条件,维持适宜的温度、湿度和照明度。

(5) 合理选择通风方式、方法、风量分配;井下作业地点实际供风量不小于所需风量。

(6) 严格按照规程要求选用通风设备。局部通风机安装、供电、闭锁功能、检修、试验等符合规程规定,运行稳定可靠,无循环风。

(7) 按规定构筑通风设施;设施可靠,有利于通风系统调控。

(8) 加强瓦斯检测,防治瓦斯聚积、超限。

(9) 完善综合防尘措施,防尘设备、设施齐全,使用正常。

(10) 按规定建立防灭火系统,系统运行正常,防灭火措施落实到位。

(11) 加强开采容易自然发火煤层的监测、预测预报工作。

(12) 正确穿戴和使用劳动保护用品、用具。

【案例 4-4】 2020 年 12 月 4 日,重庆市胜杰再生资源回收有限公司(以下简称胜杰回收公司)在重庆市永川区吊水洞煤业有限公司(以下简称吊水洞煤矿)回收设备时发生重大火灾事故,造成 23 人死亡、1 人重伤,直接经济损失 2632 万元。事故直接原因:胜杰回收公司在吊水洞煤矿井下回撤作业时,回撤人员在 −85 m 水泵硐室内违规使用氧气/液化石油气切割水泵吸水管,掉落的高温熔渣引燃了水仓吸水井内沉积的油垢,油垢和岩层渗出油燃烧产生大量有毒有害烟气,在火风压作用下蔓延至进风巷,造成人员伤亡。

事故暴露出吊水洞煤矿和胜杰回收公司安全管理混乱,未落实煤矿入井检身制度,入井人员未随身携带自救器，隐患排查治理不到位。

复习思考题

1. 本岗位有哪些安全风险？如何辨识？
2. 本岗位有哪些事故隐患？如何排查治理？

第五章　煤矿班组安全生产标准化管理体系

第一节　煤矿班组安全生产标准化

煤矿班组长必须掌握相关的岗位职责、管理制度、技术措施，严格执行本岗位安全生产责任制；作业人员掌握本岗位相应的操作规程、安全措施，规范操作；现场作业人员操作规范，无“三违”行为，作业前进行岗位安全风险辨识及安全确认；班组长确保作业场所卫生整洁，照明符合规定；工具、材料等摆放整齐，管线吊挂规范，图牌板内容齐全、准确、清晰。

一、班组安全生产标准化的工作要求

(1) 强化煤矿班组安全建设，制定班组建设规划、目标，保障班组安全建设资金，完善班组安全建设措施。

煤矿企业应当建立健全从企业、矿井、区队到班组的班组安全建设体系，把班组安全建设作为加强煤矿安全生产基层和基础管理的重要环节，明确分管负责人和主管部门，制定班组建设整体规划、目标和保障措施。

煤矿企业工会要加强宣传和指导，积极参与煤矿班组安全建设，要建立健全区队工会和班组工会，强化班组民主管理，维护职工合法权益。

(2) 加强班组现场管理，落实班组安全责任，制定班组安全工作标准，规范工作流程。

煤矿企业应当依据《煤矿安全规程》、作业规程和煤矿安全技术操作规程等规定，制定班组安全工作标准、操作标准，规范工作流程。

① 班组必须严格班前会制度，结合上一班作业现场情况，合理布置当班安全生产任务，分析可能遇到的事故隐患并采取相应的安全防范措施，严格班前安全确认。

② 班组必须严格执行交接班制度，重点交接清楚现场安全状况、存在隐患及整改情况、生产条件和应当注意的安全事项等。

③ 班组要坚持正规循环作业和正规操作，实现合理均衡生产，严禁两班交叉作业。

④ 班组必须严格执行隐患排查治理制度，对作业环境、安全设施及生产系统进行巡回检查，及时排查治理现场动态隐患，隐患未消除前不得组织生产。

⑤ 班组必须认真开展安全生产标准化工作，加强作业现场精细化管理，确保设备设施完好，确保各类器材、备用配件、工器具等摆放整齐有序，清洁文明生产，做到岗位达标、工程质量达标，实现动态达标。

⑥ 班组应当加强作业现场安全监测监控系统、安全监测仪器仪表、工器具和其他安全生产设施的保护和管理，确保正确正常使用、安全有效。

二、班组安全管理制度建设

(1) 建立并严格执行下列制度：

① 班前会和交接班制度。

② 班组安全生产标准化和文明生产管理制度。

③ 学习制度。

④ 民主管理班务公开制度。

⑤ 安全绩效考核制度。

(2) 制度的建立和完善。

① 班组安全建设的载体和基本前提是建立完善相关制度。

② 煤矿企业在制定、修改班组安全管理规章制度时,应当经职工代表大会或者全体职工讨论,与工会或者职工代表平等协商确定。

③ 煤矿安全标志建设的制度应以规范载体(矿行政文件)下发。

④ 制度的内容结合本煤矿安全管理、现场隔离、隐患排查治理等实际予以完善,具有科学性、适宜性、可操作性。

三、班组安全管理组织建设

(1) 配备群众安全监督员。

① 每个班组至少配备1名群众安全监督员(不得由班组长兼任)。

② 人员较少的班组,也可以以工会小组为单位,每个工会小组设立1名群众安全监督员。

③ 必须明确群众安全监督员的职责。

④ 群众安全监督员的履职履责情况应有据可查。

(2) 班组建有民主管理机构,并组织开展班组民主管理活动。

① 班组民主管理机构。煤矿应建立班组民主管理机构,并明确班组民主管理机构是如何建立的。

② 班组民主管理活动。

a) 煤矿应以权威载体的形式(例如煤矿工会文件),明确班组应开展民主管理活动的组织形式和活动内容等。

b) 班组应按照煤矿对班组开展民主管理活动的统一要求实施民主管理活动。

c) 班组民主管理主要内容至少应包括政治、经济、生产技术、安全管理、职工合法权益保障、生活等方面。

(3) 开展班组建设创先争优活动,组织优秀班组和优秀班组长评选活动;建立表彰奖励机制。

① 煤矿开展创先争优活动应有管理制度,应包括基层班组如何开展创先争优活动;优秀班组如何建设和组织评选;优秀班组长如何组织评选;对优秀班组、优秀班组长的表彰奖励机制等。

② 活动开展:班组应按照煤矿相关制度的规定开展创先争优活动。

(4) 建立班组长选聘、使用、培养机制,制度应明确:

① 班组长的任职条件。

② 班组长的职责。

③ 班组长的权利。

④ 班组长的工作标准。

⑤ 班组长的业务技术培训等。

⑥ 班组长的考核、约束机制。

煤矿要建立人才选拔、任用机制,应能够体现:

① 如何积极地从优秀班组长中选拔人才。

② 把班组长纳入科(区)管理人才培养计划。

③ 区队安全生产管理人员原则上要有班组长经历。

(5) 赋予班组长及职工在安全生产管理、规章制度制定、安全奖罚、民主评议等方面的知情权、参与权、表达权、监督权。

煤矿应以制度形式,明确班组长及职工如何在安全生产方面实施参与权、知情权、表达权、监督权、紧急避险权等。

四、班组现场安全管理的要求

(1) 班前有安全工作安排,班组长督促落实作业前进行岗位安全风险辨识及安全确认。

① 班前安全工作安排内容与记录。

② 班前工作现场的安全确认内容与标准。

③ 在班中,班组长实施监督检查作业前安全确认的方式方法。

④ 班组岗位作业流程图及流程标准化。

⑤ 班组岗位作业前风险辨识评估及管控措施落实情况。

⑥ 班组安全生产及事故记录等。

(2) 严格执行交接班制度,交接重点内容包括隐患及整改、安全状况、安全条件及安全注意事项。

① 煤矿的基层施工作业单位应建立生产作业现场(岗位)的交接班制度。该制度至少应明确:交接实施主体责任人;交接的工作内容;交接的程序;交接时隐患的处置;是否应形成交接班记录等。

② 班组或岗位人员,按照制度的要求实施交接班。

(3) 组织班组正规循环作业和规范操作。

① 正规循环作业。

a) 煤矿的采煤、开拓、掘进等生产作业现场的正规循环作业应在采煤作业规程中予以明确。

b) 煤矿的采煤、开拓、掘进现场应严格按照作业规程的相关规定实施正规循环作业。

② 规范操作。

a) 岗位达标是标准化管理基础,是煤矿安全生产标准化的内容之一。

b) 煤矿应将岗位标准化纳入煤矿达标管理的范畴。

c) 煤矿应细化并明确:哪些工种(岗位)应实施规范操作;岗位规范操作的具体内容(标准);岗位规范操作检查和考核机制。

(4) 井工煤矿实施班组工程(工作)质量巡回检查,严格工程(工作)质量验收。

① 班组应按照本单位(或本煤矿)安全管理制度(或工程质量管理制度、工程质量验收制度、隐患排查治理制度等)的相关规定,严格实施现场施工(工作)过程的质量巡回检查、工程(工作)质量验收。

② 班组实施工程(工作)质量的巡回检查和工程(工作)质量的验收情况,按照本单位(或本煤矿)相关制度的规定进行记录。

第二节　煤矿班组岗位作业流程标准化

岗位作业流程标准化是以岗位定责任、定流程、定标准，规范一线员工的安全行为和操作规范；推行岗位作业流程标准化应立足于岗位，着力于加强管理和素质提升，以辨识管控岗位作业风险为前提，以排查治理作业过程隐患为重点，以规范管理员工岗位操作为目的，以"岗位达标、专业达标、企业达标"为目标，使员工熟知岗位知识和操作技能、按流程作业、按标准作业，能够掌握作业条件和环境变化时现场处置能力，推动员工养成在岗按流程标准化作业的习惯。

推行岗位作业流程标准化应按照班前会"四步骤""五必做""岗前黄金五分钟""风险五步法""职工入井必带证件"等方法进行流程梳理，让员工养成注重作业过程的每个细节，从而引导员工上标准岗、干标准活，消除作业风险，提高作业效率。

(1) 四步骤：总结上一班、安排本班、风险辨识、情绪确认。

(2) 五必做：每班领学一道应知应会安全知识；每班由一名工人用"手指口述"方式对岗位职责、标准作业流程、分析辨识及管控进行演示；每班对 3 名工人抽考所学安全知识；每班播放 5 分钟安全规程、措施等学习视频；每周一队组播放一次安全事故警示教育片。

(3) 岗前黄金五分钟：一是班组人员到达作业现场后，由跟班队长、班组长进行作业前安全巡查和安全确认，根据现场实际作业环境及时排查治理存在问题和灵活安排当班任务；二是各岗位作业人员在作业前对照"岗位作业流程标准"和作业现场"6S"标准要求对本岗位作业流程、风险辨识及管控措施进行叙述。

(4) 风险五步法：制卡、亮卡、读卡、检卡、充卡。

制卡：在年度安全风险管控清单的基础上，队组和专业科室，自下而上，上下联动，充分听取岗位作业人员意见，结合岗位实际制作各岗位安全风险告知卡并发放到每位职工手中，入井时随身携带。

亮卡：所有下井人员，必须随身携带本安全岗位风险告知卡，安监部门在井口和作业现场不定时抽查，让所有入井人员有"岗岗有风险、风险随时在、风险随时控"的安全理念。

读卡：要求职工在作业前，迅速读取本岗位存在的各类风险，对照卡上的管控措施验证是否管控到位，同时要熟知并掌握风险告知卡上各项安全风险的应急措施。

检卡：各级管理人员在下井检查过程中，结合现场作业，对各岗位人员安全风险防范的有关情况进行抽查督促。井口检身员在入井检身过程中，对入井持卡情况进行抽查。

充卡：安监部门每两个月对岗位风险告知卡进行一次抽查评比，根据评比情况，结合岗位人员在实际操作过程中、全国各地通报的煤矿事故警示或其他涉险行为等不断发现的新风险，岗位人员制定、队组技术员完善制作，周而复始，不断增添和替换内容。

(5) 职工入井必带证件：上岗证、特工(安管)证、岗位职责卡、风险告知卡、岗位隐患排查卡、应急处置卡等。

一、采煤班组长岗位作业流程标准化

(一) 岗位作业流程

开好班前会→到达作业现场→现场巡查、安全确认→作业前→组织"岗前黄金 5 分钟"→安排注意事项→作业中→工程质量验收→设备运行状态→人员状态→作业后→安全检查→

汇报当班情况→交班→出井,如图 5-1 所示。

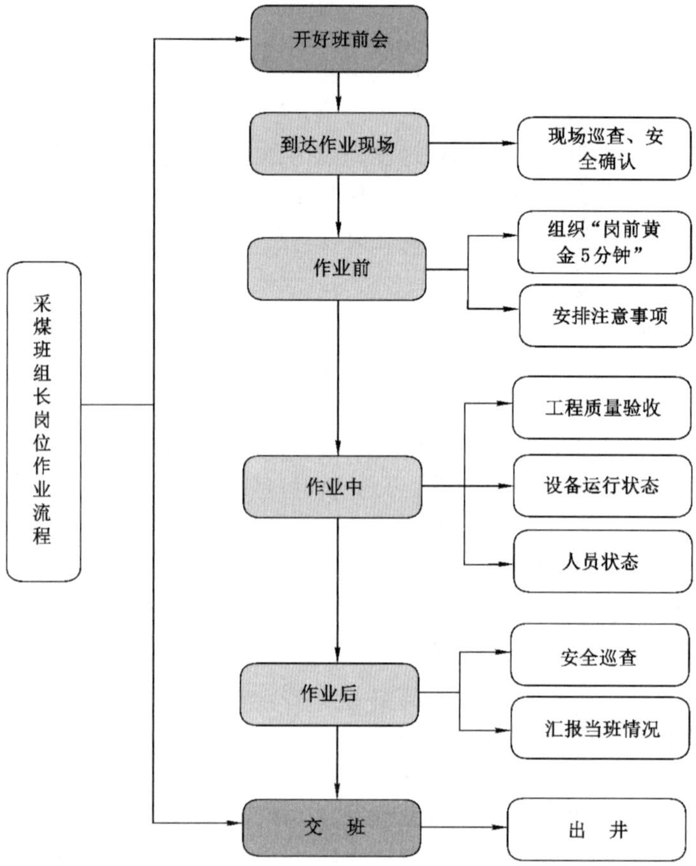

图 5-1　采煤班组长岗位作业流程

(二)岗位作业流程标准

(1) 作业现场是否进行巡查和安全确认,并组织员工落实“岗前黄金 5 分钟”的流程。

(2) 检查工作面支护是否完好、有无危岩活矸现象。

(3) 检查工作面瓦斯浓度是否正常。

(4) 检查工作面甲烷传感器是否吊挂正确。

(5) 检查工作面管路是否整齐、有无跑冒滴漏现象。

(6) 检查工作面是否符合生产要求。

(7) 检查各设备是否运转正常,控制器是否灵敏可靠,并试机。

(8) 开机前,先向工作面发出信号,确认各运行设备内无人作业。

(9) 检查刮板输送机机头与转载机搭接是否合理,有无回煤。

(10) 检查电机、减速器运转是否正常,温度是否符合要求。

(11) 检查工作面喷雾效果是否良好。

(12) 检查工作面三直两平两畅通是否符合标准。

(13) 作业后清理工作现场、各种材料码放整齐、工具摆放整齐。

(14) 检查溜槽内煤是否已全部拉空,可以停机。

(15) 检查启动按钮是否已停电闭锁,喷雾、冷却水关闭。

(16) 检查机头、机尾煤泥是否清理干净,安全出口畅通。

(17) 向当班跟班队长汇报工作情况。

二、掘进班组长岗位作业流程标准化

(一) 岗位作业流程

开好班前会→到达作业现场→现场巡查、安全确认→作业前→组织“岗前黄金 5 分钟”→安排注意事项→作业中→工程质量验收→设备运行状态→人员状态→作业后→安全检查→汇报当班情况→交班→出井,如图 5-2 所示。

(二) 岗位作业流程标准

(1) 现场向上一班跟班领导询问安全生产情况,有遗留问题妥善安排处理,无遗留问题正常交接班。

(2) 现场进行巡查,安全确认牌板按要求填写,重大风险管控措施已落实到位。

(3) 检查现场是否有透水预兆,允许掘进距离牌板是否填写正确,是否悬挂在 5 m 范围内。

(4) 检查工作面风流是否正常。

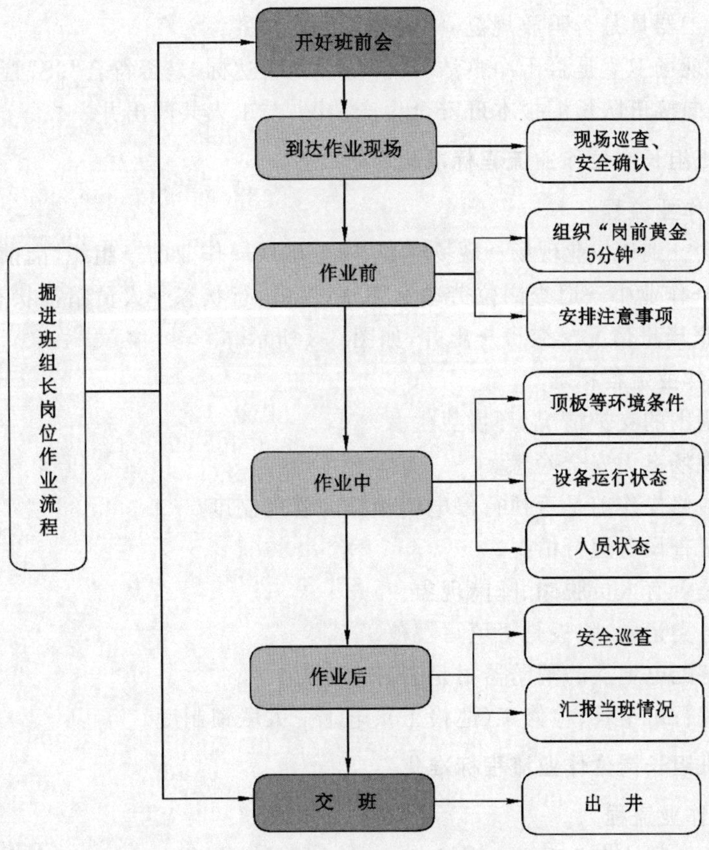

图 5-2 掘进班组长岗位作业流程

(5) 检查顶帮支护是否完好,有无片帮、离层、漏顶现象。

(6) 检查红外线一点三线是否已照至工作面,巷道有无超挖欠挖现象。

(7) 检查现场消防设施是否配备齐全。

(8) 检查工作面全断面喷雾是否符合要求。

(9) 检查压风、供水装置是否距工作面 25~40 m,设置数量是否满足作业人员的需求。

(10) 检查粉尘传感器是否在非风筒侧距迎头 30 m 范围内,应急语音广播在迎头 50 m 范围内。

(11) 检查甲烷传感器距工作面是否小于 5 m,距帮不大于 0.2 m,距顶不小于 0.3 m。

(12) 检查带式输送机保护是否齐全、安装位置是否合理。

(13) 检查工作面电气设备是否存在不完好或失爆状态。

(14) 检查工作面人员是否超过规定要求。

(15) 各作业点安全退路畅通,确认完毕。

(16) 检查作业人员有无睡岗、蛮干、违章作业等现象。

(17) 检查巷道工程质量是否符合要求。

(18) 检查锚杆、锚索间排距,偏差是否控制在 10%以内。

(19) 检查锚索外露是否为 150~250 mm、锚杆外露是否为 10~50 mm。

(20) 检查锚索拉拔力是否为 40 MPa、锚杆扭力矩是否为 15 kN·m。

(21) 检查工器具是否码放规范、材料是否码放整齐。

(22) 检查现场卫生是否干净整洁,支护质量是否达标,是否符合“6S”管理要求。

(23) 现场向接班队长汇报本班安全生产情况,与工人共同出井。

三、机电班组长岗位作业流程标准化

(一) 岗位作业流程

开好班前会→到达作业现场→现场巡查、安全确认→作业前→组织“岗前黄金 5 分钟”→安排注意事项→作业中→巡查岗位劳动纪律→设备运行状态→人员精神状态→作业后→作业后巡查→汇报当班情况→交班→出井,如图 5-3 所示。

(二) 岗位作业流程标准

(1) 巡查周围的支护情况、环境卫生。

(2) 检查现场有无安全隐患。

(3) 人员检修操作前是否执行停电闭锁挂牌管理制度。

(4) 班中巡查设备运行情况。

(5) 巡查是否有人员脱岗、睡岗现象。

(6) 检查各类记录、牌板是否填写规范。

(7) 检查各配电地点的消防器材是否齐全完好。

(8) 严格执行班组长、检修工(巡检工)、电工三人联锁制度。

四、运输班组长岗位作业流程标准化

(一) 岗位作业流程

开好班前会→到达作业现场→现场巡查、安全确认→作业前→组织“岗前黄金 5 分钟”→安排注意事项→作业中→巡查岗位劳动纪律→设备运行状态→人员状态→作业后→作业后

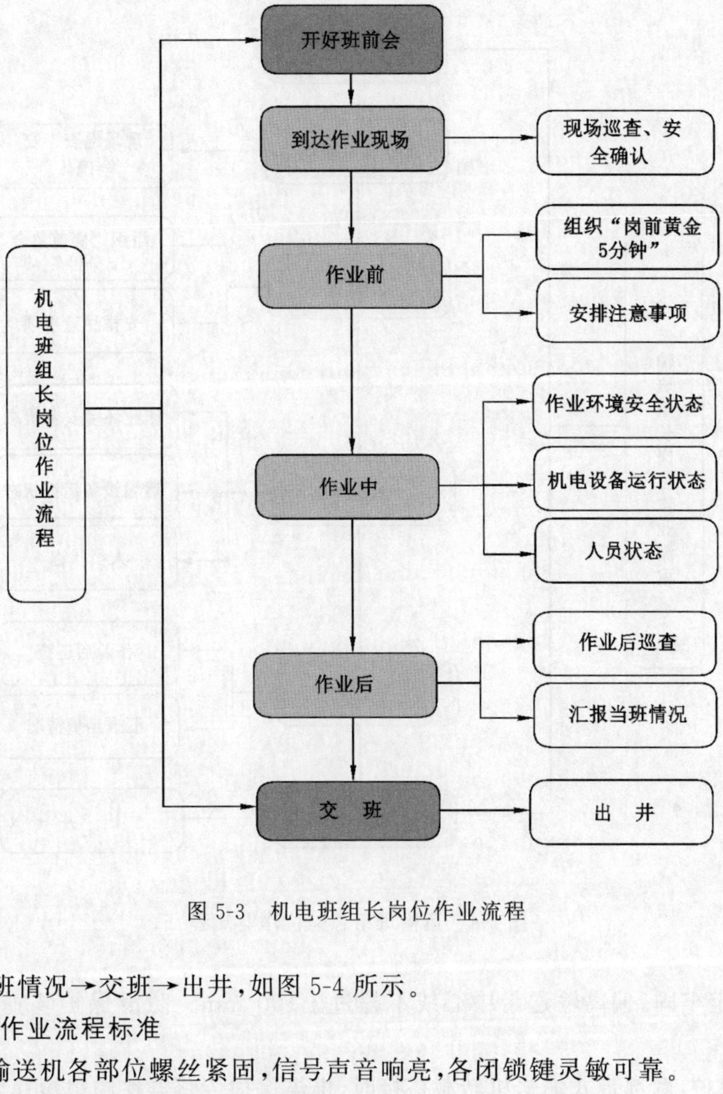

图 5-3　机电班组长岗位作业流程

巡查→汇报当班情况→交班→出井，如图 5-4 所示。

(二) 岗位作业流程标准

(1) 带式输送机各部位螺丝紧固，信号声音响亮，各闭锁键灵敏可靠。

(2) 消防器材齐全完好，各部件完好无缺。

(3) 各岗位认真检查，卫生清洁干净。

(4) 上班运行正常，无遗留问题，可以开机运行。

(5) 各带式输送机运转正常，声音、温度正常，各清扫器完好有效，无跑偏现象，托辊齐全运转正常。

(6) 备品备件及工具齐全完好，存储地点明确。

(7) 带式输送机八大保护齐全完好，安装位置正确：

① 防滑保护：速度传感器式防滑保护装置是将磁铁安装在改向滚筒的侧面，速度传感器安装在与磁铁相对应的带式输送机架上，速度传感器探头的中心应对准磁铁的中心，两者皆要用螺丝固定牢固，间距 5～10 mm，直到动作灵敏可靠为止。滚轮式防滑保护装置应将速度传感器安装在下部输送带上表面，并使输送带与滚轮保持足够的驱动摩

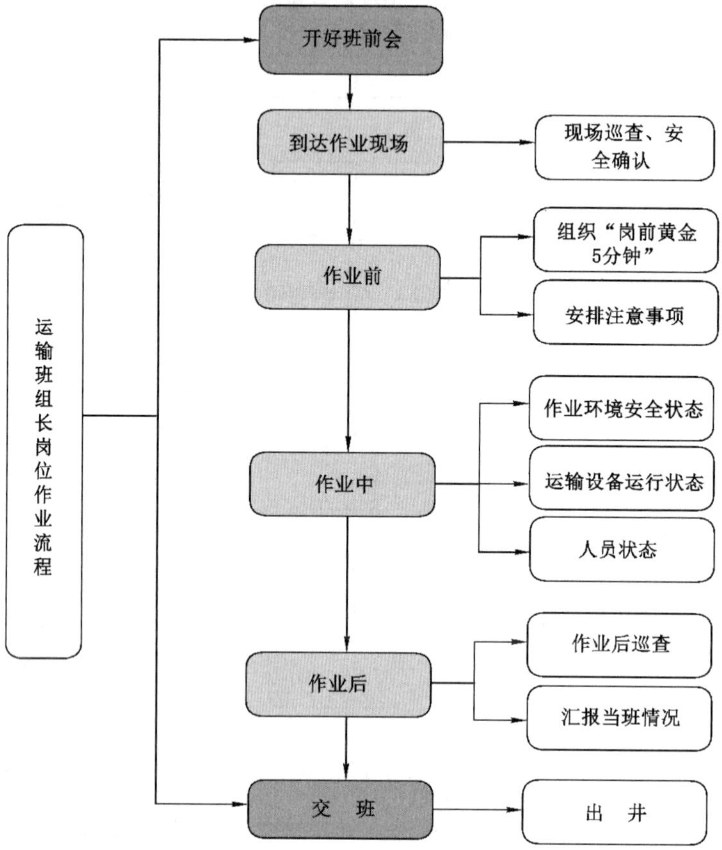

图 5-4　运输班组长岗位作业流程

擦力,要求固定牢固,偏离输送带中心线不超过±100 mm。防滑保护装置应每天在检修期间试验一次。

② 堆煤保护:两部带式输送机转载搭接时,堆煤保护传感器在卸载滚筒前方吊挂,传感器触头水平位置应在落煤点的正上方,距下部输送带上带面最高点距离不大于 500 mm,且吊挂高度不高于卸载滚筒下沿,安装时要考虑洒水装置状况,防止堆煤保护误动作。输送带与煤仓直接搭接时,分别在煤仓满仓位置及溜煤槽落煤点上方 500 mm 处各安装一个堆煤保护传感器,两处堆煤保护传感器都必须灵敏可靠。堆煤保护装置应每天在检修期间试验一次。

③ 防跑偏装置:机头、机尾各安装一组防跑偏保护传感器,应垂直安装在带式输送机头架两侧槽钢上,离机头卸载滚筒约 5 m 处,安装要牢固。防跑偏装置应每天在检修期间试验一次。

④ 温度保护:热电偶感应式超温洒水保护传感器应固定在主传动滚筒瓦座(轴承座)上。采用红外线传感器时,传感器发射孔应正对主传动滚筒轴承端盖(瓦座)处进行检测,传感器与主传动滚筒距离为 300～500 mm;每天检查并模拟试验一次,每月更换

一次。

⑤ 烟雾保护:烟雾保护传感器应安装在带式输送机机头下风侧 5～15 m 处的上部输送带正上方,距离顶板不大于 300 mm,每天检查并模拟试验一次。

⑥ 超温自动洒水装置:自动洒水电磁阀应固定在输送机驱动滚筒一侧带式输送机架上,喷头位于主驱动滚筒上方,保证安装牢固,超温自动洒水装置的电磁阀每月更换一次。

⑦ 急停拉线开关:急停拉线开关安装在带式输送机机架的行人侧,以便于操作和观察,从带式输送机机头到带式输送机机尾每隔 50 m 安装一台,所有的拉线开关要用钢丝绳进行连接,拉绳要松紧适度,垂度一致,每天在检修期间试验一次。

⑧ 防撕裂保护:撕裂传感器安装在带式输送机机头后部带式输送机架上,位于上下输送带之间,保持与输送带平行,与上部输送带间距为 100 mm,固定要牢固,每天在检修期间试验一次。

⑨ 先发出信号(一停、二开),点动带式输送机试运行无异常后,再开启正常运行。

⑩ 根据煤的湿润情况开启喷雾,停机必须停水(喷雾)。

⑪ 运行过程中观察好运行情况。

⑫ 带式输送机拉空后,将开关停电并闭锁。

⑬ 各部件浮煤、杂物及时清理干净,文明生产。

五、通风班组长岗位作业流程标准化

(一) 岗位作业流程

开好班前会→到达作业现场→现场巡查、安全确认→作业前→组织“岗前黄金 5 分钟”→安排注意事项→作业中→验收工程质量→通风设备情况→人员劳动纪律→作业后→作业后巡查→汇报当班情况→交班→出井,如图 5-5 所示。

(二) 岗位作业流程标准

(1) 组织召开班前会,班前会严格按照“四步骤,五必做”内容进行安排。

(2) 班前会上,总结上一班存在的问题,及时进行纠正,分配落实当班工作任务和当班工作的重点注意事项和风险辨识。

(3) 本班规程措施贯彻到位,安全宣誓。

(4) 进入更衣室,劳动保护用品穿戴齐全,乘坐人车进入施工地点。

(5) 检查施工现场隐患,密闭施工掏槽是否合格,密闭砌墙、墙体抹面是否符合规程要求。

(6) 施工完毕后,现场剩余物料是否归类码放整齐,通风设施牌板是否吊挂齐全。

(7) 总结当班安全生产情况,汇报跟班队长。

六、地测防治水班组长岗位作业流程标准化

岗位作业流程如下:开好班前会→到达作业现场→现场巡查、安全确认→作业前→组织“岗前黄金 5 分钟”→安排注意事项→作业中→工程质量验收→设备运行状态→人员状态→作业后→安全检查→汇报当班情况→交班→出井,如图 5-6 所示。

七、瓦斯抽采班组长岗位作业流程标准化

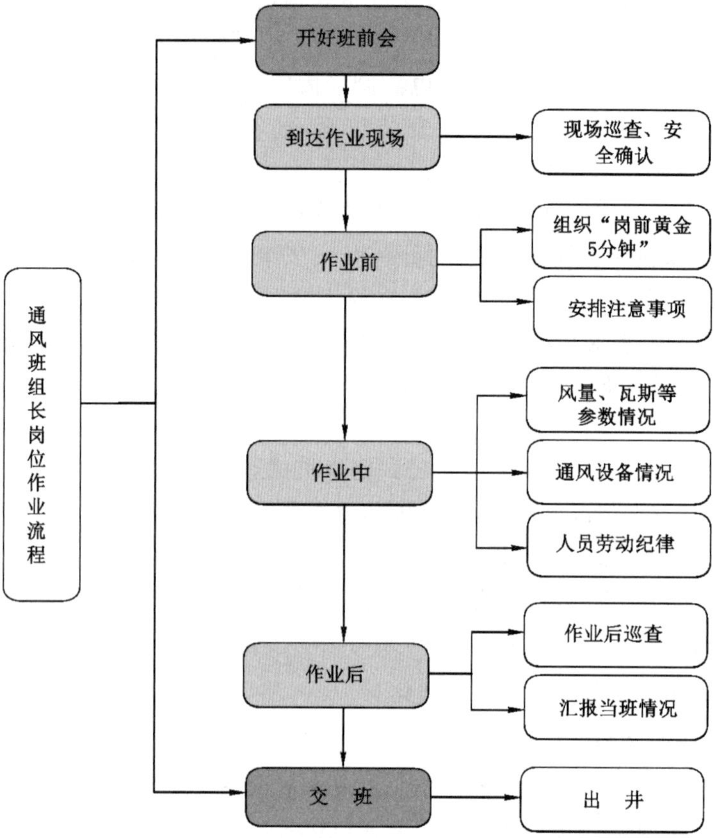

图 5-5 通风班组长岗位作业流程

(一) 岗位作业流程

瓦斯抽采班组长岗位作业流程如图 5-7 所示。

(1) 召开班前会,人员情绪良好、精神饱满,无伤病、无饮酒。

(2) 对上一班工作进行了总结,安排当班工作任务并对当班各岗位危险源进行辨识,制定安全技术措施,安排工作任务具体到每人去什么岗位,并对人员进行每日一学的抽查,每次不少于 3 人,接着指定 1～2 人对本班岗位中岗位职责、岗位标准、风险辨识进行叙述。

(3) 对井下各地点的抽放系统设施、设备进行了全面检查,现场发现漏气、断管、埋管、积水、影响施钻等问题时组织人员采取措施进行处理。

(4) 组织人员对当班工作中遇到的风险及隐患进行总结,对难度大、未处理的工作,讨论钻研并分析原因,制定安全措施进行处理。

(二) 岗位作业流程标准

(1) 检查工作面支护是否完好、有无危岩活矸现象。

(2) 检查工作面瓦斯浓度是否正常。

(3) 检查工作面甲烷传感器是否吊挂正确。

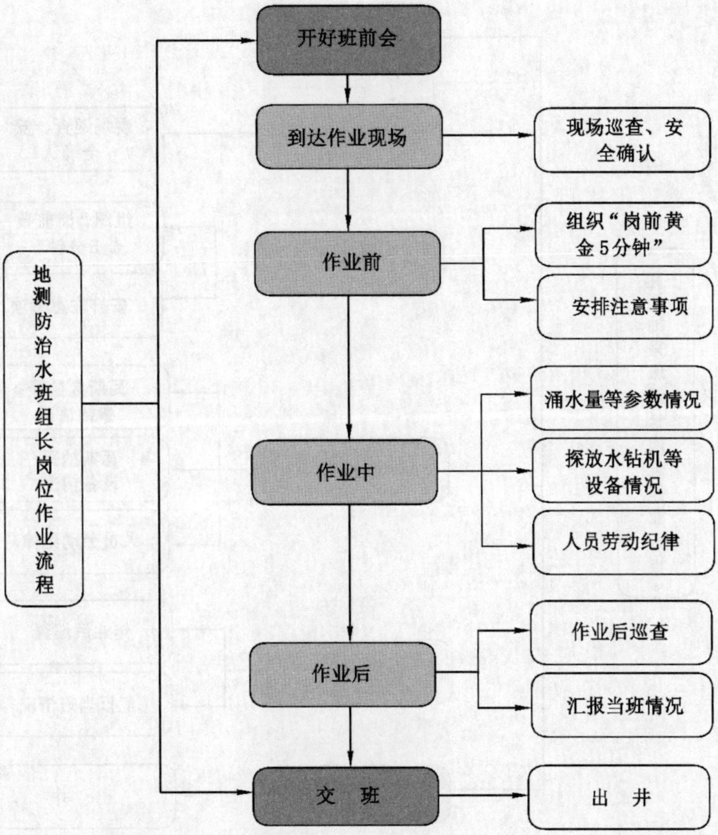

图 5-6　地测防治水班组长岗位作业流程

(4) 检查排水路线是否畅通，排水泵是否正常，有没有备用水泵，排水能力是否达到要求。

(5) 检查安全撤离路线是否畅通。

(6) 人员配备满足现场打钻需求，人员情绪正常。

(7) 钻机摆放平稳，附近无其他杂物。

(8) 钻机各紧固件无松动，无“跑、冒、滴、漏”现象，钻机上无油污。

(9) 钻孔方位角、竖直角、孔径、孔深施工符合设计。

(10) 人员配合到位，无违章作业现象。

(11) 钻机运转正常，无异响，无漏油现象。

(12) 孔内反水正常，无有毒有害气体。

(13) 人员站立位置安全可靠。

(14) 现场清理干净，钻具摆放整齐，工具全部回收。

(15) 向队长汇报当班情况，进行交接班。

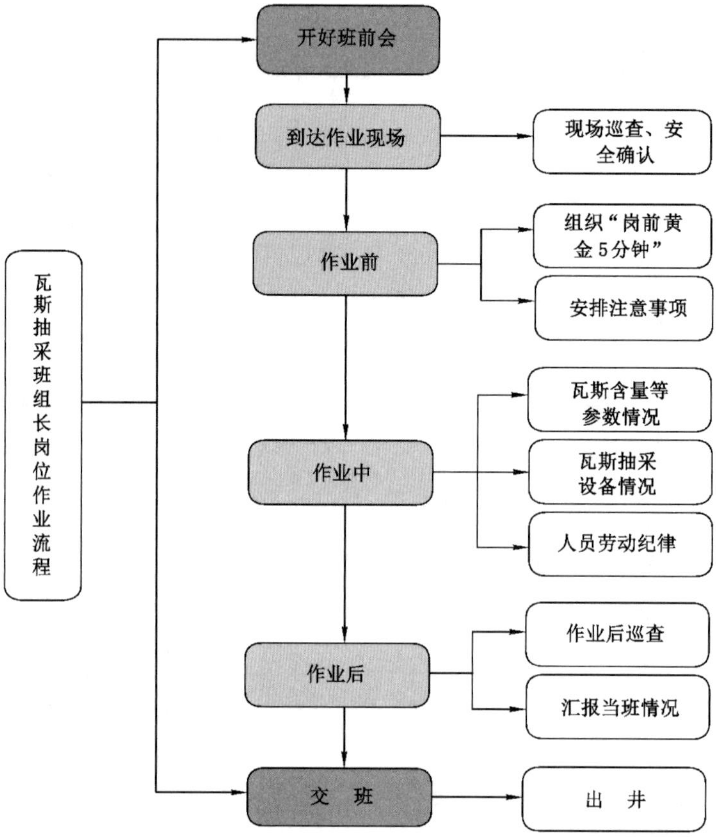

图 5-7 瓦斯抽采班组长岗位作业流程

复习思考题

1. 煤矿企业应当建立完善哪些班组安全管理规章制度?
2. 简述本岗位的作业流程。
3. 煤矿班组如何建立民主管理机构?

第六章　矿井灾害防治新技术

第一节　顶板灾害防治新技术

一、顶板状态监测新技术

顶板条件随着回采工作面的不断推移而不断变化，因此及时进行监测是保证工作面进行安全生产的根本保证。我国从 20 世纪 80 年代开始大规模地进行回采工作面顶板与支护质量监测，因此回采工作面顶板事故大幅度减少，创造了良好的社会效益与经济效益。

(一) 顶板状态监测指标

矿井顶板灾害事故可分为采场顶板灾害事故和巷道围岩灾害事故。采场顶板状态是一系列矿压显现现象的综合反映，需要监测的物理量有采场支护参数和顶板状态参数两类，主要包括支架载荷、顶底板移近量、端面顶板冒落高度与宽度、煤壁片帮、采高、工作面前方支承压力影响范围和峰值位置、采空区顶板悬顶长度和充填高度等。

顶板离层监测，在巷道顶板打钻孔，安设顶板离层仪，分为深基点和浅基点，观测顶板不同层位和高度的深部岩层变形量，依据观测数据分析评价顶板离层的量值和危险程度。

巷道围岩松动圈测定，则是在顶板和两帮布置观测钻孔，用超声波测试仪观测孔内不同范围的波速变化，借此评价巷道围岩的强度变化和松动程度，为锚杆锚索的支护参数设计提供依据。

巷道支架载荷监测主要采用在支架上安装仪器，观测巷道不同地点、不同时间的支架承受载荷大小，分析支架在整个服务过程中的载荷情况，验证支架的安全程度。对于抬棚或砌碹支护巷道可以通过压力盒进行监测，对采用锚杆和锚索支护的情况，则需要用测力计实施监测。

巷道围岩应力分布形态和峰值大小对巷道稳定性起决定影响作用。巷道围岩应力测试有两种方式：一种是在巷道支护设计前地应力环境测试工作，主要是搞清围岩应力的大小和方向，以便设计更加合理的支护方案；另一种是在巷道支护条件下，测试巷道围岩两帮的应力分布和峰值，目的是探讨巷道两帮破坏深度，以确定巷道合理的煤柱宽度参数。

地应力环境测试，可采用应力解除法、应力恢复法和水力压裂法。而对于一般的巷道围岩应力测试，使用钻孔液压枕即可测试出应力分布形态、影响范围、峰值大小和位置。巷道围岩状态监测，一般选择巷道表面位移、支护载荷两个参数。

(二) 矿压监测系统

矿压监测仪器的发展经历了由低级到高级、由简单到复杂、由粗劣到精细的过程。矿压监测系统的应用，解放了劳动力，实现了远程、实时监控。

1. 监测内容

1) 巷道监测

(1) 在巷道内主要通过离层位移传感器监测顶板离层位置、离层速度变化、两帮内显著变形区域,用于判断顶板及两帮破坏范围,对巷道稳定性进行识别,对巷道所处的安全等级进行评价。

(2) 采用锚杆载荷应力传感器对巷道顶板、两帮锚固力和锚固力沿着锚杆长度变化规律进行监测,对锚杆的工作状态、顶板安全性等进行评价,实现信息反馈,为锚杆支护参数设计优化提供基础。

2) 回采工作面监测

(1) 监测端头支架的工作阻力变化规律,为保障端头支护稳定性和安全性提供依据,并为确定最优的端头支护方式及参数提供基础。

(2) 分区监测工作面内支架的工作阻力变化规律,为评价支架支护效果、支架对该类顶板的适用性和顶板来压规律提供依据。

3) 超前支承压力监测

随着开采的不断推进,通过在超前平巷的中深钻孔内埋设传感器,监测超前支承压力的显著影响范围、峰值、峰值位置和前移速度等,为超前支护范围和有重点地预防冲击地压的发生提供依据。

2. 实现目标

(1) 矿井顶板动态监测系统可以实现以下功能:井上计算机动态显示监测参数与报警、井下现场显示数据与报警、监测数据自动记录存储、连续监测曲线显示、分析、历史数据查询、报表输出,以及综合分析和顶板安全评估分析。

(2) 集团、矿顶板动态监测网络功能:监测数据库数据信息共享、综合分析及顶板安全评估分析、监测日报网上报表、重要事件的GPRS短信寻呼等。

【案例 6-1】　　采场顶板动态监测系统

煤炭科学研究总院研制的顶板安全监测系统,即KGJ-C型综采工作面综合监测系统,通过压力传感器对工作面支架前、后立柱的工作阻力,位移传感器对支架立柱的伸缩量,倾角传感器对支架顶梁的倾角进行监测,可连续监测顶板压力的变化情况,准确预测顶板来压。通过锚杆拉力传感器对巷道支护质量进行监测,可实现多截面多点监测。

山东科技大学和尤洛卡公司开发研制的采场顶板监测系统KJ216,在国内各大矿区应用比较多。该产品采用采集仪和有线信号传输方式,实现了井上计算机动态显示监测参数与报警、井下现场显示数据与报警、监测数据自动记录存储、连续监测曲线显示与分析、历史数据查询与报表输出、综合分析和顶板安全评估分析等功能。KJ216顶板安全监测系统功能组成如图6-1所示。

井下监测网络通过井下的监测主站接入矿井工业以太环网交换机或电话通信电缆将数据传送到井上。当使用工业以太环网传输数据时,选用主站的RJ45接口并将主站设置成NPORT(以太网联网服务器)模式。当选用电话通信线路时,将主站配置成RDS(基带差分传输)通信模式。

KJ216顶板安全监测系统井下部分包括:通信主站、测区通信分站、测区压力监测分机、顶板离层监测传感器、锚杆/锚索应力监测传感器、钻孔应力传感器、防爆型供电电源和通信

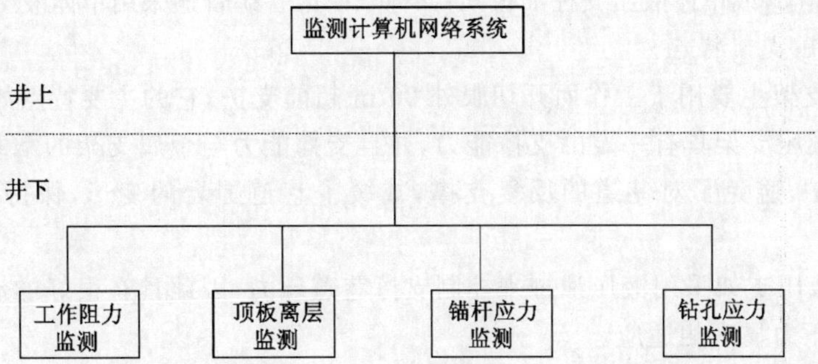

图 6-1　KJ216 顶板安全监测系统功能组成示意图

电缆，如图 6-2 所示。井下部分采用两级隔离 485 总线，通信主站下位总线连接测区通信分站，最大可连接 16 个测区分站。测区通信分站承担不同的监测功能，一般一台通信分站负责监测一个采煤工作面及回采巷道，测区内总线连接压力分机、离层总线式传感器、锚杆总线式传感器、钻孔应力总线式传感器。每个通信分站最大可连接 64 个监测站点（分机或传感器），可满足国内大型矿井多采区布置的矿压监测需要。

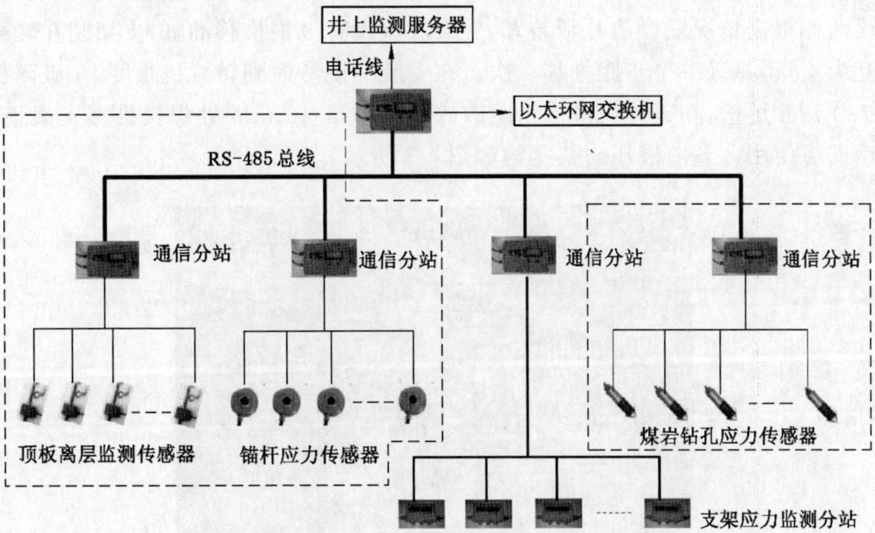

图 6-2　KJ216 顶板安全监测系统井下结构图

二、顶板灾害控制新技术

随着综采工作面机械化的不断发展和综采工作面煤炭产量的提高，要求工作面的巷道断面尺寸越来越大，以满足通风、运输的要求。目前，我国综采工作面回风巷、运输巷支护主要采用 U 型钢、工字钢、金属支架、锚杆、锚网和其他联合支护。

（一）超前液压支架

随着综采工作面不断向前推进，超前压力的前移，巷道支护的金属支架、单体支柱、锚杆需要回撤、回收，单纯的一种支护不能满足巷道两个出口的安全需要，这就需要在工作面出口设有临时支架作超前支护。许多矿井广泛使用的超前支护方式为单体液压支柱加铰接顶梁，或双排木支柱加横梁,或单体液压支柱加板梁,如神东矿区各矿普遍采用单体液压支柱加板梁。

1. 超前液压支架特点

超前液压支架主要用于工作面开切眼外 20 m 超前支护,它的主要特点如下:

(1) 超前液压支架具有一定的支撑能力,并且支撑能力与金属支架的承载能力相匹配,采用该支架支护,避免了对巷道的反复支撑,减缓了巷道围岩的变形,保持了巷道断面的完好。

(2) 超前液压支架采用液压油缸来控制支撑巷道压力,因此具有很好的动压让压特性,能与巷道围岩压力显现相适应。

(3) 超前液压支架布置的形式为顺向,支架随着综采工作面向前推进,可以适应安全高效工作面的推进速度。

(4) 超前液压支架梁体、侧护板可根据巷道断面形状来调节,具有良好的接顶性和护帮能力。

(5) 超前液压支架行走依靠推移油缸来完成,同转载机互为支点。

(6) 超前液压支架的工作阻力满足巷道顶板压力的要求。

2. 超前液压支架基本结构与工作原理

巷道超前液压支架形式属于支承掩护式,每架有 4 根立柱,具有挑梁、替柱装置,另外还可在顶梁两侧根据情况安设防片帮装置,支架底座设有 2 根推移油缸,支架骑在转载机上同转载机互为支点,每采一个步距推移一次。在安装初期考虑到转载机长度,在破碎机入口增加 3 节 750 mm 短槽,在破碎机底槽上距破碎机入口 2346 mm 处焊接推移支架连接耳,焊接完毕后即可使用。超前液压支架实物如图 6-3 所示。

图 6-3 超前液压支架实物

超前液压支架工作原理:在正常情况下,支架处于支承状态,推移时根据巷道围岩情况进行降架、推移、支承等。在顶板差、巷道采用工字钢棚支护的情况下,支架可采用带压推移,可挑梁、替柱很好地满足顶板支护需要,而操作又在工作面端头支架上进行,实现了远距离控制,保证了操作人员操纵支架的安全性。在转载机向前推移时,支架油缸处于收缩状态,在转载机向前推移后,超前支架利用自身的油缸将支架推出。支架由工作面泵站供液,巷道超前液压支架数量可根据巷道超前压力情况而定。

工作面巷道超前液压支架技术特征见表 6-1。

表 6-1　超前液压支架技术特征

支架形式	支撑掩护式	支架形式	支撑掩护式
支架高度/mm	2750～4200	前端初撑力/kN	185
支架宽度/mm	2500	前梁摆角/(°)	上 23，下 20
支架工作阻力/kN	2800	底座比压/MPa	1.293
支架初撑力/kN	2532	质量/t	16.7
支架支护强度/MPa	0.27		

(二) 锚杆支护成套技术

锚杆支护成套技术包括地质力学测试与评估、锚杆支护设计、支护材料、施工机具与工艺、支护工程质量检测及矿压监测、特殊地质条件支护技术等诸多方面。

1. 巷道围岩地质力学测试评估技术

针对围岩三要素——应力、强度及结构，煤炭科学研究总院开采设计研究分院开发出煤矿井下煤岩体地质力学快速测试系统，包括小孔径水压致裂地应力测量装置、钻孔触探法强度测定装置及矿用电子钻孔窥视仪。该系统在全国 20 多个矿区进行了 300 余个测站的测量工作，获得了相关矿区井下地质力学数据，并分析了矿区地应力场、围岩强度与结构的分布特征及规律，为巷道布置与支护设计提供了可靠的基础参数。

2. 锚杆支护设计方法

随着对巷道围岩地质条件复杂性与多变性的深入了解，以及数值计算在采矿工程中的快速发展与应用，动态性、系统性、信息化的设计方法得到普遍认可与应用。支护设计不是一次完成的，而是一个动态过程。初始设计采用数值模拟方法，通过多方案比较确定合理的设计参数；设计充分利用每个过程中提供的信息，实时进行信息收集、分析与信息反馈。

3. 锚杆支护施工机具与工艺

锚杆支护施工质量和速度取决于施工机具与施工工艺。我国单体锚杆钻机及配套机具已比较成熟，基本能够满足井下锚杆支护施工的需要。在锚杆、锚索预应力施加设备方面，引进和开发了大扭矩气动扳手、液压扳手，研制出与锚杆钻机配套使用的扭矩倍增器等机具，基本能够满足锚杆螺母扭矩 300～500 N·m 的要求。研制出系列锚索张拉设备，与高预应力、强力锚索配套使用的张拉设备，额定张拉力达到 450 kN。为了提高煤巷综掘施工的装备和技术水平，促进煤巷单进水平大幅度提高，有些矿区引进了先进的连续采煤机和掘锚机组，并在井下应用中取得了较好的效果。

锚杆支护施工工艺包括施工机具选择与配置、施工人员组织、施工工序安排、安全技术措施等内容。根据矿区地质与生产条件，通过合理配置施工机具与人员，安排支护各工序的顺序和时间，采用快速安装机具与工艺，缩短每个工序所占时间，并与掘进、运输等环节相配套，形成了煤巷快速施工工艺，显著提高了锚杆支护成巷速度。

4. 锚杆支护施工质量检测与矿压监测

锚杆支护施工质量检测主要包括锚杆锚固性能和安装质量。开发出系列锚杆拉拔计，用于锚杆锚固力检测；研制出锚杆预紧力检测器具，用于锚杆安装质量检测。此外，还研制出声波锚杆锚固质量检测仪，用于锚固长度、锚固效果检测。在巷道矿压监测方面，开发出各种测尺、测杆、测枪及收敛计，用于表面位移监测；顶板离层指示仪、多点位移计用于顶板离层和深部位移监测;锚杆测力计、测力锚杆用于监测锚杆受力分布与变化;钻孔应力计用于煤岩体应力变化监测。此外,还开发出先进的巷道矿压综合在线监测系统,系统由井下部分与井上部分组成。井下部分包括传感器和监测分站,采集传感器数据,通过井下通信分站传输至井上。地面连接计算机采集与处理系统,可实时、在线进行矿压监测,及时进行信息反馈,确保巷道安全。

5. 锚固与注浆联合加固技术

根据煤矿巷道特点,开发出不同形式的注浆锚杆,包括普通注浆锚杆、内锚外注式注浆锚杆、外锚内注式注浆锚杆、可控压注浆锚杆等。对于极破碎煤岩体,还研制出钻锚注加固技术,将钻孔、注浆和锚固集于一体,解决了难成孔的破碎煤岩体加固难题。在小孔径树脂锚固预应力锚索的基础上,研制出树脂与注浆联合锚固锚索,兼有树脂锚固和注浆锚固锚索的优点。注浆材料除常用的水泥基材料外,还开发出不同类型的化学加固材料,如聚氨酯、脲醛树脂及不饱和聚酯等,以适应不同的围岩条件。

第二节　矿井瓦斯防治新技术

一、瓦斯监测监控系统

在井下布置瓦斯监测监控系统进行瓦斯监测,以便及时采取有效措施加以处理,防止瓦斯事故的发生。当前比较通用的瓦斯监测系统主要有光纤气体传感器的有线传感器网络瓦斯监测系统和无线传感器网络瓦斯监测系统。

(一)煤层瓦斯原位探测仪

煤层瓦斯原位探测技术能够直接深入煤层,在煤层内部展开探测工作,获取压力与温度参数,揭示煤层瓦斯的原位赋存状态。煤层瓦斯原位探测仪包括水力密封、原位探测、气体采样 3 个组成部分。煤层瓦斯原位探测仪的主要功能是准确记录煤层瓦斯抽采孔内瓦斯压力和温度随时间变化的数值。其原理是利用内置的压力和温度传感器来接收煤层瓦斯的自然渗透压力及温度的变化。该仪器利用钻机泥浆泵提供的泵压使水力密封装置膨胀,紧贴钻孔岩壁或煤壁实现座封,使探测装置处于封闭的测试环境中;测试完成后,利用三通阀泄压,水力密封装置恢复原状实现解封;气体采样装置利用纯机械原理,在解封的时候自动收集封闭测试环境的气样,以供实验室分析。

(二)有线瓦斯监测系统

当前我国煤矿普遍使用的有线传感器网络瓦斯监测系统,主要是以催化燃烧型瓦斯传感器和电化学瓦斯传感器为主。由于这两种类型的传感器稳定性差、反应时间长、校对周期短,一直制约着我国瓦斯监测系统的发展。可调谐半导体激光吸收光谱传感器作为一种新型的瓦斯传感器,以其特有的优点在国外得到很好的发展。

(三)无线传感瓦斯监测系统

无线传感瓦斯监测系统信息控制中心由通信机、信息处理服务器、数据库服务器等组成,主要实现对无线传感器网络节点数据实时采集、网络管理、数据分析和处理、预警和报警等功能。

(四)瓦斯巡更仪

瓦斯巡更仪是煤矿瓦斯安全监测系统的一个重要补充设备,是专为井下瓦斯巡查人员设计的一款随身携带的安全仪器。根据每天的瓦斯巡更任务，瓦斯检查人员手持巡更仪巡检；根据巡检计划任务巡更仪随时提醒瓦斯检查人员执行巡检任务；瓦斯检查人员到达巡检地点以后，先进行人员信息确认，然后读取当地固定好的射频地址，执行瓦斯巡检任务；瓦斯检查人员通过随身携带的检测设备输入该地点的各种有毒有害气体浓度、环境温度等数值，然后保存；执行下一个地点的巡检任务；巡检人员可以就近通过 RFID（射频识别）功能，把信息传输到配套的 RFID 上，配套设备会通过网络实时把瓦斯检查信息传输到地面中心站。

二、瓦斯爆炸预防技术

防止瓦斯爆炸的技术措施包括防止瓦斯积聚、防止瓦斯引燃和防止瓦斯事故扩大三个方面，前两者是预防瓦斯爆炸的根本措施。

（一）防止瓦斯积聚

1. 防止上隅角瓦斯积聚

在综采工作面，上隅角是采空区漏风的主要出口，漏风携带采空区瓦斯在上隅角处发生转向，在风流流向的外侧形成涡流流态，在顶板不能及时垮落、空顶距离大时，在上隅角形成瓦斯积聚。处理上隅角瓦斯积聚的方法有如下 3 种：

（1）在上隅角安设风障，引导风流，冲淡瓦斯。当工作面瓦斯涌出量不大、上隅角瓦斯积聚不严重时，为防止瓦斯超限，可在工作面上隅角沿工作面设置一道风障，引导风流吹散上隅角积聚瓦斯。

（2）用风水炮弹喷水方法防止瓦斯积聚现象的发生。在大采高综采工作面，当工作面上隅角顶板垮落不及时、空顶距离大、瓦斯积聚纵深较大时，设置风障引导风流已无法彻底吹散上隅角积聚瓦斯，可用风水炮弹喷水方式解决瓦斯积聚问题。在喷水同时结合风障引导风流效果更好。

（3）在上隅角安设小功率风机，用局部通风的方式处理瓦斯聚积。在工作面瓦斯涌出量大、上隅角瓦斯积聚严重，用以上两种方式解决效果不理想时，可考虑采用局部通风的方式。

2. 防止顶板冒落处瓦斯积聚

顶板冒落处积聚的瓦斯主要是由工作面煤壁、采空区、邻近层不断涌出的瓦斯，在风速较小的顶板附近形成的层状瓦斯层积聚在冒落处而形成的。处理方法如下：

（1）高压风管吹风。在冒落面积不大的情况下，采用高压风管吹风方式可以解决顶板冒落处瓦斯积聚问题。

（2）支护充填。大面积顶板冒落处，可用支护充填方法处理。工作面在撤架放顶期间，由于顶板破碎，易出现顶板冒落，发生瓦斯积聚，用不燃性材料充填的方法可以排除瓦斯积聚。

3. 防止架间局部瓦斯积聚

架间局部瓦斯积聚在工作面撤架放顶期间发生的概率更大。由于工作面停止推进，支架长时间不升降、移动，又由于工作面支架下风速较小，尤其当工作面放顶、利用局部通风机通风时，风速很小，不能造成瓦斯与风流中空气的紊流混合，所以瓦斯在支架下形成积聚。

利用接风袖的方法，解决瓦斯积聚问题。根据支架的不同型号，在有瓦斯积聚的支架下，利用风袖不间断地吹风来冲淡和排除瓦斯。

4. 加强通风

加强通风是处理瓦斯积聚最有效的途径。虽然工作面风量增加的同时负压也增加,从而引起工作面瓦斯涌出量增大,但在低瓦斯矿井适当增加风量(提高风速)对处理工作面顶板及支架下瓦斯积聚所起的作用远大于其负面作用。

(二) 防止瓦斯引燃

防止瓦斯引燃的关键是对引爆火源进行控制,主要从以下几个方面进行控制:

(1) 对井下电气失爆进行控制。防爆电气设备入井必须经检验合格;加强电缆保护,避免电缆碰撞、刺伤、划伤等损伤;电缆导线无明接头或"羊尾巴"等现象;设置漏电保护和接地保护装置;对电气设备的操作严格规范,定期进行维护检修。

(2) 严格爆破过程,防止引燃瓦斯。要严格爆破过程,对爆破前后的瓦斯情况严格检查,并遵循"一炮三检"和"三人连锁爆破"制度,爆破前后必须对煤尘进行冲刷,保证爆破过程符合正规程序和操作流程。

(3) 消除明火隐患。对于井下工作人员必须进行严格的安全培训教育,提高其安全意识,并制定严格的制度进行管理,杜绝井下携带明火,实施入井检身制度。

三、瓦斯抽采技术

煤矿瓦斯抽采,是指利用瓦斯泵或其他抽采设备抽取煤层中高体积分数的瓦斯,并通过与巷道隔离的管网把抽出的高体积分数瓦斯排至地面或矿井总回风巷中。目前,煤矿瓦斯抽采不仅是降低矿井瓦斯涌出量、防止瓦斯爆炸和煤与瓦斯突出灾害的重要措施,而且抽出的瓦斯还作为煤炭的伴生资源加以开发利用。近年来,我国对煤矿的瓦斯抽采非常重视,瓦斯抽采工作也得到了较大的发展。随着煤矿开采深度的增大和开采速度的提高,矿井瓦斯涌出量增大,抽采瓦斯已成为高瓦斯含量煤层开采的一个必不可少的重要安全环节。

目前,我国矿井瓦斯抽采方法主要有:从抽采的部位上,分为本煤层瓦斯抽采、邻近煤层瓦斯抽采及采空区瓦斯抽采;从抽采时间上,分为采掘前预抽、边采边抽及采后抽采;从抽采管道形状上,分为钻孔抽采、巷道抽采及采空区插管抽采;从抽采位置上,分为井下抽采和地面抽采。

(一) 开采层瓦斯抽采

开采层瓦斯抽采一般可分为两种:一种是预抽,即在煤层开采之前,采用巷道或钻孔抽出煤体中的瓦斯;另一种是回采工作面的边采边抽或掘进工作面的边掘边抽。其主要目的在于降低煤层中的瓦斯含量,以减少回采工作面或巷道掘进工作面的瓦斯涌出量,防止工作面或巷道风流中的瓦斯体积分数超限。

(1) 预抽瓦斯方法。一种是巷道抽采瓦斯方法,即提前准备煤层的开采巷道,密闭起来进行抽采;另一种是钻孔抽采瓦斯方法,本煤层抽采瓦斯多数采用钻孔抽采,该方法施工简便,深受现场欢迎。许多矿井钻场设在岩石巷道内,不再进入煤层,能尽早地打钻预抽,解决了瓦斯灾害问题。还有一种是预抽开采煤层瓦斯的方式,为顺层钻孔布置,利用进入煤层的巷道沿煤层打钻孔,如图 6-4 所示。

(2) 边采边抽或边掘边抽开采煤层瓦斯。在未经预抽且时间不足的条件下,可采用边采边抽或边掘边抽方式,该方式是解决开采煤层采掘过程中瓦斯问题的一种有效方法。

(二) 邻近层瓦斯抽采

邻近层瓦斯抽采,是一种卸压瓦斯抽采。众所周知,在多煤层条件下,由于受开采层的采

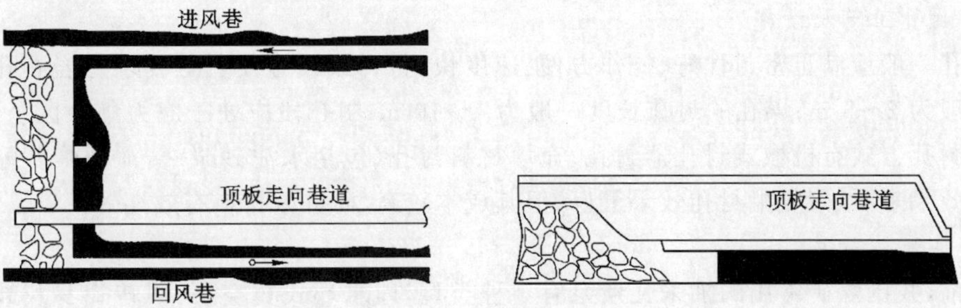

(a)　　　　(b)

图 6-4　巷道瓦斯预抽技术

动影响,会导致其上部或下部的煤层卸压,从而引起这些煤层膨胀变形和透气性增大。此时,为防止和减少邻近层的卸压瓦斯通过层间裂隙大量涌向开采层,可采用抽采方法处理这部分瓦斯,称为邻近层瓦斯抽采。邻近层瓦斯抽采是一种十分有效的方法,必将得到广泛应用。邻近层瓦斯抽采的效果主要取决于钻孔布置。应根据煤层赋存条件和矿井开拓方式合理布置钻孔,邻近层瓦斯抽采钻孔的布置方式主要有以下几种:

(1) 在开采层内巷道中打钻,进入邻近层进行瓦斯抽采。其适应条件一般为缓倾斜或倾斜煤层的走向长壁工作面。钻场设置方式有两种:一种是钻场设在工作面回风巷或回风副巷内,由钻场向邻近层打穿层钻孔;另一种是钻场设在工作面进风巷内,由钻场向邻近层打穿层钻孔。该方法多用于抽采下邻近层瓦斯。

(2) 在开采层外巷道中打钻,进入邻近层进行瓦斯抽采。钻场设在开采层底板岩巷内,由钻场向邻近层打穿层钻孔。由于邻近层瓦斯抽采钻孔必须深入邻近层的卸压带内,而且又要避开冒落和大的破碎裂隙区,以免抽采钻孔大量漏气乃至被切断而使钻孔失效。特别是抽采上邻近层时,更应当注意遵循这一布孔原则。钻孔应穿入卸压角边界附近以内而又不进入太远。当需要同时抽采间隔相当距离的多层邻近层瓦斯时,就要布置几个层位的抽采钻孔。在邻近层瓦斯抽采钻孔布置中,还应注意钻孔布置的角度、钻孔间距、钻孔直径等,以便达到最佳抽采效果。

(三) 采空区瓦斯抽采

在矿井瓦斯来源中,采空区的瓦斯涌出量占有相当大的比例。目前,国内外抽采采空区瓦斯的方法大致有:密闭抽采法、插管抽采法、向冒落拱上方打钻孔抽采法、在基本顶岩石中打水平钻孔抽采法、直接向采空区打钻孔抽采法和地面垂直钻孔抽采法。采空区瓦斯抽采的最大优点在于抽采钻孔布置简单,所需准备工作量小,而且透气性高。只要抽采钻孔布置合理,则可以达到比较好的抽采效果。但是,在抽采过程中应当注意采空区内气体成分监测和抽采负压控制,否则,容易加大采空区漏风和引起遗煤自燃。

(四) 煤层瓦斯抽采的工艺及设备

1. 钻孔设备

近年来,我国成功研制了系列化的瓦斯抽采钻机,煤炭科学研究总院抚顺分院研制的幸福-400 型液压钻机,可钻孔长 400 m。煤炭科研院所和科技企业推出了几种钻孔机械,为钻进中深孔提供了条件。图 6-5 为液压钻机外形图。

2. 封孔工艺及设施

封孔一般应满足密封性好、操作方便、速度快、材料或设施便宜等要求。岩石孔的封孔长度一般为 2～5 m;煤孔的封孔长度一般为 4～10 m;封孔段应处于应力集中区。目前,可采用的封孔方式有机械式封孔器封孔、充填材料封孔(包括水泥砂浆、黄泥及聚氨酯封孔)。从应用效果来看,聚氨酯封孔效果最好,但其成本较高,而且原材料有效期短。

3. 抽采瓦斯泵

目前,我国煤矿常用的抽采瓦斯泵有 3 种类型,即水环式真空泵、回转式罗茨鼓风机和离心式鼓风机。瓦斯泵多数安装在地面抽采站。为了适应井下瓦斯抽采工作的需要,近年来又开发研制了井下移动泵,如煤炭科学研究总院抚顺分院生产的 YD 系列煤矿井下移动抽采泵,如图 6-6 所示。

图 6-5 液压钻机

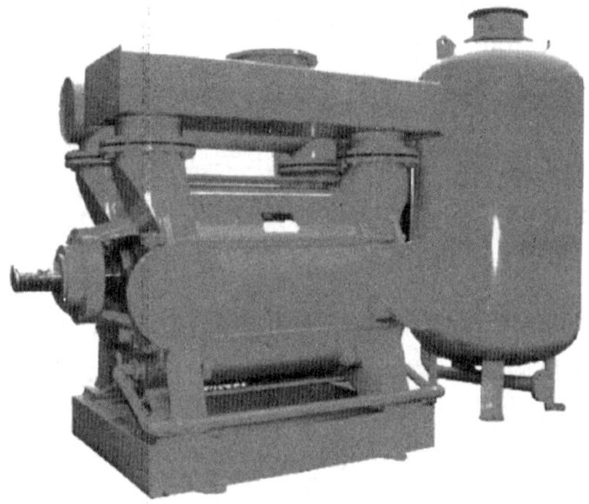

图 6-6 YD 系列煤矿井下移动抽采泵

4. 抽采瓦斯管路中的主要安全装置

一般情况下,抽采瓦斯管路中应按规程的要求设置安全装置,其主要作用是保障瓦斯管路安全、可靠、有效地运行,便于控制、防止和消灭管路中的瓦斯爆炸与燃烧事故的发生和扩大。目前,瓦斯抽采管路中的安全装置主要有:放水装置,防爆、防回火装置,控制流量装置,放空和避雷装置等。

四、煤与瓦斯突出防治技术

煤与瓦斯突出是煤矿井下最为严重的动力灾害之一。突出发生时,急速喷出的煤与瓦斯流具有极其强大的破坏力,摧毁巷道、破坏支架、造成矿井生产长期停滞、造成大量的人员伤亡及财产损失,严重威胁着煤矿井下的安全生产。

(一) 煤与瓦斯突出监测预警技术

我国常用的煤与瓦斯突出监测预警方法有钻孔瓦斯涌出初速度法、钻屑量法、钻屑倍率法和 R 指标法等。这些方法的实施,有效减少了煤与瓦斯突出事故的发生,但因低指标突出、漏报等导致的突出事故仍时有发生。

地球物理方法是近几年发展起来的被认为是最有前途的预测预报方法。常用的煤与瓦斯突出预警的地球物理方法有声发射监测技术、微震监测技术和电磁辐射监测技术等。中国矿业大学煤岩瓦斯动力灾害研究所自 20 世纪 90 年代以来,对煤岩电磁辐射的产生机理、特征、规律及传播特性等进行了深入研究，提出了电磁辐射预警煤岩动力灾害的原理及方法，研制了 KBD5 型和 KBD57 型电磁辐射监测仪，并在全国多个煤矿进行推广应用。近年来，中国矿业大学针对原有电磁辐射监测技术及系统数据处理自动化程度低、突出危险自动识别率低、预警对人工依赖大等问题，对突出的电磁辐射前兆规律、动态趋势法与临界值法相结合的监测预警技术、监测系统及数据处理技术和软件进行了大量的研究、改进和完善，显著提高了监测系统的抗干扰能力和稳定性，系统能自动进行趋势性分析，自动进行突出危险性预警提示。

(二) 煤矿防突工作的原则和流程

1. 煤矿防突工作的原则

防突工作必须坚持“区域综合防突措施先行、局部综合防突措施补充”的原则，按照“一矿一策、一面一策”的要求，实现“先抽后建、先抽后掘、先抽后采、预抽达标”。突出煤层必须采取两个“四位一体”综合防突措施，做到多措并举、可保必保、应抽尽抽、效果达标，否则严禁采掘活动。在采掘生产和综合防突措施实施过程中，发现有喷孔、顶钻等明显突出预兆或者发生突出的区域，必须采取或者继续执行区域防突措施。

2. 两个“四位一体”综合防突措施

有突出矿井的煤矿企业应当依据《防治煤与瓦斯突出细则》的规定，结合矿井开采条件，制定、实施区域和局部综合防突措施。区域综合防突措施包括下列内容：

(1) 区域突出危险性预测。

(2) 区域防突措施。

(3) 区域防突措施效果检验。

(4) 区域验证。

局部综合防突措施包括下列内容：

(1) 工作面突出危险性预测。

(2) 工作面防突措施。

(3) 工作面防突措施效果检验。

(4) 安全防护措施。

突出矿井应当加强区域和局部(两个“四位一体”)综合防突措施实施过程的安全管理和质量管控，确保质量可靠、过程可溯。

(三) 区域防突措施

区域防突常采用保护层开采、瓦斯抽采和煤层注水等技术措施。

1. 保护层开采

保护层是指突出矿井煤层开采中，为了使受采动影响的突出煤层在采掘过程中不再发生突出或降低发生突出的危险性，而首先开采的没有突出危险或突出危险较小的煤层(岩层)。被保护层是指受保护层开采影响而在采掘过程中不再发生突出或降低发生突出危险性的突出煤层。开采保护层作为一类重要的区域防突措施，应优先采用。

保护层分为上保护层和下保护层。位于被保护层上方的保护层，称为上保护层；位于被保护层下方的保护层，称为下保护层。上、下保护层位置关系如图 6-7 所示。

按照保护层与被保护层层间距离 h 划分，分为近距离保护层($h \leqslant 10$ m)、中距离保护层($10 \text{ m} < h < 60$ m)和远距离保护层($h \geqslant 60$ m)。

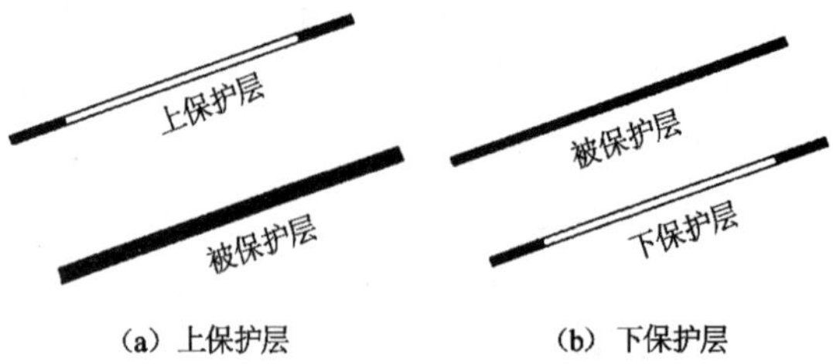

图 6-7　上、下保护层位置关系

存在煤与瓦斯突出危险的煤层时，应优先开采危险性较小的煤层，在开采的同时使承压煤层卸压，瓦斯大量泄出，使积聚的能量得到释放，从而降低区域内发生煤与瓦斯突出的可能性，减弱其危害性。对于不具备保护层开采的突出煤层，不得安排采掘计划，严禁冒险作业。同时，要积极研究解决保护层开采的新技术，技术成熟、确保安全后方可再行开采。

2. 瓦斯抽采

瓦斯大量积聚的区域，在煤层开采前，可采用密封抽排法、插管抽排法、钻孔抽排法等，提前将积聚的瓦斯抽出。这样既减少了应力集中，消除了突出隐患，又使瓦斯资源得到回收和利用。

3. 煤层注水

煤岩体呈脆性、硬度高时会增大突出发生的可能性，采用煤层注水的办法可使煤层的力学性能发生变化，使弹性模量减小，塑性和承压能力增大，同时使地应力和瓦斯梯度减小，降低突出发生的可能性。水进入煤层空隙后，还可增大瓦斯发散和流动的阻力。

(四) 工作面防突措施

1. 水力冲孔

水力冲孔的实质是对积聚的能量进行提前释放。在采掘工作开始前，使用高压水射流对存在突出隐患的区域煤层进行冲刷，并形成冲刷孔洞。冲刷过程中会排出一部分瓦斯和煤，起到局部卸压的作用。

2. 金属骨架

金属骨架属于超前支护措施，用于石门揭穿煤层时防止突出。骨架揭穿煤层后，严禁回收和拆除骨架。该方法一般适用于瓦斯压力相对较小的急倾斜煤层。

3. 震动性爆破

通过爆破震动，人工对突出进行提前诱导。在井巷揭开突出隐患煤层前，在工作面布置较多炮眼，以强力爆破的方式瞬间揭开突出煤层，利用爆破时的震动力使煤层中的瓦斯迅速释放。

第三节　矿井粉尘防治新技术

近年来，煤炭开采机械化程度、开采强度、开采难度快速提高，使煤矿防尘工作难度加大。而在煤矿开采、运输等各个环节中，均会产生粉尘，其中综采工作面产生的粉尘最为严重。粉尘不仅对设备安全造成一定影响，而且对在综采工作面工作的工人身体造成直接危害。因此，对综采工作面防尘技术的研究逐步成为防尘工作的重点之一。

一、综采工作面尘源现状

综采工作面主要尘源有：采煤机割煤和装载产生大量煤尘，是综采工作面最重要的尘源，也是主要的尘源；液压支架的降柱、移架及工作面片帮和顶板垮落也产生很多粉尘，是综采工作面的第二尘源；在运煤过程中也产生不少煤尘，是综采工作面的第三尘源。

二、综采工作面防尘措施

综采工作面防尘主要通过 3 个方面来实现：一是采煤之前，通过实施煤层注水来提高煤体的润湿性、增加煤体的黏合力，或采取合理的开采工艺降低煤体产尘的可能性；二是在开采时，利用特定的防尘技术控制尘源，使粉尘存在于特定的空间和位置，不能进一步扩散；三是利用相关除尘技术设备，及时把产生的粉尘过滤掉。

(一) 煤层注水防尘

回采前预先注水湿润煤体是减少综采工作面粉尘产生的有效措施之一。煤层注水是通过钻孔借助水的压力，将水注入即将回采的煤层中，使水沿着煤的裂隙包围被分割的煤体，并借助煤的孔隙及水的重力向煤体内部渗透，增加煤层水分和煤体黏合力，从而降低煤体破碎时煤尘的生成和飞扬。煤层注水预先湿润煤体具有综合效益，既能降低煤尘的生成，又能驱赶煤体中的游离状态瓦斯，而且使落煤时瓦斯涌出量减少，降低工作面气温，减少煤壁片帮等。

(二) 喷雾降尘

(1) 采煤机本身有内外喷雾装置。该装置把压力水高度扩散，使其雾化，形成尘源与外界隔离的水幕，将尘粒拦截、凝结并使其沉降，并具有冲淡瓦斯、冷却截齿、湿润煤壁和防尘截割火花等作用。图 6-8 为采煤机喷雾装置。

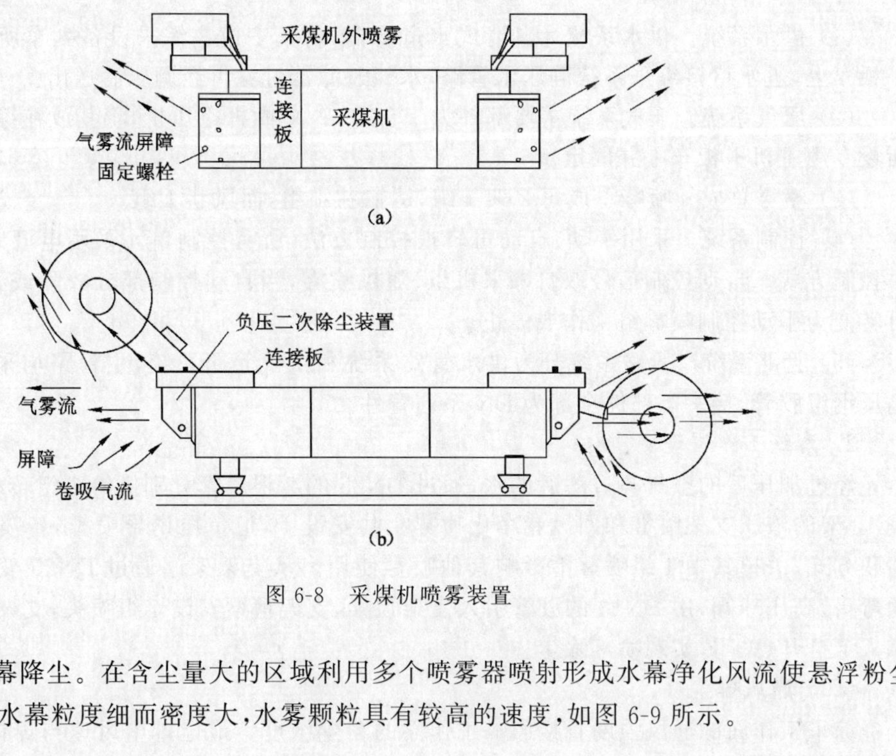

图 6-8　采煤机喷雾装置

(2) 水幕降尘。在含尘量大的区域利用多个喷雾器喷射形成水幕净化风流使悬浮粉尘沉降。要求水幕粒度细而密度大，水雾颗粒具有较高的速度，如图 6-9 所示。

图 6-9　水幕降尘示意图

(三) 液压支架负压诱导式喷雾降尘系统

综采工作面液压支架在降架、移架过程中会产生大量的粉尘,在移架时必须采取有效的防尘措施。利用液压支架和放煤动作联动的喷雾降尘装置,移架时手动打开控制下风侧喷嘴的阀门,形成净化水幕,以减少移架时产生的浮游粉尘。如 ZHYPF-Ⅰ型液压支架用自动喷雾控制阀安装在液压支架的液压控制系统、供水管路中,实现煤矿井下综采、综放工作面液压支架的降架、移架、放顶煤,以及跟随采煤机时同步自动喷雾降尘。神东公司于 2007 年在保德煤矿 88100 综采工作面安装使用了负压诱导式除尘系统,并在综采工作面逐步推广。

1. 综采工作面负压诱导式除尘系统组成

(1) 供水系统。供水系统为自清式水过滤器,将其安放在综采设备列车所设专用主机平板车上,进水口接综采系统静压水管路,水经过滤器过滤再经调压后送出。

(2) 压气系统。压气系统主要部件为 1 台 6 m^3 单螺杆空压机,将其放在综采移变列车所设专用主机平板车上并固定。

(3) 喷雾总成。喷雾总成每 2 架 1 组,运输巷 1 组,回风巷 1 组。

(4) 控制系统。采用手动、自动可转换控制方法,所有控制单元采用电液阀、手动阀两种控制方式。自动控制信号取自综采机组、随机喷雾,当自动控制部分故障或其他原因时,可转变为手动控制喷雾组工作或停止。

(5) 管路系统。管路系统分为供水管路系统和供气管路系统,主管路均采用 ϕ25 mm 高压钢编胶管,接头等部件全部为 DN 系列管件。

2. 系统工作原理

经过加压后的空气与过滤后的水,通过 DN25 的 2 根胶管分别供给 1 组转载机喷雾、每隔 10 架的液压支架喷雾和回风巷净化喷雾。共安设 19 道负压诱导喷雾,各喷雾之间采用并联方式,关掉其中 1 组喷雾不影响其他喷雾使用。从支架架间通过 DN25 变 DN13 的三通弯头、高压球阀,用 DN13 的胶管引入支架顶梁,支架顶梁安设 4 组喷头,支架上的球阀依靠人工打开、关闭,实现喷雾除尘。

(四) 通风排尘

综采工作面的通风强度直接影响工作面的粉尘浓度。最佳排尘风速与煤体水分、采煤机生产能力和防尘措施及效果有关。一般最佳排尘风速为 1.5～2.2 m/s,但采取有效防尘措施后,最佳排尘风速有所增加。为适应高风速通风的状况,必须加强煤层注水等综合防尘措施,以降低综采工作面的粉尘浓度。

(五) 个体防护

虽然已经有了上述防尘措施,但是某些防尘措施难以顾及的作业地点,粉尘浓度仍然很高,所以个体防护是综合防尘工作中不容忽视的重要方面。个体防护主要是指佩戴防尘用具,其中包括:防尘风罩、防尘帽、防尘呼吸器、防尘口罩、防护眼镜等,这样可以大大改善工作人员的身体健康状况。

三、综采工作面综合防尘技术的发展趋势

随着生产技术的提高,综采工作面机械化采煤能力大幅度提高,煤炭产量也急剧增加。但是随之出现了综采工作面产尘强度大、粉尘浓度高等一系列问题。因此如何提高防尘效果,保证安全高效生产成了重要研究课题,可以从以下几个方面加以改进和突破:

(1) 进一步进行煤层注水工艺参数及配套设备的研究。根据综采工作面具体特点和煤层特征,选择合适的钻孔布置方式、封孔工艺、注水方法、注水设备等,使注水能真正起到充分湿润煤体的作用,使煤层预先注水真正取到较好的防尘效果。

(2) 加强采煤机防尘措施的研究。实践证明,截齿的数量、形状及安装方向都可以显著降低产尘量,另外采煤机的牵引速度、截割速度及截深都会大大影响产尘量。加大采煤机的牵引速度,降低滚筒转速,或增加截割深度,都可以降低截割时的产尘量。因此,应该继续加强采煤机防尘措施的研究。

(3) 引进国外先进的综采工作面防尘技术。目前,国内的综采工作面防尘技术与国外的先进水平还有比较大的差距,英国、德国、美国等国家先后进行了吸尘滚筒的研究。英国的吸尘滚筒根据高压水射流的引射原理,将小型引射器均匀布置在滚筒轴附近的圆周上,当水从喷嘴喷出时,含尘风流通过引射器沿滚筒向工作面采空区方向运动,粉尘通过引射器时被湿润凝聚而沉降,减少了粉尘飞扬。

(4) 开发新型粉尘检测技术及仪表。粉尘检测是粉尘灾害治理极为重要的组成部分,主要任务是准确检测作业场所的粉尘状况,指导选用合理的降尘措施,准确检测各种防尘措施的运行状况和评价防尘措施的防尘效果。为了实现上述目的,必须改进我国煤矿现行的测尘方法和检测仪表,尤其是应加快研制具有先进水平的呼吸性粉尘测定仪。同时有必要研制煤矿粉尘浓度连续监测装备,与环境监测系统配套,用于粉尘管理、综合防治及防尘装备运行状况的连续监测。

(5) 加强防尘工作的管理力度。管理制度不健全,导致近年来由粉尘影响安全生产的问题屡见不鲜。因此必须对防尘工作进行有效管理,对工作人员进行定期培训,提高工作人员的素质,使他们真正认识到粉尘对人体健康的严重危害,掌握防尘知识和技术措施,另外还要建立并完善综合防尘规章制度。

第四节　矿井火灾防治新技术

矿井火灾是煤矿重大灾害之一。矿井一旦发生火灾,火势发展迅速,变化复杂,影响范围广,往往造成人员伤亡和财产损失,甚至引发瓦斯煤尘爆炸,使灾害的程度和范围相应扩大,酿成更大的灾害。

一、矿井火灾发生要素

(1)可燃物的存在。煤炭本身就是一个大量而且普遍存在的可燃物,在生产过程中产生的煤尘及所用的坑木、机电设备、油料、炸药等都具有可燃性,它们的存在是发生火灾的基本因素。

(2)热源。热源是发生火灾的必要因素,只有具备足够热量和温度的热源才能引燃可燃物。在矿井中,煤的自燃,瓦斯、煤尘燃烧与爆炸,爆破作业,机械摩擦生热,电流短路产生火花,电气设备运转不良导致的过热,吸烟,烧焊,以及其他明火都可能是引火的热源。

(3)空气的供给。燃烧就是剧烈的氧化反应,任何可燃物尽管有热源点燃,但是缺乏足够的氧气,燃烧是难以持续的,所以空气的供给是维持燃烧形成火灾必不可少的条件。实验证明,在氧气浓度低于3%的空气环境中,任何可燃物的燃烧都不能维持;在氧气浓度低于12%的空气环境中,瓦斯失去爆炸性。所以,这里所说的空气是正常含氧气量的空气,而不是贫氧的空气。

二、火灾预测预报新技术

(一)带式输送机火灾预测技术

我国煤矿外因火灾中以带式输送机火灾最为严重。近年来,随着我国煤矿生产机械化程度的不断提高,带式输送机在煤矿运输中所占的比例越来越大,带式输送机发生火灾的危险性也相应增加,其灾害程度也呈日益严重的趋势。我国先后研制出多种带式输送机火灾检测和自动灭火装置,但是仅对其重点发火危险部位3~5个点进行监测,而且不能准确定位。另外,其对温度的监测也只是定温感测,不能实时地反映异常点的温度。如DFH型、DMH型、KHJ-1型、MPZ-1型矿用带式输送机自动灭火装置等都属于此类。

【案例6-2】　　带式输送机火灾监测系统

煤炭科学研究总院常州自动化研究所开发研制了带式输送机火灾监测系统(图6-10),该系统由地面总站、井下基站、井下检测分站和测温电缆等组成。该系统充分吸收了先期开发的各个煤矿监测监控系统的长处和吸取了国内外其他同类煤矿监测监控系统的优点,可监测监控瓦斯、风速、负压、一氧化碳、烟雾、温度、风门开关等环境参数,煤仓煤位、水仓水位、压风机风压、箕斗计数、各种机电设备开停等生产参数,电压、电流、功率等电量参数,以及输送带跑偏、输送带速度、轴承温度、机头堆煤等各种机电设备的运行情况;汇接管理带式输送机控制保护装置和集中控制系统、轨道运输监控系统、电力监测系统、选煤厂集控系统、水泵监控系统、火灾监测系统及人员监测系统等,实现局部生产及管理环节的自动化。该系统的特征如下:

(1)综合能力强。融安全与生产监测监控系统、工业电视监视系统、人员监测系统及程控调度通信系统等于一体,实现井下传输信道合一、全矿范围内各类煤矿监控系统组网管理、与局部计算机网络联网、与远程终端通过公用电话网连接等,大幅度减少信道与设备投资。

(2)可用作安全生产监控子系统。

(3)兼容性能好。

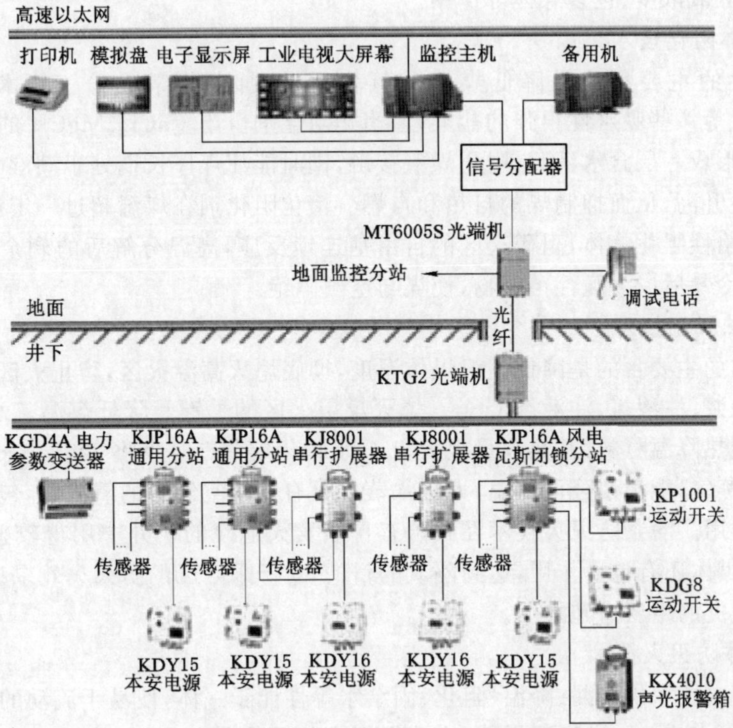

图 6-10　带式输送机火灾监测系统

(二) 煤层自燃火灾预报技术

目前，煤炭自燃预报方法主要有指标气体分析法、测温法、示踪气体法、气味检测法、测氡法、红外热成像法等。

三、矿井防灭火技术

目前，煤矿井下常用的防灭火技术主要有：堵漏、均压、惰气、惰泡、三相泡沫、阻化剂、惰化阻化剂、水、灌浆、胶体等，这些技术按其主要作用和功能可归纳为以下几类。

(一) 控制漏风技术

控制漏风的主要目的是减少或杜绝松散煤体氧气的供给。技术手段有：水泥喷浆、泡沫喷涂、纳米改性弹性体材料涂抹、均压。水泥喷浆工作量大，回弹多，抗动压性差，堵漏效果不十分理想；泡沫堵漏性能好，抗动压性好，但其成本较高，高温时分解，释放出有害气体；纳米改性弹性体材料具有气密性好、伸长率大等性能，可刮、涂、抹在煤岩体、木材及闭墙漏风处，操作简单，使用方便，可根据施工需要调整固化时间，固化后表面形成弹性体；闭区均压可减少向封闭区域内的漏风，开区均压则可降低采空区周边的压差，减少向采空区浮煤漏风，从而降低自燃危险程度。

(二) 火区惰化技术

火区惰化的主要目的是降低火区氧浓度，窒息火区。技术手段有：注入 N_2 和 CO_2 等惰性气体、注入惰气泡沫、注入三相泡沫。惰性气体和泡沫可充满整个空间，既能迅速窒息明火，又能抑制煤层自燃高温火区的发展，但对大热容的煤体降温效果不好，灭火周期长，火区易复燃，且对现场堵漏风工作要求较高。惰气泡沫和三相泡沫能起到固氮、降温、减少漏风、降低采空区氧浓度、包裹煤体等作用。

(三) 煤体阻化技术

煤体阻化的主要目的是降低煤体的氧化活性,抑制煤氧结合。技术手段有:喷注 $CaCl_2$、$MgCl_2$ 等一些吸水性很强的盐类,注惰化阻化剂。当 $CaCl_2$、$MgCl_2$ 的水溶液附着在煤体表面时,形成一层含水液膜,阻止煤氧接触,同时能使煤体长期处于潮湿状态,在低温氧化时温度不易升高,从而抑制煤的自热和自燃。惰化阻化剂在煤温超过一定温度时,开始吸热气化,产生惰性阻化气体,阻碍火区的自由基连锁反应,高温分解后的剩余物在煤表面生成一层薄膜,冷却后成为脆性覆盖物,使煤与空气隔绝。

(四) 吸热降温技术

吸热降温的主要目的是降低高温煤体温度,彻底熄灭高温火区,防止火区复燃。技术手段有:注水、灌浆、注液氮、注液态 CO_2。熄灭煤层火区的关键是降低煤温。水是最经济、来源最广泛的吸热降温材料,其热容量很大,1 L 水转化成蒸汽时吸收 2256.7 kJ 热量,同时生成 1.7 m^3 水蒸气,能很快降低煤温,大量水蒸气具有冲淡空气中的氧浓度,包围、隔离火源,窒息火源的作用。灌浆防灭火技术在我国有自然发火危险的矿井中用得较普遍,泥浆能够吸热降温,对煤体还有包裹作用,达到隔氧的目的,对于采空区的防灭火效果显著,已成为防止井下内因火灾的主要措施之一。

(五) 胶体防灭火技术

胶体防灭火技术集堵漏、降温、阻化、固结水等性能于一体,使易于流动的水溶液在指定时间和部位发生胶凝,包裹高温煤体,充分发挥水的吸热降温作用,较好地解决了灌浆和注水的泄漏流失问题,且在近 1000 ℃的明火中不会迅速汽化,仅因水分缓慢蒸发而逐渐萎缩,灭火安全性好,在井下湿度 90%、温度 28 ℃的环境下,13 个月后仍保持完好。

四、矿井火灾防治中存在的问题

近年来我国矿井防灭火技术与装备取得了长足发展,但还不能与矿井火灾现状相适应,仍需要不断地完善和提高,只有这样才能从根本上改变矿井防火工作的不利局面。目前,我国矿井防火工作存在的问题主要表现在以下几个方面:① 用于火灾监测的传感器种类单一,稳定性差,精度不高,寿命短而且价格昂贵,极大地制约了火灾监测和预测预报技术的发展。② 煤炭自然发火期测定的实用技术尚未根本解决。虽然我国长期围绕煤炭自然发火期预测进行了大量的理论、试验和模拟方面的研究,取得了许多相当有价值的成果,也研制出了专用测试装置,但由于试验周期长,与最短自然发火期相当,试验的煤样量几十至上千千克,因此难以作为常规测试装置普及,有关此方面的技术还有待于进一步提高和发展。另外,隐蔽火源探测仍是当今世界一大难题。

第五节 矿井水灾防治新技术

在矿井建设和生产期间,大气降水、地表水和地下水都有可能通过各种通道涌入井下,这些涌入矿井内的水统称矿井涌水,当矿井涌水超过正常排水能力时,就会酿成矿井水灾。

一、矿井水灾发生的必要条件

(一) 充水水源

矿井充水水源主要有大气降水、地表水、地下水。

(二) 充水通道

(1) 断层裂隙。由构造断裂形成的断层破碎带,以及部分处于地震带的矿井由于受地震影响在水源和井巷之间形成的裂隙,一般具有较好的透水性,是矿井良好的天然充水通道。

(2) 导水陷落柱。在石灰岩等可溶性岩层地区,由于地下水的溶蚀作用而产生洞穴,上覆岩层受重力作用而塌陷,塌陷体为环形柱状,俗称陷落柱。陷落柱一般不同程度地贯穿奥灰以上的地层,可以成为奥灰水进入矿井的通道。

(3) 顶板冒落裂隙。煤层开采后将会形成采空区,如果没有专门的顶板控制技术,则会造成采空区上方岩层的变形、移动、破坏,甚至形成开裂、离层或碎块状垮塌。这些变化都可能会形成导水通道。

(4) 底板突破通道。某些巷道的掘进和巷道的开发会破坏原矿层底板隔水层两侧的水压和地压,导致隔水层底板岩层原有的闭合裂隙活化或者形成裂隙,这种裂隙将导致底板之下承压水涌入矿井,这些通道称为底板破坏式导水通道。

(5) 封堵不严的钻孔。以前采掘遗留下废井的井筒和巷道以及地质勘探过程中没封或封得不严的钻孔,不但可以形成地下水源,而且可以成为地下水流入矿井的良好通道,将地表水或地下水引入矿井中。

(6) 煤矿的井筒。井口标高低于最高洪水水位的井筒和未按要求封闭的矿井井筒有可能成为地表水进入井下的人工通道,造成淹井事故;地下水渗透井筒壁进入井下,也能给煤矿建设和生产带来巨大灾难。

二、矿井水探测技术

矿井应用的物探方法主要有直流电法(电阻率法)、电磁频率测深法、无线电波透视法、地质雷达法及浅层地震勘探、瑞利波勘探方法等。这些方法分别属于电法勘探和地震勘探两大领域。

目前,应用于水害超前探测研究的方法主要有矿井瞬变电磁法、矿井直流电法和矿井地质雷达法等方法,它们在工作面顶、底板岩层含水地质异常体、裂隙带富水性、导水通道和含隔水层厚度探测等方面,取得了良好的应用效果。各方法均有其各自的优点,但也有其各自的不足之处。矿井瞬变电磁法对水反应敏感,但抗干扰能力较差;目前的直流电法仪器抗干扰能力相对较好,但其方向性相对较差,且探测距离有限;而矿井地质雷达仪器相对笨重,探测距离短,一般在 20 m 以内,所以往往不用。

(一) 电法勘探

电法勘探是勘探地球物理学中的主要学科之一。电法勘探是利用地壳中各种岩石、矿石电学性质间的差异来发现地质目标的。它是基于观测、研究电场或电磁场空间、时间分布规律来勘查地质构造和寻找有用矿产的一类勘探方法。

按电磁场空间和时间特性,不同电法勘探可以划分为三类:

(1) 直流电法:主要观测或利用稳态电场进行勘探。直流电阻率法就属于这一分支。

(2) 交流电法或电磁法:主要观测或利用似稳态电磁场和电磁波进行勘探。电磁频率测深法、无线电波透视法和地质雷达法等都属于这一分支。

(3) 过渡过程法或脉冲瞬变场法:主要观测或利用电磁场的瞬态过程进行勘探。

(二) 地震勘探

地震勘探是地球物理勘探中的一个重要领域,它利用人为激发的弹性波(地震波)来探测大地,获取岩层地质信息以达到勘探的目的。

地震勘探按照其观测空间和工作场所不同可以划分为地面地震勘探和地下地震勘探。孔中地震勘探和矿井地震勘探都属于地下地震勘探。

按照地震波的类型不同,地震勘探又可以划分为体波勘探,如地面(也包括浅层)地震勘探;面波勘探,如瑞利波勘探、槽波勘探等。

三、矿井水灾综合防治技术

(一) 地表水防治措施

(1) 合理布置井筒位置。各井筒井口及工业场地的基础标高均应比当地历年最高洪水水位高。

(2) 排放积水。矿区开采后的采空区易引起地面沉降塌陷,这些塌陷区容易积水,塌陷区范围越大,积水越多,这些积水应当及时排放。

(3) 充填、平整塌陷区。煤层开采后往往形成采空区,若无专门的顶板控制技术,则必然造成地表塌陷,这些塌陷区易积水,除及时排放塌陷区的积水外,也可用井下巷道掘进出的矸石对塌陷区进行充填平整。

(4) 加固河床堵渗漏。矿区范围内有流水沿河床或沟底裂缝渗入井下时,应及时在渗漏区段用黏土、料石或水泥铺垫河底,防止或减少渗漏。

(5) 填堵通道。矿区范围内,因井下采掘活动引起地面下沉、开裂、塌陷而形成的矿井进水通道,应用黏土、水泥或黏胶予以填堵。

(6) 整改河道。矿区范围内有河流、沟渠或其他积水区应尽可能地改道或疏干,防止地表水经过各种途径进入井下。

(7) 建排洪渠道。有足够排洪能力的沟渠能在汛期有效防止山洪。

(8) 加强管理检查工作。定期对上述措施进行效果检验,及时发现问题,提出相应措施,及时解决。

(二) 井下水防治技术

根据《煤矿防治水细则》的规定,井下防治水的原则为:预测预报、有疑必探(内蒙古自治区、山西省规定有掘必探)、先探后掘、先治后采。采取探、防、堵、疏、排、截、监等综合防治措施。

1. 查明充水水源和充水通道

(1) 深入了解冲击层的厚度和组成,以及各分层的透水性和含水性。

(2) 掌握断层和裂隙的位置、落差及长度,破碎带范围及其含水情况和导水性能。

(3) 掌握各含水层和隔水层的数量、厚度、位置、岩石性质,各含水层的涌水量、水压、渗透性及其到开采煤层的距离,地质勘探钻孔的填实情况及其透水性。

(4) 调查老窑和正在开采小煤窑的位置分布、开采范围、开采深度和采空区的积水分布状况,废弃钻孔的填实情况,掌握受采动影响造成的塌陷区、裂隙、沉降带的高度及其对涌水量的影响。

2. 做好水文观测工作

(1) 掌握当地气象、降水量与河流水文(流量、枯水期及汛期的水位)资料,掌握地表水的分布、水量的补给和排泄条件。

（2）通过探水钻孔和水文地质观测孔观测各种水源的水压、水位和水量的变化规律，分析水质来确定矿井水的来源。

（3）观测矿井涌水量及其随季节变化的规律。

（4）掌握汛期洪水对矿井工业场地及井下安全生产的影响程度。

3. 井下探放水

出现下列情况，必须进行井下探放水：

（1）采掘工作面接近老空或含水断层。

（2）接近或需要穿过强含水层、溶洞或陷落柱。

（3）采掘煤层受顶板含水层威胁或采掘煤层变潮和光泽变暗。

（4）煤层"挂汗"及煤壁变冷，工作面气温降低甚至出现雾气。

（5）巷道顶板淋水或底板鼓起。

（6）接近有出水可能的钻孔。

4. 疏放排水

在探明矿井水源后，可根据不同的水源类型采取不同的方式，将这些潜在的危险水源疏放干。其方法一般是在井下布置专门的放水或吸水钻孔，或专门的疏水巷道，有计划、有步骤地疏干或降低含水层的水位和水压，改善井下作业条件，局部疏干地下水，改善井下作业条件，为井下的安全生产提供必要的安全保障。根据不同类型的水源，可采取不同的疏放水方法与措施。

5. 注浆堵水

注浆堵水可减轻矿井排水负担，节省排水用电，从而降低吨煤成本；保护地下水资源，减轻对环境的破坏；改善采掘工程的劳动条件；加固井巷和工作面的薄弱区域，降低透水可能。当遇到下列情况时一般可使用注浆堵水：

（1）当有导水通道连接涌水水源与强大水源，用疏放排水的方法不可能或不经济时。

（2）当巷道接近或必须穿过一个或若干个含水丰富的含水层或含水的构造带，如果不堵住水源将给矿井安全生产带来很大的危害时。

（3）当立井井筒或工作面严重渗水，为了加固井壁、改善作业环境、降低排水费用时。

（4）对于一些涌水量特别大的矿井，为了减少矿井涌水量，降低常年排水费用从而降低吨煤成本，也可采用注浆方法堵住水源。

（5）对于隔水层受到破坏的局部地质构造破坏带，除采用隔离煤柱外，也可用注浆加固法建立人工保护带。

6. 截水

（1）留设防水煤柱。在矿井可能受水威胁的地段，留设一定宽度或高度的煤（岩）柱，称为防水煤柱。在煤层露头风化带，含水、导水或与富含水层相接触的断层，矿井水淹区，受保护的地表水体，受保护的导水钻孔，井田边界须留设防隔水煤柱。

（2）水闸墙（防水墙）。水闸墙分为临时性水闸墙和永久性水闸墙两种。临时性水闸墙一般用木料和砖砌筑，一旦透水，可迅速将水堵在小范围内，这种防水墙只能起临时抢险的作用；永久性水闸墙多用混凝土或钢筋混凝土浇筑，这类防水墙技术要求高，是一种重要的安全设施，多用于开采结束后隔绝大量涌水的区域。

(3) 水闸门。水闸门一般设置在有透水危险性的采区的巷道出入口和井下主要设施(如井底车场、水泵房、变电所等)与矿井联络的巷道内，一旦发生透水事故，可关闭闸门，控制水害影响范围。通常设置在有足够强度的隔水层地段，由混凝土墙、门框和门扇组成，门框的尺寸应能够满足运输需要，门扇可根据水压大小用钢板或铁板制成。

复习思考题

1. 煤矿顶板灾害防治新技术有哪些？
2. 煤矿火灾防治新技术有哪些？
3. 煤矿水灾防治新技术有哪些？
4. 煤矿瓦斯灾害防治新技术有哪些？
5. 煤矿矿尘灾害防治新技术有哪些？

第七章　煤矿班组长应急处置能力提升

第一节　煤矿灾害应急处置原则和有关规定

一、现场应急处置的原则

事故发生后，灾区内或受威胁区的人员，要迅速判断事故性质，利用现场条件，在保证安全的前提下采取措施，将事故消灭在初始阶段或最大限度地降低事故的危害程度。

(1) 在消除事故灾害时，要保持统一指挥和组织，严禁冒险蛮干和单独行动。

(2) 在抢救过程中，必须保证自身安全。

(3) 在抢救伤员时，必须坚持“三先三后”的原则，即先救生还者，后救已死亡者；先救受伤较重者，后救受伤较轻者；对于窒息，心跳、呼吸停止，出血，骨折的伤员，先复苏、止血、固定，然后再搬运。

(4) 采取各种措施，消除初始灾害，防止灾区情况恶化。

二、煤矿灾害情况发生重大变化的处置规定

2023 年 4 月 3 日，国家矿山安全监察局下发了《国家矿山安全监察局关于做好煤矿灾害情况发生重大变化及时报告和出现事故征兆等紧急情况及时撤人工作的通知》，要求全国煤矿建立灾害情况发生重大变化及时报告制度和出现事故征兆等紧急情况及时撤人制度，落实相关工作责任。

(一) 煤矿灾害情况发生重大变化及时报告制度

煤矿出现下列情形之一的，现场作业人员应当及时向煤矿分管负责人或带班值班矿领导报告；情况严重的，及时向煤矿主要负责人报告：

(1) 井下甲烷浓度达到 0.75%以上，或者变化浓度超过 0.2%的。

(2) 高瓦斯矿井、突出矿井煤层急剧变薄、增厚的。

(3) 矿井涌水量(不包括探放水时的可控出水量)、长观孔水位变化幅度达到 20%以上的。

(4) 井下出现突水点。

(5) 矿井一氧化碳浓度达到 24 ppm，或者变化浓度超过 5 ppm 的，或者有带式输送机的进风巷发现一氧化碳的。

(6) 冲击地压监测单个微震事件能量达到 10^4 J 以上的。

(7) 采掘工作面遇有预测外或者变化较大地质构造的。

(8) 顶板离层、锚杆(索)应力、支架压力等监测数据突然增大，或者锚杆(索)断裂、棚梁棚腿弯曲严重的。

(9) 露天煤矿台阶有滑动迹象,工作面有伞檐或者有塌陷危险的老空区,发现拒爆、熄爆的。

(10) 出现其他重大变化应当报告的。

(二) 煤矿出现事故征兆等紧急情况及时撤人制度

煤矿有下列情形之一的,必须及时撤出危险区域作业人员:

(1) 井下所有作业场所回风流中甲烷浓度超过1.0%的。

(2) 井下发生明显响煤炮声,喷孔、顶钻,煤壁外鼓、掉碴,瓦斯涌出持续增大或者忽大忽小,煤尘增大等突出征兆的。

(3) 井下出现煤层变湿、挂红、底鼓、淋水加大(含砂)等透水、突水、溃水征兆的。

(4) 井田及周边地面积水坑水位突然下降并溃入井下的。

(5) 当暴雨、洪水等自然灾害预警等级为红色(一级)、橙色(二级)的。

(6) 发现明火且不能立即扑灭的。

(7) 井下采掘作业地点出现强烈震动、巨响、瞬间底(帮)鼓、煤岩弹射等动力现象的。

(8) 全矿井计划外停电且不能立即有效恢复的。

(9) 露天煤矿遇到暴雨、8级及以上大风等特殊天气,以及边坡出现明显沉降、变形加速、裂缝增大或贯通、大面积滚石滑落等滑坡征兆的。

(10) 其他事故征兆等紧急情况应当停产撤人的。

(三) 相关工作责任的落实

(1) 所有现场作业人员、带班值班人员具有出现事故征兆等紧急情况及时撤人的权力。出现事故征兆等紧急情况时,所有现场作业人员、带班值班人员无须请示,有权第一时间撤人,并在确保安全的前提下向矿调度室汇报。

(2) 煤矿要建立灾害情况发生重大变化及时报告和出现事故征兆等紧急情况及时撤人奖惩机制,加强从业人员培训和演练,保证从业人员熟练掌握各类报告和撤人情形,对及时报告灾害情况重大变化或出现事故征兆等紧急情况及时撤人、避免发生事故的,应当给予重奖。

第二节　煤矿瓦斯、煤尘爆炸事故的应急处置

一、瓦斯爆炸事故的特点

瓦斯爆炸一般发生在煤矿井下采掘工作面,多发生在采煤工作面回风隅角、采煤机附近、掘进工作面迎头以及巷道冒落处。矿井采空区或盲巷由于封闭不及时、不严密、漏风严重而导致煤炭自燃,当瓦斯达到爆炸浓度时,可能发生瓦斯爆炸。根据爆炸强度、影响范围和爆炸次数,可分为局部瓦斯爆炸、大范围瓦斯爆炸和连续瓦斯爆炸。

瓦斯爆炸对遇险人员的主要危害是高温灼烧、高压冲击和有毒有害气体中毒窒息。爆炸会破坏巷道和通风构筑物,引起矿井、采区风流紊乱,导致有毒有害气体进入进风区域而扩大爆炸影响范围。爆炸还可能引发火灾和二次或多次爆炸。瓦斯爆炸后可能出现的二次或多次爆炸,是救援人员的最大威胁。

1. 局部瓦斯爆炸事故的特点

(1) 仅发生在局部区域的瓦斯积聚点,参与爆炸的瓦斯量较少,爆炸后产生的冲击波、

爆炸火焰以及有毒有害气体对矿井影响较小，矿井通风未破坏或破坏不严重。

(2) 人员在 200～300 m 以内受冲击波和爆炸火焰伤害比较严重，300 m 以外伤害不严重。当巷道拐弯多时，冲击波和爆炸火焰的威胁降低很快，人员伤害较轻或无伤害。

(3) 一般情况下，爆炸对巷道支护的破坏不大。如果巷道支护质量差、煤岩松软、顶板破碎，也会产生煤岩垮落和冒顶，甚至造成巷道或工作面堵塞埋人的情况。

(4) 采煤工作面发生爆炸，在爆炸点附近的人员，主要受冲击波和爆炸火焰的伤害；在回风侧的人员，主要受有毒有害气体的伤害；在冲击波和爆炸火焰波及不到的进风侧，人员无伤害。

(5) 掘进工作面发生爆炸，通风设备、设施被破坏，巷道里的人除受到冲击波和爆炸火焰的伤害外，受到有毒有害气体的中毒危害也很严重。

2. 大范围瓦斯爆炸事故的特点

(1) 参与爆炸的瓦斯量大，爆炸产生的冲击波、爆炸火焰及有毒有害气体可能影响到采区、阶段、一翼甚至整个矿井。矿井通风系统遭到破坏甚至严重破坏，恢复通风比较困难。

(2) 爆炸产生的冲击波、爆炸火焰对人体伤害及对矿井各种设备、设施的破坏很严重。

(3) 短时间可能发生风流逆转和风流紊乱现象，有毒有害气体快速蔓延，并进入进风侧，造成大量人员中毒。

(4) 巷道支护破坏严重，可能出现大面积冒顶，造成堵、埋人员，给抢救遇险人员带来极大困难。

(5) 容易引起煤尘爆炸和二次瓦斯爆炸，也容易引起火灾事故，处理十分困难。

3. 连续瓦斯爆炸事故的特点

(1) 矿井发生瓦斯爆炸事故后，由此引发二次或多次瓦斯爆炸事故，往往发生在瓦斯涌出量大和漏风补给充足的爆炸灾区、已出现自燃引发爆炸的采空区，以及其他有机电设备并且瓦斯积聚的区域。

(2) 连续瓦斯爆炸的次数和相邻两次爆炸的间隔时间与灾区的瓦斯涌出、通风状况有直接关系。灾区瓦斯源充足，有大量空气补给，连续爆炸的次数就会增加，间隔时间也会缩短。

(3) 连续瓦斯爆炸容易引起煤尘爆炸的连锁反应。连续爆炸对救援人员威胁最大，事故处理更加复杂、困难。

二、煤尘爆炸事故的特点

(1) 煤尘爆炸事故大多是伴随瓦斯爆炸发生的，单独的煤尘爆炸事故较少。

(2) 煤尘爆炸时产生的一氧化碳浓度很高，一般为 1%～2%，有时可达到 7%～8%，甚至达到 10%以上。温度可达到 2300～2500 ℃。

(3) 爆炸冲击波会将巷道中的落尘吹扬变为浮尘，引发连续爆炸。

(4) 连续爆炸时，距离爆源越近，其破坏力越大。爆炸产生的压力随爆炸次数增加而增大，因此连续爆炸往往造成大量人员伤亡。

三、瓦斯、煤尘爆炸事故的应急处置措施

(1) 现场班组长、跟班干部要立即组织现场作业人员正确佩戴好自救器，引领人员按避

灾路线撤到最近的新鲜风流中。

(2) 在确保安全的前提下,第一时间向矿调度室报告事故地点、现场灾害情况。

(3) 撤离时要快速、镇静、有序、低行。

(4) 如因灾害破坏了巷道中的避灾路线指示牌,迷失行进方向时,撤退人员应迎着风流方向撤退。

(5) 在撤退沿途和所经过的巷道交岔口,应留设指示行进方向的明显标志,以提示救援人员的注意。

(6) 在撤退途中听到或感觉到爆炸声或有空气震动冲击波时,应立即背向声音和气浪传来的方向,脸向下,双手置于身体下面,闭上眼睛,迅速卧倒,头部要尽量低。有水沟的地方最好躲在水沟边上或坚固的掩体后面,用衣服将自己身上的裸露部分尽量遮盖,以防止火焰和高温气体灼伤皮肤。

(7) 当唯一的出口被封堵无法撤退时,应有组织地进行灾区避灾,以等待救援人员的营救。

(8) 矿调度室接到事故报告后,及时通知矿领导和相关人员,启动应急救援预案,还要通知有关单位的人员清查事故灾区人数。

(9) 及时成立抢险救灾指挥部,制定救灾方案,同时向上级有关单位汇报灾情,召请救护队。

(10) 在矿井通风系统未遭到严重破坏的情况下,原则上保持现有通风系统,保证主要通风机正常运转。

(11) 及时切断灾区及其影响范围内的电源,消除火源,防止再次爆炸。

(12) 清点井下人数,控制入井人数。

(13) 处理事故时,在保证安全的前提下,应在灾区附近的新鲜风流中选择安全地点设立井下救援基地。

(14) 采取一切有效措施,及时救助灾区和可能影响区域内的遇险人员,尽量避免或减少人员伤亡。

(15) 确认无再次爆炸危险时,及时修复被破坏的巷道和通风设施,以恢复正常通风。

(16) 当有爆炸危险时,必须立即将可能受威胁的现场救援人员全部撤到安全地点,并采取措施,排除爆炸危险性,防止连续爆炸扩大事故。

听到爆炸冲击声,头脑清醒要镇静。
切莫乱跑与乱冲,立即趴下闭眼睛。
面部捂上湿毛巾,背朝声响和气浪。
双手隐蔽在身下,身体盖严防烧伤。
最好趴在水沟旁,坚固物体做屏障。
迅速戴好自救器,爆炸过后就逃离。
尽快进入新风巷,避灾路线要牢记。
无法逃离进硐室,堵好硐口防毒气。
硐口设置标记物,敲打呼救发信息。

第三节　煤与瓦斯突出事故的应急处置

一、煤与瓦斯突出的预兆

(1) 有声预兆。煤层在变形过程中发出劈裂声、爆竹声、闷雷声，间隔时间不一，在突出瞬间常伴有巨雷般的响声；支架受力发出“嘎嘎”声音甚至折裂声音。

(2) 无声预兆。其主要表现是：① 煤层结构变化、层理紊乱，煤层由硬变软、由薄变厚、倾角由小变大，煤由湿变干、暗淡无光泽，煤层顶底板出现断裂，煤岩严重破坏等；② 瓦斯涌出异常(忽大忽小)、煤尘增大、气温异常、气味异常，打钻喷瓦斯、喷煤粉并伴有哨声、蜂鸣声等；③ 地压显现、煤岩开裂掉碴、底鼓、煤岩自行剥落、煤壁颤动、钻孔变形等。

上述预兆并非每次突出都同时出现，而是出现一种或几种。《煤矿安全规程》要求，突出煤层工作面的作业人员、瓦斯检查工、班组长应当掌握突出预兆。发现突出预兆时，必须立即停止作业，按避灾路线撤出，并报告矿调度室。班组长、瓦斯检查工、矿调度员有权责令相关现场作业人员停止作业，停电撤人。

二、煤与瓦斯突出事故的应急处置措施

(1) 现场班组长、跟班干部要立即组织现场作业人员正确佩戴好自救器，引领人员按避灾路线撤到最近新鲜风流中。

(2) 在确保安全的前提下，第一时间向矿调度室报告事故地点和现场灾害情况。

(3) 撤离时要快速、镇静、有序、低行。

(4) 如因灾害破坏了巷道中的避灾路线指示牌，迷失行进方向时，撤退人员应迎着风流方向撤退。

(5) 在撤退沿途和所经过的巷道交岔口，应留设指示行进方向的明显标志，以提示救援人员的注意。

(6) 在撤退途中，如果退路被堵或自救器有效时间不够，可到矿井专门设置的井下避难所或压风自救装置处暂避。

(7) 当附近没有避难硐室，要寻找有压缩空气管路的巷道、硐室躲避。要设法将压风管路的螺丝接头卸开，充分利用压风空气，延长避难时间。要在避难地点外设置标志，并有规律地、不间断地敲击金属物、顶帮岩石等，发出呼救联络信号，以引起救援人员的注意，使其准确判断避难人员所在的位置。

(8) 在撤退途中听到或感觉到爆炸声或有空气震动冲击波时，应立即背向声音和气浪传来的方向，脸向下双手置于身体下面，闭上眼睛，迅速卧倒，头部要尽量放低。有水沟的地方要躲在水沟边上或坚固的掩体后面，用衣服或其他不易燃物件将自己身上的裸露部分尽量遮盖，以防止火焰和高温气体灼伤皮肤。

(9) 矿调度室接到事故报告后，要及时通知矿领导及相关人员，启动应急救援预案，还要通知有关单位的人员清查事故灾区人数。

(10) 及时成立抢险救灾指挥部，制定救灾方案，同时向上级有关单位汇报灾情，召请救护队。

(11) 在矿井通风系统未遭到严重破坏的情况下，原则上保持现有通风系统，保证主要

通风机正常运转。

(12) 在发生煤(岩)与瓦斯突出事故所波及的巷道恢复正常通风前,按救灾方案复建通风系统,按规定排放瓦斯。

(13) 根据灾区情况迅速抢救遇险人员,在抢险救援过程中注意突出预兆,防止再次突出造成事故扩大。

(14) 要慎重处置灾区和受影响区域的电源,断电作业应在远距离进行,以防止产生电火花引起爆炸。

(15) 灾区内不准随意启闭电气开关,不要扭动矿灯和灯盖,防止出现火源引爆瓦斯。

(16) 制定并严格执行清理煤和排放瓦斯的措施,以防事故发生。

瓦斯突出显预兆,赶快撤人并汇报。
戴好隔离自救器,防护眼镜也戴牢。
迎着新风向外撤,沉着迅速井口跑。
无法撤离进硐室,隔离门要紧关好。
打开硐室压风管,戴好面罩供气到。
节约用灯和食物,硐口明显标记号。
敲打金属发响声,呼救人员快来到。

第四节　矿井火灾事故的应急处置

一、矿井火灾事故的特点

(1) 矿井火灾分为内因火灾和外因火灾。内因火灾由煤炭自燃引起,主要发生在采空区、煤巷顶板、破碎煤壁、遗留煤柱等地点。外因火灾由明火、机械摩擦、爆破等外部热源引起,主要发生在采掘工作面、带式输送机巷、机电硐室以及其他有机电设备的巷道等地点。

(2) 矿井火灾对遇险人员的主要威胁是产生的高温和火焰灼烧,产生大量一氧化碳等有毒有害气体。

(3) 火灾产生火风压或烧毁通风构筑物,可能引起矿井或局部区域风流状态发生变化,造成风量变化和风流逆转、逆退、滚退等紊乱,导致气体进入进风区域而扩大火灾影响范围。

(4) 在瓦斯矿井和有爆炸性煤尘矿井中,火灾产生的高温和明火容易引起爆炸事故。在井下低瓦斯或无瓦斯区域发生富燃料类火灾时,其产生的爆炸性气体也可能发生爆炸。

(5) 发火地点很难接近,灭火时间长。特别是内因火灾,面积大、隐蔽性强、氧化过程比较缓慢,发火后长时间不易扑灭。

(6) 矿井火灾救援是当前各类救灾中难度最大、最危险、任务最艰巨的。在救援过程中还要严防瓦斯爆炸事故发生。

二、矿井火灾事故的应急处置措施

(1) 现场班组长、跟班干部要根据火灾性质立即组织现场作业人员正确佩戴好自救器,带领现场人员采用与火灾类型相应的灭火器材进行现场救灾,力争将火灾消灭在初始阶段。灭火时应注意以下5点:① 要有充足的水量,应先从火源外围逐渐向火源中心喷射水流;② 要保持正常通风,并要有畅通的回风通道,以便及时将高温气体和蒸汽排除;③ 发生电气设备火灾时，首先要切断电源；④ 不宜用水扑灭油类火灾；⑤ 灭火人员要站在火源上风侧，不准站在火源的回风侧，以免烟气或水蒸气伤人。

(2) 要尽最大可能了解或判明事故的性质、地点、范围和事故区域的巷道、通风系统、风流情况及火灾烟气蔓延的速度、方向，及时报告矿调度室，并根据矿井事故应急处理预案及现场的实际情况，确定撤退路线和避灾自救的方法。

(3) 位于火源回风侧的人员或在撤退途中遇到烟气有中毒危险时，应迅速戴好自救器；尽快通过捷径撤到新鲜风流中；或在烟气没有到达之前，顺着风流尽快从回风出口撤到安全地点。如果距火源较近而且越过火源没有危险时，可迅速穿过火区撤到火源的进风侧(注意：这种方式轻易不要采用，必须确定有脱险的把握或身处独头巷时方可采用)。

(4) 如果在自救器有效作用时间内不能安全撤出的，应在设有储存备用自救器的硐室内换用自救器后再进行撤退；或者寻找有压风管路系统的地点，以压缩空气供呼吸之用。

(5) 撤退行动既要迅速果断，又要快速有序，不得慌乱。撤退中应靠巷道有连通出口的一侧行进，避免错过脱离危险区的机会，同时还要随时注意观察巷道和风流的变化情况，谨防火风压可能造成的风流逆转。人员之间要互相照应，互相帮助，团结互爱。

(6) 如果巷道已经充满烟雾，也不要惊慌和乱跑，要迅速辨认出发生火灾的区域和风流方向，俯身摸着铁道或铁管有秩序地外撤。

(7) 如果逆风或顺风撤退都无法躲避火灾烟气可能造成的危害时，应迅速进入避难硐室。没有避难硐室时应在烟气袭来之前，选择合适的地点，就地利用现场条件快速构筑临时避难硐室，进行避灾自救。

井下火灾一发现，迅速扑灭莫迟延。
火势猛烈难扑灭，赶快汇报求支援。
火区人员守纪律，服从命令听指挥。
辨明方向逆风走，立即戴好自救器。
避灾路线要记清，尽快撤离危险区。
烟雾弥漫道路堵，无法撤离莫踌躇。
躲进硐室风门间，堵严硐口防雾烟。
节约用灯和食物，敲打金属来呼救。

第五节　矿井水灾事故的应急处置

一、矿井突水的预兆

从开拓工作面开始发展到突水，在工作面及其附近显示出的某些异常现象，统称突水预兆。识别和掌握这些预兆，可以及时采取应急措施，撤离危险区人员，防止人员伤亡事故发生。突水前预兆有以下几种：

(1) 挂红。因地下水中含有铁的氧化物，在水压作用下，通过煤(岩)裂隙时，附着在裂隙表面，出现暗红色铁锈。

(2) 挂汗。当采掘工作面接近积水区时，水在压力作用下，通过煤岩裂隙而在煤岩壁上凝结成许多水珠，但有时空气中的水分遇到低温煤岩壁也可凝结为水珠。因此，遇到挂汗现象，首先辨别真伪，辨别方法是剥去表面层，观察新暴露面是否也有潮气，如果煤岩潮湿则是透水征兆。

(3) 空气变冷。采掘工作面接近大量积水时,气温骤然降低,煤壁发凉,人一进去就有凉爽感,时间越长越感阴凉。

(4) 出现雾气。当巷道内温度较高时,积水渗到煤壁后引起蒸发而迅速形成雾气。

(5) 水叫。井下高压积水,向煤岩裂隙强烈挤压与两壁摩擦而发出嘶嘶叫声,说明采掘工作面距积水区已很近。

(6) 顶板淋水加大。原有裂隙淋水突然增大,应视作透水前兆。

(7) 顶板来压、底板鼓起。在地下水压作用下,顶、底板弯曲变形,有时伴有潮湿、渗水现象。

(8) 水色发浑、有臭味。老空水一般发红,味涩;断层水一般发黄、味甜;溶洞水常有臭味。

(9) 有害气体增加。积水区向外散发瓦斯、二氧化碳和硫化氢等有害气体。

(10) 裂隙出现渗水。水清即离积水区尚远,水浊则离积水区已近。

以上征兆不一定都同时出现,有时可能出现其中一个,有时可能出现多个,但有时透水征兆不明显甚至不出现,因此,要认真辨别。

根据《煤矿安全规程》的规定,当出现透水征兆时,应当立即停止作业,撤出所有受水患威胁地点的人员,报告矿调度室,并发出警报。在原因未查清、隐患未排除之前,不得进行任何采掘活动。

二、矿井水灾事故的应急处置措施

(1) 发现突水时,在保证自身安全的前提下,利用现有的人力和物力,迅速组织抢救工作。如突水地点围岩坚硬、涌水量不大时,可组织力量就地取材,加固工作面,尽快堵住出水点。

(2) 在涌水大、顶帮松软的情况下,决不可强行封堵出水口,以免引起工作面大面积突水灾情扩大,造成人员伤亡。

(3) 如因涌水来势凶猛现场无法抢救或者危及人员安全时,应沿着规定的避灾路线和安全通道迅速撤退到上部水平或地面。

(4) 撤离前,应当设法将撤退的行动路线和目的地告知矿调度室。

(5) 在突水迅猛、水流急速的情况下,现场作业人员应立即避开出水口和泄水流,躲避到硐室内、拐弯巷道或其他安全地点。如情况紧急来不及转移躲避时,可抓牢棚梁、棚腿或其他固定物体,防止被涌水打倒和冲走,并注意防止被水中滚动的矸石和木料撞伤。

(6) 当采空区积水涌出使所在地点有毒有害气体浓度增高时,现场作业人员应立即佩戴好自救器,迅速按避灾路线撤离灾区。

(7) 如因突水后破坏了巷道中的照明和指路牌而迷失行进方向,遇险人员应撤向有风流的上山巷道。

(8) 在撤退沿途和所经过的巷道交岔口处应留设指示行进方向的明显标志,以提示救护人员注意。

(9) 撤退巷道如是立井,人员须从梯子间升井时,应保持好次序,不要慌乱和争抢。行动中手要抓牢,脚要蹬稳,时刻注意自己和他人的安全。

(10) 撤退中,如因冒顶或积水造成巷道堵塞,可寻找其他安全通道撤出。当唯一出口被堵塞无法撤退时,应组织好在安全地点避灾,等待救护人员营救,严禁盲目潜水等冒险行为。

(11) 井下发生突水事故后,不允许任何人在未佩戴防护器具的情况下冒险进入灾区,避免事故扩大。

采取措施抗灾害,防止淹井把矿保。
人员撤退要迅速,低处要向高处跑。
透水下方有人员,屏住呼吸手抓牢。
防止呛水和溺水,闯过水头最重要。
老空老窑来臭水,赶快戴好自救器。
最后一人关闸门,水泵司机听指挥。
道路隔断无法逃,上山独头地势高。
节约用灯和食物,自身防护要做好。
敲打金属发信号,等待救援莫急躁。

第六节　矿井顶板灾害的应急处置

一、冒顶的预兆

(一) 局部冒顶的征兆

(1) 顶板发出响声,岩层下沉断裂。顶板压力急剧加大时,木支架会发出劈裂声,紧接着出现折梁断柱现象,金属支柱的活柱急速下缩,也发出很大响声;铰接顶梁的楔子被弹出或挤出;底板软时支柱发生钻底现象,有时也能听到采空区内顶板发生断裂的闷雷声。

(2) 顶板掉碴。顶板破裂严重时,折梁断柱就要增加,并出现顶板掉碴,掉碴越多,说明顶板压力越大。

(3) 煤质变酥,煤壁片帮增多,范围增大,工作面钻眼省力,采煤机割煤时负荷减小。

(4) 顶板出现裂缝,裂缝张开,裂缝增多。

(5) 顶板出现离层。“敲帮问顶”时,顶板发出“空空”的响声,说明上下岩层之间已经离层。

(6) 顶板发生漏顶。破碎的伪顶或直接顶有时会因背顶不严和支架不牢出现漏顶现象,造成棚顶托空,支架松动造成冒顶。

(7) 瓦斯涌出异常。在含瓦斯煤层中,瓦斯涌出量突然增大。

(8) 顶板淋水增大。

(二) 大型冒顶的征兆

(1) 顶板的预兆。顶板连续发出断裂声,声音的频率和音响增大,这是由于直接顶和基本顶发生离层,或顶板切断而发出的声音;有时采空区内顶板发出像闷雷的声音,这是基本顶和上方岩层产生离层或断裂的声音;顶板岩层破碎掉碴,而且掉碴逐渐增多,顶板的裂缝增加或裂隙张开,并产生大量的下沉,下沉速度增大;底板出现底鼓或裂缝。

(2) 煤帮的预兆。由于冒顶前压力增大,煤壁出现明显的受压和片帮现象;煤壁受压后,煤质变酥,片帮增多;使用电钻打眼时,钻眼省力。

(3) 支架的预兆。使用木支架时,支架被大量压坏或折断,并发出响声;使用金属支柱时,耳朵贴在柱体上,可听见支柱受压后发出的声音;当顶板压力继续增加时,活柱迅速下缩,连续发出"咯咯"的声音;工作面使用铰接顶梁时,在顶板冲击压力的作用下,楔子有时被弹出或挤出。

(4) 其他预兆。瓦斯涌出量突然增加;有淋水的顶板,淋水量增加。

二、顶板事故的应急处置措施

(1) 要根据现场情况,判断顶板事故发生地点、灾情、原因、影响区域,进行现场处置。如无第二次大面积顶板动力现象时,立即组织对受困人员进行施救,防止事故扩大。

(2) 冒落范围不大时,如有遇险人员被大矸石压住,可用铁棒或液压千斤顶等工具把大块岩石支起后,再将遇险人员救出,切忌生拉硬拽。

(3) 清理堵塞物时,要防止伤害遇险人员。在接近遇险人员附近时严禁用镐刨、锤砸等方法破煤(岩)块扒人。

(4) 现场救援人员必须在保证巷道通风良好、后路畅通、现场顶帮维护好的情况下方可施救,施救过程中必须安排专人观察顶板并监护。

(5) 当出现大面积来压等异常情况或通风不良、瓦斯浓度急剧上升时,必须立即撤离现场到安全地点。

(6) 根据实际情况开展救援工作,对于轻伤者应现场对其进行包扎,将其抬放到安全地点;而对于骨折人员不要轻易挪动,要先采取固定措施;对于出血伤员要先止血,等待救援人员到来。

垮面冒顶有征兆,速向调度室汇报。
情况严重别冒险,人员撤离工作面。
如果有人被埋压,抢救过程重安全。
如果巷道堵人员,搞好自救莫迟延。
安全地点来静坐,节灯节食延时间。
随时戴上自救器,严防瓦斯会超限。
轮流扒戳找出口,敲打金属求救援。
上级派人来抢救,一定救你脱危险。

第七节　自救器的使用

自救器是入井人员在井下发生火灾、瓦斯煤尘爆炸、煤与瓦斯突出时防止有害气体中毒或缺氧窒息的一种随身携带的呼吸保护器具。《煤矿安全规程》规定,入井人员必须随身携带自救器。我国煤矿采用隔离式自救器,根据氧气的来源不同,分为化学氧隔离式自救器和压缩氧隔离式自救器两种。自救器是矿山井下发生灾害事故后,保护矿工生命安全的重要保障,可是不会使用自救器问题在煤矿依然普遍存在,每位入井人员必须足够重视,必须学会正确佩戴和使用自救器。

一、压缩氧自救器

压缩氧自救器是指利用压缩氧气供氧的隔离式呼吸保护器。它用于灾区环境大气中缺氧或存在有毒有害气体的情况,是一种可反复多次使用的自救器,每次使用后只需要更换吸收二氧化碳的吸收剂并重新充装氧气即可重复使用。

操作视频

1. 使用方法

(1) 携带时,挎在肩膀上。

(2) 使用时,先打开外壳封口带手把。

(3) 打开上盖,然后左手抓住氧气瓶,右手用力向上提上盖,此时氧气瓶开关即可自动打开,随后将主机从下壳中拽出。

(4) 摘下安全帽,挎上挎带,戴好安全帽。

(5) 拔开口具塞,将口具放入口腔里,牙齿咬住牙垫。

(6) 将鼻夹夹在鼻子上,开始呼吸。

(7) 在呼吸的同时,按动补给按钮 1～2 s,气囊充满后立即停止(在使用过程中发现气囊供气不足时,按上述方法操作)。

(8) 挂上腰钩。

2. 使用注意事项

(1) 压缩氧自救器储装有高压氧气,在携带过程中要防止碰撞自救器,严禁将自救器当坐垫使用。

(2) 携带过程中严禁开启扳把。

(3) 佩戴压缩氧自救器行走时要匀速行走,应保持呼吸均匀,禁止狂奔和取下鼻夹、口具或通过口具讲话。

(4) 自救器不能使用或失效时,应用湿毛巾捂住口鼻,匍匐前行至安全地点。

二、化学氧自救器

化学氧自救器是指利用化学生氧物质产生氧气的隔离式呼吸保护器。它用于灾区环境大气中缺氧或存在有毒有害气体的环境,供一般入井人员使用,只能使用一次。

操作视频

1. 使用方法

(1) 佩戴位置。将专用腰带穿入自救器腰带环内,固定在背部一侧腰间。

(2) 开启扳手。使用时先将自救器沿腰带转到右侧腹前,左手托底,右手拉护罩胶片,使护罩挂钩脱离壳体,再用右手掰锁口带扳手至封印条断开后,丢开锁口带。

(3) 去掉上外壳。左手抓住下外壳,右手将上外壳用力拔下、扔掉。

(4) 套上挎带。将挎带套在脖子上。

(5) 戴好口具。提起口具并立即拔出启动针,使气囊逐渐鼓起,立即拔掉口具塞并同时将口具塞入口中,口具片置于唇齿之间,牙齿紧紧咬住牙垫,紧闭嘴唇。

(6) 夹好鼻夹。两手同时抓住两个鼻夹垫的圆柱形把柄,将弹簧拉开,憋住一口气,使鼻夹垫准确地夹住鼻子。

(7) 调整挎带。如果挎带过长,抬不起头,可以拉动挎带上的大圆环,使挎带缩短,长度适宜后,系在小圆环上。

(8) 退出灾区。上述操作完成后,开始撤离灾区。途中感到吸气不足时不要惊慌,应放慢脚步,做深呼吸,待气量充足后再快步行走。

2. 使用注意事项

(1) 每班携带自救器前,应检查自救器外壳有无损伤或松动,如发现不正常现象应及时将自救器送到发放室检查校验。

(2) 携带自救器时,应避免碰撞、跌落,禁止将自救器当坐垫用;禁止用尖锐的器具猛砸外壳或药罐;禁止自救器接触带电体或浸泡在水中。

(3) 携带自救器时,任何场所不准随意打开自救器上外壳;如果自救器上外壳已意外开启,应立即停止携带,做报废处理。

(4) 在井下工作时,一旦发现事故征兆,应立即佩戴自救器并迅速撤离。佩戴自救器要求操作准确、迅速。

(5) 佩戴自救器撤离火区时,要冷静、沉着,最好匀速行走。

(6) 在整个逃生过程中,要注意把口具、鼻夹戴好,保证不漏气,严禁从嘴中取下口具说话。

(7) 吸气时,比平时正常吸气干、热一些,表明自救器在正常工作,对人体无害,此时千万不可取下自救器。

(8) 当发现呼气时气囊瘪而不鼓,并渐渐缩小时,表明自救器的使用时间已接近终点,要做好应急准备。

【案例 7-1】 2022 年 11 月 22 日,中煤平朔集团井工三矿井下发生一起较大事故,造成 4 人死亡。该矿核定生产能力 1000 万 t/a,属正常生产矿井。经初步调查,事故发生在该矿 34204 综采工作面,工作面遇断层构造群无法正常推进,矿方跳过该构造群重新布置开切眼,新开切眼的支架及相关设备已安装完毕,在辅运巷道端头向内 5 m 处施工密闭墙时(未完工),1 名工人擅自进入密闭墙内晕倒,在附近作业的 3 名工人在未使用自救器的情况下盲目组织施救,进入密闭墙内后随即晕倒。在附近作业的相关人员佩戴自救器进入密闭墙内将 4 人救出,随即送往医院,经抢救无效死亡。

三、自救器实操培训考核

煤矿从业人员在复训时应进行自救器佩戴训练,确保每位从业人员都会正确迅速佩戴和使用自救器。

ZH30D 型隔离式化学氧自救器实操考核情况见表 7-1。

表 7-1 ZH30D 型隔离式化学氧自救器实操考核表

序号	考核项目	操作标准	评分标准	标准分值/分	考核得分/分
1	识别自救器	正确说出自救器的类型、型号、使用时间。例如,类型:隔离式化学氧自救器;型号:ZH30D;使用时间:30 min	未能准确说出自救器的类型、型号、使用时间,每项扣 2 分	5	
2	佩戴自救器	将专用腰带穿入自救器腰带环内,固定在背部一侧腰间	未将专用腰带穿入自救器腰带环内扣 5 分	5	
			固定在背部一侧腰间	5	

表7-1(续)

<table>
<tr><th>序号</th><th>考核项目</th><th>操作标准</th><th>评分标准</th><th>标准分值/分</th><th>考核得分/分</th></tr>
<tr><td rowspan="3">3</td><td rowspan="3">开启扳手</td><td rowspan="3">使用时先将自救器沿腰带转到右侧腹前,左手托底,右手拉护罩胶片,使护罩挂钩脱离壳体,再用右手掰锁口带扳手至封印条断开后,丢开锁口带</td><td>使用时先将自救器沿腰带转到右侧腹前,左手托底</td><td>5</td><td rowspan="3"></td></tr>
<tr><td>右手拉护罩胶片,使护罩挂钩脱离壳体</td><td>5</td></tr>
<tr><td>掰锁口带扳手至封印条断开,丢开锁口带</td><td>10</td></tr>
<tr><td>4</td><td>去掉上外壳</td><td>一只手抓住下外壳,另一只手将上外壳用力拔下、扔掉</td><td>一只手不抓下外壳扣 2 分,上外壳拔不下来扣 5 分</td><td>5</td><td></td></tr>
<tr><td>5</td><td>套上挎带</td><td>将挎带套在脖子上</td><td>未将挎带套在脖子上扣 5 分</td><td>5</td><td></td></tr>
<tr><td rowspan="4">6</td><td rowspan="4">戴好口具</td><td rowspan="4">提起口具并立即拔出启动针,使气囊逐渐鼓起,立即拔掉口具塞并同时将口具塞入口中,口具片置于唇齿之间,牙齿紧紧咬住牙垫,紧闭嘴唇</td><td>不提起口具扣 5 分,不知拔启动针扣 5 分</td><td>5</td><td rowspan="4"></td></tr>
<tr><td>没有及时拔掉口具塞扣 5 分,没有及时将口具塞入口中扣 5 分,嘴唇不闭合漏气扣 5 分</td><td>5</td></tr>
<tr><td>口具放入口中位置不正确或口具胶管扭曲扣 5 分</td><td>5</td></tr>
<tr><td>气囊鼓起后出现扭曲扣 5 分</td><td>5</td></tr>
<tr><td>7</td><td>夹好鼻夹</td><td>两手同时抓住两个鼻夹垫的圆柱形把柄,将弹簧拉开,憋住一口气,使鼻夹垫准确地夹住鼻子</td><td>没拉开弹簧扣 10 分,未夹住鼻子扣 10 分</td><td>10</td><td></td></tr>
<tr><td>8</td><td>调整挎带</td><td>拉动挎带上的大圆环,使长度适宜后,系在小圆环上</td><td>挎带长度不合适扣 5 分,未系在小圆环上扣 5 分</td><td>10</td><td></td></tr>
<tr><td rowspan="3">9</td><td rowspan="3">撤离灾区</td><td rowspan="3">上述操作完成后,开始撤离灾区。途中感到吸气不足时不要惊慌,应放慢脚步,做深呼吸,待气量充足后再快步行走</td><td>鼻夹脱落每发现 1 次扣 5 分,人为拔掉鼻夹、口具 1 次扣 10 分</td><td rowspan="3">15</td><td rowspan="3"></td></tr>
<tr><td>走路惊慌,不按指示路线走扣 10 分</td></tr>
<tr><td>自救器固定不好、乱晃扣 5 分</td></tr>
<tr><td colspan="4">合计</td><td>100</td><td></td></tr>
</table>

注:演练过程中故意损坏自救器,考核分数记零分。各项扣分扣完为止,不能出现负分。

复习思考题

1. 煤矿现场应急处置的原则是什么?
2. 瓦斯爆炸事故有哪些特点?
3. 煤尘爆炸事故有哪些特点?
4. 瓦斯、煤尘爆炸事故应急处置有哪些注意事项?
5. 煤与瓦斯突出的预兆有哪些?
6. 矿井发生火灾后,撤退过程中应注意哪些注意事项?
7. 矿井突水的预兆有哪些?
8. 煤矿冒顶的预兆有哪些?

第八章　新的煤矿事故案例

第一节　煤矿水害事故案例

一、云南省富源县大山脚煤矿水害事故

2022年5月9日，云南省富源县大山脚煤矿+1880 m水平一组煤轨道大巷掘进工作面发生一起水害事故，造成4人死亡，直接经济损失976万元。

事故案例

(一) 事故原因

1. 事故直接原因

(1) 被大山脚煤矿整合关闭的联兴煤矿C3煤层110303机运巷“两端高、中间低”，低凹处形成老空积水。

(2) 大山脚煤矿组织一组煤轨道大巷反掘(上段)工作面掘进作业时，掘通被整合关闭的联兴煤矿C3煤层110303机运巷积水老巷导致发生透水事故。

2. 事故间接原因

(1) 技术管理薄弱。一是煤矿未认真分析运用隐蔽致灾因素普查报告和物探成果，未按《煤矿防治水细则》的规定设计、施工、验收探放水钻孔，在掘进前未针对物探发现的异常区域进行钻探验证，冒险组织掘进作业；二是煤矿技术部门与地测防治水部门工作脱节，一组煤轨道大巷反掘(上段)工作面按16°的巷道倾角设计和施工探放水钻孔，而掘进作业规程又按5‰坡度设计巷道，导致已经施工的探放水钻孔未能覆盖巷道正前方区域，也未根据巷道坡度变化情况重新组织开展探放水；三是煤矿技术人员未将含有原联兴煤矿C3煤层老巷的采掘工程电子图件打印出来用于指导井下采掘作业工程施工，探放水设计人员未认真分析、核实此区域内老巷情况，探放水钻孔的设计和施工仅针对C2煤层老巷进行。

(2) 防治水措施不落实。一是煤矿未按防治老空水“四步工作法”要求，查清、探明、放净、验准矿区范围内可能存在的所有老空积水，未对可能存在老空水影响的煤层编制分区管理设计；二是未按设计施工探放水钻孔，施钻前地测防治水人员未到现场标注钻孔位置、方位、倾角等参数，由施钻人员随意施工；三是煤矿未严格落实探放水钻孔验收管理制度，一组煤轨道大巷反掘(上段)工作面探放水钻孔由瓦斯检查员或带班矿领导验收，与探放水钻孔验收管理制度中规定的验收人员不一致；四是探放水施钻过程中，既未使用定向钻进技术或钻孔测斜装备，也无专业技术人员现场监督。

(3) 安全管理混乱。一是煤矿对存在的安全风险分析研判不到位，同一单位工程的一组煤轨道大巷(倾斜巷道)分上、下两段同时施工，对互相影响和关联的风险未认真分析研判；二是隐患排查治理不到位，未及时发现并消除一组煤轨道大巷上下两个掘进工作面同时作业、一组煤轨道大巷反掘(上段)掘进工作面未探清前方C3煤层老巷积水和探放水设计

与现场实际不符的事故隐患;三是技术人员责任心不强,主观认为被整合关闭的联兴煤矿老空积水已疏排干净,在未查清掘进工作面前方老巷积水的情况下冒险组织掘进作业。

(4) 教育培训不到位。一是煤矿地测防治水技术员参加防治水技术员培训考核不合格,不具备防治水相关知识;二是一组煤轨道大巷反掘(上段)工作面部分作业人员未学习工作面作业规程和探放水安全技术措施;三是部分特种作业人员无证上岗,负责打钻的探放水工有 4 人未取得特种作业操作资格证;四是煤矿部分副总工程师专业技术水平低,防治水专业知识掌握不足,未仔细查阅巷道测点标高并发现存在的风险和事故隐患;五是法治意识不强,迟报事故。

(5) 富源县雄达煤业有限公司安全管理不到位。富源县雄达煤业有限公司作为大山脚煤矿上级公司,未按规定设置安全管理机构,未对所属煤矿履行安全监督检查职责,未认真督促大山脚煤矿落实水害防治工作职责和防治措施,对大山脚煤矿领导带班、矿长履职等工作情况监督检查不到位。

(二) 事故防范与整改措施

(1) 深刻吸取事故教训。曲靖市各级煤矿安全监管部门及煤矿企业要深刻吸取近期发生的事故教训,按照"四个看待"要求建立健全事故警示教育长效机制,常态化开展事故警示教育。要总结事故教训,牢固树立安全生产"红线"意识,深入开展安全生产大检查和煤矿安全"体检",及时消除盲区、补齐短板、堵塞漏洞。曲靖市能源局要组织开展与煤矿主要负责人的谈心谈话,讲清楚严峻的安全生产形势、讲清楚近期煤矿事故教训、讲清楚上级关于煤矿安全生产的决策部署。曲靖市要督促辖区煤矿企业层层签订安全承诺书,层层传递安全压力,督促煤矿落实全员安全生产责任制,营造安全生产齐抓共管的浓厚氛围。

(2) 切实落实主体责任。富源县雄达煤业有限公司要完善领导工作分工及职能机构设置,切实履行职责,加强对所属煤矿企业安全生产工作的监督管理。大山脚煤矿要认真贯彻落实企业安全生产主体责任,一要加强职工安全教育培训,配齐特种作业人员,严格作业规程和安全技术措施的审批执行,提高职工安全风险防范意识、事故预兆发现能力及自保互保能力;二要加强煤矿技术管理水平,配齐配强煤矿安全技术管理人员,要定期组织召开安全办公会和技术分析会,科学规划井下开拓布置,严禁违规布置多头多面生产建设,严禁在同一倾斜巷道、同一作业区域分段平行作业;三要认真组织开展重大灾害治理,认真落实"灾害治理年"活动要求,认真落实"三管齐下"重大灾害治理措施,认真组织编制有针对性和可操作性的"一矿一策""一面一策""一灾一策"灾害治理方案,明确责任分工、细化时限要求,确保取得实效;四要进一步建立健全风险分级管控和隐患排查治理双重预防机制,深入开展事故风险的辨识评估,制定管控措施、落实管控责任,加强隐患排查力度,对标对表、深入细致排查井下各作业点、各环节的事故隐患及深层次问题,并按照"五定"原则督促整改,做到闭环管理;五要煤矿投资人、实际控制人、矿长、总工程师等"关键人"要认真履行法定职责,严禁"赶工期、赶进度、赶产量,超能力、超强度、超定员"组织生产或建设,发生事故后,要及时如实报告事故,严禁迟报、谎报、瞒报事故。

(3) 狠抓煤矿水害防治。富源县能源局要督促辖区煤矿认真组织开展隐蔽致灾因素普查并深入分析应用普查结果,严格落实水害防治措施,做好雨季"三防"。一要督促辖区煤矿按照《煤矿防治水细则》要求,科学划分煤矿水文地质类型,不具备水文地质类型划分技术力量的矿井,应委托有资质的中介机构开展矿井水文地质类型划分工作;二要督促辖区煤矿认真贯彻落实《煤矿防治水细则》和《云南省井工煤矿防治水管理办法(暂行)》规定，严格落实老空水防治“四步工作法”(查全、探清、放净、验准)和“三专两探一撤”措施，全面推行水患区域“三区”(可采区、缓采区、禁采区)、“三线”(积水线、探水线、警戒线)管理，落实“有掘必探”要求，加大对探放水设计、施工、成果分析、验收等各环节的管控力度，建立健全探放水作业质量验收及安全确认移交制度，确保探放水措施落实到位；三要督促辖区煤矿加强水害防治装备建设，加快引进长距离定向钻机或钻孔测斜设备，全覆盖实现钻孔打钻视频化；四要加强应急值守及汛期极端天气预警，督促辖区煤矿认真贯彻落实雨季“三防”措施和井下涌水量观测，开展水害事故应急演练，有淹井威胁时第一时间撤出井下所有作业人员。

二、云南省镇雄县兴隆煤矿较大水害事故

2022年10月15日，云南省镇雄县兴隆煤矿有限公司兴隆煤矿(以下简称兴隆煤矿)发生较大水害事故，造成4人遇难，直接经济损失1711万元。事故发生后，煤矿瞒报，接群众举报后，经查证属实。

事故案例

(一)事故单位基本情况

兴隆煤矿属民营企业，核定生产能力30万t/a，水文地质类型中等。事故发生在C1进风巷反掘工作面，C1进风巷首先施工正掘工作面，施工至46 m处遇30 m宽断层破坏带，出现顶板淋水、裂隙渗水，停掘后将该段巷道作为临时排水点使用，之后施工C1进风巷反掘工作面，与C1进风巷正掘工作面处于同一断层破坏带内，反掘工作面与正掘工作面停掘位置之间存在2 m高差。

(二)事故直接原因

C1进风巷正掘工作面停掘后作为临时排水点，巷道内积水；反掘时未查清被贯通地点积水情况、未按规定进行探放水，出现透水征兆后仍冒险组织掘进，贯通C1进风巷正掘工作面后透水，导致事故发生。

(三)事故暴露出的主要问题

(1)煤矿越界开采，逃避监管。越界违法布置采掘工作面，通过假图纸、假记录、假密闭和不在越界区域内安设安全监控系统及人员位置监测系统、入井作业人员不携带人员位置标识卡等手段蓄意逃避监管执法。

(2)煤矿违章指挥，冒险作业。明知C1进风巷反掘工作面即将与斜上方积水情况不清的C1进风巷正掘工作面贯通，且反掘工作面已经出现淋水、片帮、孔洞出水等透水征兆，仍违章强令工人冒险掘进。

(3)煤矿技术管理不到位，防治水措施不落实。一是水害防治技术管理不到位。煤矿未编制C1进风巷反掘工作面探放水设计、过断层安全技术措施，隐蔽致灾因素普查、水文地质类型划分等均未涉及C1煤非法区域，形成水害防治盲区。二是地质测量及水害预测预报不到位。煤矿对C1进风巷正掘工作面停止位置底数不清，C1进风巷反掘工作面施工坡度有偏差，造成两个工作面存在2 m高差；未按规定开展水害预测预报及老空水害评价工作，C1进风巷正掘工作面积水长度、积水量等情况不清。三是防治水措施落实不到位。C1进风巷反掘工作面未开展物探，未使用专用探放水设备探水，探放水工程由掘进队伍施工；贯通前未将C1进风巷正掘工作面内的积水排干。

(4)煤矿安全管理混乱，故意瞒报事故。一是违法承包。将井下采掘工程违法承包给

不具备相应资质的个人，以包代管。二是安全管理体系混乱。未将越界区域纳入正常安全管理范围，仅安排3名带班矿长专门负责C1煤非法区域的现场安全管理。三是技术管理体系混乱。技术力量不足，防治水基础技术资料缺项多，防治水安全技术措施内容不全。四是安全教育培训不到位。未按规定对作业人员开展安全教育培训，未组织工人学习作业规程、安全技术措施；事故当班掘进机司机未取得特种作业人员操作证。五是故意瞒报事故。事故发生后，未按规定上报，延误救援时机。

(5) 地方政府安全监管不到位。一是驻矿监管责任落实不到位。驻矿监管人员未按规定履职，入井检查不细致，有脱岗情况，部分人员不具备监管能力。二是打非治违不力。自然资源部门对群众举报该矿越界开采的线索核查不严不细；行业监管部门开展安全检查不深入，日常监管中对煤矿入井人数异常、填写真假两本检身记录等违法违规行为和事故隐患失察。三是落实安全监管责任有差距。地方政府督促自然资源部门、能源部门履行"打非治违"不力，落实上级决策部署有差距，吸取事故教训不深刻，推动煤矿开展重大灾害治理不到位。

(四) 事故调查处理情况

共对45名相关责任人员进行追责问责。其中，对兴隆煤矿董事长(实际控制人)、法定代表人、矿长等9人移送司法机关依法处理；对昭通市自然资源局局长、能源局局长、镇雄县委书记、县长等26名公职人员移送纪检监察机关给予党纪政务处分或其他组织处理；牛场片区能源所所长和驻矿监管组班长被纪检监察机关采取留置措施；对安全副矿长、机电副矿长、防治水副总工程师等11人给予行政处罚(含3名移送司法机关人员)。

对兴隆煤矿处罚款700万元，依法暂扣安全生产许可证，撤销二级安全生产标准化等级，纳入联合惩戒对象；对该矿越界盗采煤炭资源的违法行为，由镇雄县自然资源局依法查处。

给予兴隆煤矿驻矿监管组通报问责；责成牛场镇党委、镇政府分别向镇雄县委、县政府做书面检查；责成镇雄县能源局、自然资源局向镇雄县政府做书面检查；责成昭通市能源局、自然资源和规划局向昭通市政府做书面检查；责成镇雄县委、县政府分别向昭通市委、市政府做书面检查。

第二节 煤矿火灾事故案例

一、河南省三门峡市耿村煤矿较大火灾事故

2023年5月9日，河南省三门峡市河南大有能源股份有限公司耿村煤矿(以下简称耿村煤矿)发生较大火灾事故，造成5人遇难，直接经济损失1483.26万元。

(一) 事故单位基本情况

耿村煤矿隶属于河南大有能源股份有限公司(由河南能源集团义煤公司控股，以下简称大有能源)，证照齐全，正常生产。该矿核定生产能力360万t/a，主采2－3煤，煤层自燃倾向性等级为Ⅱ类自燃。矿井设有12采区和13采区，事故发生在13采区中部车场水仓泵房回风联络巷。

(二) 事故直接原因

13 采区中部水仓泵房回风联络巷调节风窗周边破碎煤体自燃，火势发展至 13 采区回风下山，引燃巷道内的木背板和破碎煤体，并沿回风侧迅速蔓延，形成较大火风压，导致风流逆转和紊乱，高温烟气和高浓度 CO 阻断逃生通道，造成 5 名人员遇难。

(三) 事故暴露出的主要问题

(1) 煤矿防灭火工作流于形式。耿村煤矿没有认识到专用回风煤巷存在自然发火的潜在风险，安全风险辨识、防灭火措施等均未体现煤巷防灭火相关内容，未发现事故地点存在的自然发火隐患，事故区域巷道没有进行锚喷，未配足灭火器材。

(2) 煤矿安全监控系统形同虚设。该矿安全监控系统未监测到煤层自然发火初期和发展期状态变化信息，与之相关的 10 个 CO 传感器均未报警。事故调查发现，该矿安全监控系统将 CO 传感器瞬时超限(大于 1000 ppm)错误认定为故障断电，不属有效监测值、不显示数据，导致井下 CO 浓度瞬间超限后未报警。

(3) 煤矿报告事故不及时。该矿在发现井下着火后没有报告，自行组织灭火。在灾情扩大、确认有 5 人被困后，仍没有及时上报事故，在 5 人被困 6 个多小时后，该矿才向政府有关部门报告事故。义煤公司救护大队第二中队受耿村煤矿召请出动后，也未向主管单位及上级救援管理部门报告。

(4) 煤矿现场应急处置不力。该矿发现火灾后，未准确分析研判火势发展蔓延速度和波及范围，未认识到用水管洒水直接灭火存在的风险，未采取相应的安全技术防范措施。灾情扩大后，未及时撤出受威胁区域人员，继续冒险组织作业。在火情难以控制、下达撤离井下全部人员命令前，井下仍有 105 人作业。

(5) 上级企业管理责任落实不到位。义煤公司、大有能源股份有限公司没有严格履行安全管理职责，对耿村煤矿“一通三防”管理制度不完善等问题失察，对耿村煤矿井下防灭火措施审查不严格，未认真督促耿村煤矿全面开展自查自改，对耿村煤矿自然发火隐患排查治理、安全监控系统存在严重缺陷失察失管。未督促耿村煤矿及时报告事故，未及时下达撤出受威胁区域人员指令。

二、重庆市松藻煤矿火灾事故

2020 年 9 月 27 日，重庆能投渝新能源有限公司松藻煤矿(以下简称松藻煤矿)发生火灾事故，造成 16 人死亡、42 人受伤，直接经济损失 2501 万元。

事故案例

(一) 事故单位基本情况

该矿为国有煤矿，隶属于重庆市能源投资集团有限公司(以下简称重庆能投集团)所属重庆能投渝新能源有限公司(以下简称渝新能源公司)，属于煤与瓦斯突出矿井，开采煤层为自燃煤层，煤尘无爆炸危险性，核定生产能力 110 万 t/a。事故发生前，该矿处于正常生产状态，属证照齐全的生产矿井。

(二) 事故直接原因

松藻煤矿二号大倾角运煤上山带式输送机下方煤矸堆积，起火点－63.3 m 标高处回程托辊被卡死、磨穿形成破口，内部沉积粉煤；磨损严重的输送带与起火点回程托辊滑动摩擦产生高温和火星，点燃回程托辊破口内积存的粉煤；带式输送机运转监护工发现输送带异常情况，电话通知地面集控中心停止带式输送机运行，紧急停机后静止的输送带被引燃，输送带阻燃性能不合格、巷道倾角大、上行通风，火势增强，引起输送带和煤混合燃烧;火灾烧毁设备,破坏通风设施,产生的有毒有害高温烟气快速蔓延至 2324-1 采煤工作面,造成重大人员伤亡。

(三) 事故暴露出的主要问题

(1) 矿井重生产轻安全。矿级领导红线意识淡薄、重生产轻安全,二号大倾角输送带使用了 1 年零 8 个月磨损严重,机电一队队长于 9 月 2 日通过煤矿 OA 办公系统向矿级领导书面报告了二号大倾角输送带存在的问题和隐患,但矿级领导红线意识淡薄、重生产轻安全,均未实施停产整治,为不影响矿井正常生产,计划在国庆节停产检修期间更换,致使隐患未彻底消除,导致事故发生。

(2) 矿井安全管理混乱。松藻煤矿没有按规定检查输送带下方的浮煤堆积、金属挡矸棚损坏等情况,业务保安不到位。对该运输巷长期存在的问题,煤矿安全检查人员未及时发现、消除隐患,致使带式输送机长时间"带病"运行。应急救援装备可靠性差,经事故区域现场勘查,压风自救装置存在面罩供气管过软,易老化、扭结等情况。

(3) 松藻安全管理中心安全监督管理责任不落实。安全风险分析辨识和评估不全面,未对矿井带式输送机的输送带火灾风险进行分析研判。对矿井安全监督管理不到位,隐患排查治理不深入,安全检查不全面、针对性不强。2020 年以来,松藻安全管理中心对松藻煤矿开展检查 90 次,均未到二号大倾角运煤上山检查。

(4) 渝新能源公司安全管理弱化。公司业务部门和松藻安全管理中心管理职责不清晰,权责不统一,造成安全责任不落实。安全管理制度不完善,未认真督促煤矿全面开展隐患排查治理。

(5) 重庆能投集团督促煤矿安全生产管理责任落实不到位。集团对煤矿安全实行四级管理,职能交叉、职责不清,责任落实层层弱化;近年来煤矿事故多发,吸取事故教训不深刻;未按集团规定正常召开安全生产例会,未认真分析解决安全生产被动局面的系统性问题和深层次矛盾。

(6) 带式输送机使用的输送带质量不合格。经对事故地点的输送带取样送检和对输送带采购环节专项调查,该输送带为假冒伪劣产品;重庆能投集团物资有限责任公司存在物资采购制度不健全、采购询价和交货验收违规等问题。

(7) 属地管理及监管监察工作效能不高。对重庆能投集团吸取事故教训不深刻、安全责任逐级弱化等问题督促不够,督促指导煤矿企业安全风险研判和隐患排查治理不够全面,推动煤矿企业落实安全生产主体责任不够有力。

(四) 事故调查处理

对松藻煤矿矿长、分管机电运输工作的副矿长、机电运输科科长、重庆能投集团物资公司供应部副部长等 4 名人员立案审查调查,移送司法机关追究刑事责任。对重庆能投集团董事长、总经理、副总经理,渝新能源公司董事长、总经理以及松藻煤矿党委书记、分管安全生产的副矿长、总工程师、机电副总工程师等 20 名人员给予处分或组织处理;对綦江区、重庆市相关部门的 13 名人员进行追责问责。对事故责任单位松藻煤矿罚款 300 万元,对该矿矿长处上一年年收入 60%的罚款。依据有关规定将松藻煤矿及其主要负责人纳入联合惩戒对象和安全生产不良记录"黑名单"管理。对输送带质量不合格的问题,已移送公安机关立案处理。

第三节　煤矿瓦斯灾害事故案例

一、吉林省白山市吉坤煤矿较大瓦斯爆燃事故

2023年4月2日，吉林省白山市江源区吉坤矿业有限公司(以下简称吉坤煤矿)发生一起较大瓦斯爆燃事故，造成4人死亡、4人受伤，直接经济损失1016万元。事故发生后企业瞒报，接群众举报后，经白山市人民政府查证属实。

(一) 事故单位基本情况

吉坤煤矿属私有企业，技改提能煤矿，设计生产能力30万t/a。矿井开采2号煤层和3号煤层，煤层自然倾向性为Ⅱ类自燃，煤尘具有爆炸性，瓦斯等级鉴定为低瓦斯矿井。事故发生在＋290 m东一石门南翼2号煤层作业区域，位于技改设计范围之外，采用巷道式采煤工艺，爆破落煤，木棚支护。事故发生时矿井正在进行扩建工程施工，布置有1个开拓掘进工作面和1个回风上山掘进工作面。

(二) 事故直接原因

＋290 m东一石门四上山与＋355 m采空区贯通，采空区瓦斯涌出；使用1台局部通风机同时向3个作业地点供风，风量不足，造成瓦斯积聚，作业人员违章爆破导致事故发生。

(三) 事故暴露出的主要问题

1. 煤矿安全生产主体责任不落实，存在多项重大事故隐患和严重违法违规行为

(1) 违法违规组织生产。采用构筑假密闭隐瞒作业地点、隐瞒入井人数等方式，蓄意逃避监管；违规在技改设计区域外非法生产出煤；采用国家明令禁止使用的“巷道式采煤”工艺；违章指挥，冒险蛮干。

(2) 现场管理混乱。规章制度落实不到位，违规领取和使用火工品；通风管理不到位，事故区域风量不足，1台局部通风机同时向3个作业地点供风；不按规定安设传感器和上传监控数据。

(3) 用工管理不规范，安全培训不到位。矿井未与全部从业人员签订合法的劳动合同，部分安全管理人员在建设、施工两方兼职；爆破工、瓦斯检查工无证上岗，工人不培训就上岗作业。

2. 属地政府及监管部门安全监督管理不到位，存在监管盲区

(1) 煤矿监管部门职责落实不到位。江源区应急管理局湾沟分局仅监管一处煤矿，长期驻矿办公，未能发现和制止煤矿在技改设计范围外违法违规生产出煤等问题和隐患；江源区应急管理局未按规定每月至少一次对辖区内煤矿企业密闭情况进行检查；白山市应急管理局对事故举报核查工作开展不力。

(2) 属地政府对煤矿日常监管工作督促检查不够。白山市和江源区两级政府构建煤矿“打非治违”协调联动机制不完善，对煤矿监管执法工作督促检查不力。

(四) 调查处理情况

对35名相关责任人员提出问责和处理建议。其中：对吉坤煤矿矿长、法定代表人、投资人(实际控制人)、总工程师等10人，以及江源区中医院门诊科主任、江源区纺织厂殡仪馆馆长等12名涉嫌犯罪人员移交司法机关立案查处；对吉坤煤矿项目部经理、副经理、安全副总工程师、机电副总工程师兼调度室主任等8人分别实施行政处罚并撤销执业资格；对3名驻

矿安监员解除聘用合同并责令在吉林省行政区域内不得从事煤矿安全生产工作，对江源区应急管理局湾沟镇安监分局局长给予留党察看一年处分并免职，对江源区应急管理局煤监科二室负责人给予政务记大过处分并免职，对江源区人民政府常务副区长批评教育，另外对白山市应急管理局分管副局长和执法支队队长、江源区应急管理局原党委书记兼局长和分管副局长、湾沟镇党委书记、镇长、副镇长以及江源区中医院院长、副院长等9名公职人员分别给予党纪政务处分。

对吉坤煤矿发生较大事故并瞒报合并共处500万元罚款，纳入联合惩戒对象；没收违法所得和开采出的煤炭以及采掘设备，并处罚款，提请白山市人民政府依法予以关闭。责成江源区人民政府、白山市应急管理局分别向白山市人民政府做书面检查；责成白山市人民政府向吉林省人民政府做书面检查。

二、云南省富源县平庆煤矿煤与瓦斯突出事故

事故案例

2022年3月15日，富源县平庆煤业有限公司平庆煤矿(以下简称平庆煤矿)117805机巷掘进工作面发生一起煤与瓦斯突出事故，造成1人死亡、97人涉险，直接经济损失282.7万元。

(一) 事故单位基本情况

平庆煤矿为民营企业，核定生产能力30万t/a，属高瓦斯矿井。事故发生在117805掘进工作面，巷道设计全长1056 m，沿C_{7+8}煤层顶板掘进，平均煤厚3.5 m，平均倾角6°，巷高3.5 m、宽5.2 m，工作面迎头后方15 m范围内为构造带，煤层变厚，由3.5 m增至5.3 m，采用锚杆(索)加锚网支护，综掘机掘进，带式输送机运输。按照富源县煤炭管理部门要求，该矿对C_{7+8}煤层按突出煤层管理，委托中煤科工集团重庆研究院有限公司开展瓦斯治理工作，局部防突措施采用条带预抽煤层瓦斯。

(二) 事故发生原因和事故性质

1. 事故直接原因

C_{7+8}煤层具有潜在突出危险性，事故地点处于构造带(煤层变厚、煤体松软)，且位于上覆已开采的C_2、C_3煤层留设煤柱的应力叠加区和本煤层瓦斯富集区，煤矿采取的局部防突措施未能消除煤层的突出危险，掘进机割煤扰动诱发煤与瓦斯突出。

2. 事故间接原因

1) 平庆煤矿安全生产主体责任不落实

(1) 瓦斯治理以包代管。一是未定期组织开展矿井瓦斯防治监督检查，未能及时发现作业人员违规包裹、挪动甲烷传感器等违法违规行为，以及瓦斯检查不规范等问题；二是对项目部出具的允掘通知单审核把关不严，未督促开展瓦斯抽采达标评判，默许项目部以允掘通知单代替117805机巷掘进工作面瓦斯抽采达标评判；三是项目部施工瓦斯抽采钻孔时，煤矿仅安排瓦斯检查工现场验收钻孔深度和数量，未对钻孔角度、方位、成孔质量、抽采浓度进行监督验收。

(2) 技术管理薄弱。一是瓦斯地质工作不到位，未认真组织开展地质预测预报工作，未查明117805机巷掘进工作面地质构造情况，巷道布置未分析避开C_2、C_3煤层煤柱应力叠加区；二是瓦斯防治不到位，未建立以总工程师为首的瓦斯治理技术管理体系，未认真落实瓦斯抽采达标评判、通风瓦斯日分析制度等“八招”措施。

(3) 安全管理混乱。一是煤矿未认真落实县煤炭管理部门对 C_{7+8} 煤层按突出煤层进行管理的要求,企业负责人、矿长未落实每季、每月组织开展防突专题研究等相关工作要求;二是隐患排查治理工作不到位,对 117805 机巷掘进工作面顶板破碎、煤层变厚、煤体松软、瓦斯异常涌出、片帮频繁等突出征兆不重视,日常安全检查发现的问题隐患不建立台账,不下发整改通知单,仅使用电话或口头告知的形式进行整改;三是矿领导带班下井制度执行不严格,煤矿任命 5 名安全副总专职负责井下带班,实际为安全科安全管理人员。副董事长、实际负责人未按规定要求带班下井。

(4) 教育培训不到位。一是煤矿每班需安全员 6 名、瓦斯检查工 6 名,但只配备了 17 名安全员、17 名瓦斯检查工,配备数量不足;事故地点掘进机司机未取得特种作业人员资格证上岗作业。二是对部分新招录井下从业人员以复工前安全培训代替岗前培训,培训时间只有 20 学时,不满足 72 学时要求。三是春节复工培训没有做到全覆盖,部分作业人员未经培训考核通过即安排入井作业。四是部分煤矿安全管理人员对瓦斯治理知识不掌握,履职能力不足。

(5) 法治意识淡薄。一是事故当班瓦斯检查工未将迎头瓦斯超限数据和数值偏高数据记录在瓦检手册和现场瓦斯检查牌板上,故意隐瞒瓦斯真实情况;二是人为关闭安全监控系统和人员位置检测系统数据生成上传软件,导致监测数据不能传输到监管部门;三是事故发生后覆盖、删除安全监控系统数据。

2) 重庆研究院有限公司未严格按照与平庆煤矿签订的“技术服务合同”开展瓦斯治理技术和工程服务

(1) 瓦斯防治服务不到位。对平庆煤矿 C 煤层进行煤与瓦斯突出危险性鉴定后,作为平庆煤矿瓦斯防治服务单位,未按照《防治煤与瓦斯突出细则》第十四条规定考察煤层的突出危险性。对 117805 机巷掘进工作面开展防突措施效果检验时,在构造带区域实测残余瓦斯含量超过 6 m/t,未按治理方案继续实施工作面防突措施。

(2) 瓦斯抽采不达标。项目部经理未认真履行职责,对瓦斯治理设计、井下钻孔施工、突出危险性预测、允掘通知单审批把关不严。项目部施工队未按设计施工钻孔,钻孔深度不够,抽采钻孔封孔不严,瓦斯抽采存在空白带;在同一水平线上同步施工预测钻孔与超前瓦斯排放钻孔,预测数据不真实、不可靠。

(3) 瓦斯地质探查工作不到位。未超前分析掘进巷道处于应力集中区;掘进工作面前方煤层赋存、煤层厚度发生变化,未及时分析并采取有效的防突措施,未在巷道上方或下方的煤体中增加预测钻孔。

(4) 未开展瓦斯抽采达标评判。项目部制定的瓦斯抽采设计未明确抽采达标评判要求,未按《防治煤与瓦斯突出细则》第六条、《煤矿瓦斯抽采达标暂行规定》第二十一条等规定进行瓦斯抽采达标评判。117805 机巷掘进工作面第 21 轮条带预抽钻孔抽采范围未覆盖整个条带,抽采结束后未开展瓦斯抽采达标评判。

(三) 调查处理情况

对 30 名相关责任人员进行追责问责。其中,平庆煤矿总工程师、调度室主任、安全科科长、监控值班工,中煤科工集团重庆研究院项目部经理等 9 人由司法机关采取刑事拘留强制措施;对平庆煤矿实际负责人、矿长、安全副矿长、生产副矿长等 11 人给予罚款并吊销安全生产知识和管理能力考核合格证。对富源县能源局局长、驻矿盯守人员等 10 名公职人员建议给予党纪政务处分或组织处理。对平庆煤矿罚款240万元;对中煤科工集团重庆研究院有限公司罚款60万元。责令富源县人民政府向曲靖市人民政府作出深刻检查。

第四节　煤矿顶板事故案例

一、陕西省铜川市照金煤矿较大顶板事故

2022年6月30日,陕西省铜川市耀州区照金矿业有限公司照金煤矿(以下简称照金煤矿)发生一起顶板事故,造成3人遇难、2人受伤,直接经济损失637.53万元。

事故案例

(一)事故单位基本情况

照金煤矿隶属于照金矿业有限公司,为民营企业,核定生产能力180万t/a,高瓦斯矿井,水文地质类型复杂。矿井采用斜井单水平上下山开拓,中央分列式抽出式通风,长壁式综采放顶煤开采,全部垮落法管理顶板。2020年8月,该矿整体委托给四川省煤炭产业集团有限责任公司(以下简称川煤集团)管理。

(二)事故直接原因

该矿在三采区五号车场绕道掘进揭露风桥假顶过程中,风桥假顶变形漏风,违章组织人员同时处理风桥假顶漏风并在风桥假顶下继续作业,风桥假顶钢轨承载能力不够、垮塌,导致事故发生。

(三)事故暴露出的主要问题

(1)现场安全管理混乱。一是违规违章组织工人冒险作业。该矿发现风桥假顶漏风,未按规定及时撤出作业人员,在没有安全措施前提下同时违章安排职工处理风桥假顶,并指挥其余职工继续在风桥假顶下进行支护作业。二是风桥未按设计方案施工,未采用混凝土浇筑。三是安全生产管理制度未落实。未严格落实岗位责任制,对风桥施工重视不够,未将风桥施工作业作为重要风险点,矿井各级安全管理人员责任心不强,层层漏管失控。

(2)技术管理混乱。一是未及时补充编制下穿风桥掘进期间安全技术措施;二是未按设计编制施工安全技术措施;三是安全技术措施审批、执行、验收把关不严。审查人员审批把关不严不细、流于形式,没有发现安全技术措施文本内容和所附施工图纸不一致问题,未明确措施执行现场监督部门,工程质量应验收而未执行验收程序。

(3)教育培训不到位,自保互保意识差。五号车场绕道掘进工作面施工过程中,事故发生前已出现风桥变形漏风、垮塌征兆,现场安全管理人员不组织撤离继续施工,现场施工人员也未及时主动撤离,安全意识淡薄、自保互保意识差。

(4)煤矿承托责任未落实,托管方落实企业主体责任不到位。一是川煤集团与照金矿业公司签署托管合同后,未按照《煤矿整体托管安全管理办法(试行)》要求将照金煤矿纳入统一管理;二是照金煤矿管理权限下放给川煤集团矿业分公司,增加安全管理层级,未尽到安全整体托管职责;三是托管方对承托方监督不力,企业安全主体责任落实不到位。

(5)地方政府煤矿安全监管不到位。一是对托管煤矿双方落实安全责任监督检查不到位;二是驻矿安全监督员配备不够,安全监管落实不到位。

(四)调查处理及行政处罚情况

对30名相关责任人员进行追责问责。其中,对该矿总工程师、综掘三队队长等3人移

交司法机关处理；对照金矿业公司总经理、安全副总经理等 6 人给予政务处分和行政罚款；对川煤集团安委办主任、矿业分公司总经理等 13 人给予政务处分或行政罚款，并吊销有关人员的安全生产知识和管理能力考核合格证。对耀州区政府分管副区长、能源局局长等 7 名公职人员给予党纪政务处分或组织处理。对照金煤矿罚款 150 万元；对有关责任人员给予行政罚款共计 75 万元。责令耀州区委、区政府分别向铜川市委、市政府做书面检查。

二、贵州省贞丰县三河顺勋煤矿重大顶板事故

2022 年 2 月 25 日，贵州省黔西南州贞丰县三河顺勋煤矿（以下简称三河顺勋煤矿）发生一起重大顶板事故，造成 14 人死亡，直接经济损失 2288.47 万元。

事故案例

(一) 事故单位基本情况

三河顺勋煤矿为民营企业，技改建设矿井，设计生产能力 30 万 t/a，由贵州黔越矿业有限公司管理。井下合法区域内布置有 11301 采煤工作面、11302 回风巷掘进工作面，非法区域布置有 11302 隐蔽采煤工作面。

(二) 事故直接原因

超出矿界范围布置的隐蔽采煤工作面支护强度不足，导致复合顶板离层、断裂，支柱稳定性不够造成推垮型冒顶，酿成事故。

(三) 事故暴露出的主要问题

(1) 三河顺勋煤矿。一是违法越界开采，蓄意非法盗采国家煤炭资源。二是弄虚作假、隐瞒采煤工作面。通过不上图纸、打设假密闭、资料作假、不安设监测监控系统、入井人员不带人员定位识别卡等手段蓄意逃避安全监管。三是违法承包，违规转包分包。将煤矿违法承包给不具有相应资质和能力的贵州正地矿业有限公司，该公司又将井下回采、掘进、安装等工程违规分包给个人，承包人又将井下采煤作业转包，以包代管。四是安全管理混乱。安全管理体系不能正常运行，违章指挥冒险作业、违规使用民爆物品、安全培训不到位、安全投入不足。五是不吸取事故教训。2022 年 1 月 13 日该矿隐蔽工作面发生顶板事故后，隐瞒不报，不吸取教训，未采取措施加强顶板控制，仍心存侥幸，继续冒险蛮干，致使同一工作面 2 月 25 日再次发生顶板事故。

(2) 贵州正地矿业有限公司（以下简称正地公司）。一是无矿山工程施工总承包资质、无安全生产许可证、未设置安全管理机构、未配备安全管理人员；二是违法承包三河顺勋煤矿技改工程，违规分包井下单项工程。

(3) 贵州黔越矿业有限公司（以下简称黔越公司）。一是未严格履行上级公司管理职责，对三河顺勋煤矿管理流于形式；二是未对正地矿业有限公司资质及管理情况进行监督检查。

(4) 中介机构。贵州省地质矿产勘查开发局 106 地质大队（以下简称 106 地质大队）出具虚假的储量动态核实报告。

(5) 地方政府及有关部门。一是贞丰县自然资源局组织开展矿产资源领域“打非治违”工作不深入，对煤矿资源储量动态监测工作管理不到位；二是贞丰县工科局对煤矿日常监管以巡查代替检查，未能制止和查处煤矿违法行为；三是黔西南州自然资源局对煤矿越界盗采矿产资源问题失察，储量动态管理监督检查不到位；四是黔西南州能源局落实煤矿安全整治三年行动和“打非治违”工作措施不力；五是贞丰县委、县政府落实煤矿安全专项整治三年行动集中攻坚不力；六是黔西南州委、州政府未切实加强对煤矿安全生产工作的领导，未有效

督促相关部门履行安全监管职责,"打非治违"工作不到位。

(四) 调查处理情况

对60名相关责任人员进行追责问责。其中,煤矿安全副矿长、机电副矿长、井下炮掘工程承包人等3人被公安机关刑事拘留;煤矿实际控制人、法定代表人,正地公司董事长、总经理、法定代表人,煤矿矿长、总工程师等15人移送公安机关立案侦查;对黔越公司董事长、总经理、副总经理等3人给予行政处罚;对黔西南州委副书记(贞丰县委书记)、州政府副州长、州政协副主席(能源局局长),州能源局党组书记、自然资源局局长,贞丰县县长、副县长,贞丰县工科局局长、副局长,贞丰县煤炭管理中心副主任,贞丰县安全生产技术服务中心主任,贞丰县自然资源局局长、综合行政执法大队队长,106地质大队党委书记、队长等共计39人给予党纪政务处分或组织处理。

对黔越公司吊销安全生产许可证、罚款600万元;对正地公司罚款600万元;对三河顺勋煤矿罚款1480万元,提请省人民政府予以关闭、吊销有关证照。对106地质大队出具虚假资料进行查处,纳入联合惩戒对象。责成黔西南州委、州政府向贵州省委、省政府作出深刻检查,贞丰县委、县政府向黔西南州委、州政府作出深刻检查。

第五节　煤尘爆炸事故案例

一、山东省梁宝寺煤矿较大煤尘爆炸事故

事故案例

2020年8月20日,山东能源集团肥城矿业公司梁宝寺能源有限公司(以下简称梁宝寺煤矿)发生煤尘爆炸事故,造成7人死亡、9人受伤,直接经济损失1493.68万元。

(一) 事故单位基本情况

梁宝寺煤矿为国有煤矿,隶属于山东能源集团有限公司肥城矿业集团有限公司(以下简称肥矿集团),核定生产能力330万t/a,低瓦斯矿井,开采煤层为自燃煤层,煤尘具有爆炸危险性。

事故发生在−1020 m水平35003综放工作面,走向长度1023 m,倾斜长度214.5 m,煤层平均厚度6.6 m,平均倾角4°。该工作面采用综采放顶煤开采工艺,采高3.0 m,采放比1∶1.2。该工作面布置有皮带顺槽、轨道顺槽和中间巷,三条巷道均为矩形断面,净宽4.4 m、净高3.6 m,净断面15.84 m^2,沿煤层底板掘进。顶板采用高强锚杆、W钢带、金属网、锚索联合支护;帮部采用高强锚杆、W钢带、高分子塑料网、锚索联合支护。

(二) 事故原因及暴露出的主要问题

1. 事故直接原因

梁宝寺煤矿35003综放工作面采煤机截割过程中,滚筒截齿与中间巷金属支护材料(锚杆、锚索、钢带)机械摩擦产生火花,引燃截割中间巷松软煤体扬起的煤尘(悬浮尘)导致煤尘爆炸。

2. 事故暴露出的主要问题

(1) 梁宝寺煤矿现场管理不到位。事故当班现场作业人员未按规程措施要求及时拆除巷道锚杆盘、钢带和锚索索具,也未及时拆除缠绕在采煤机滚筒的锚索,滚筒带动缠绕的锚索旋转导致扬尘增加并产生火花。

(2) 梁宝寺煤矿综合防尘措施落实不到位。未严格落实综合防尘措施，采煤机内喷雾堵塞未及时处理，推采过程中支架间喷雾、放顶煤喷雾未正常使用，未按设计进行煤层注水。

(3) 梁宝寺煤矿防范化解风险隐患不到位。该矿虽然辨识出工作面过中间巷煤尘爆炸风险，但管控措施针对性不强，没有对中间巷巷口因压力变化底煤变软的危害进行分析、评估，没有及时拆除中间巷两帮的托盘、钢带、金属网等支护材料，也未将综合防尘方面的隐患作为排查重点。

(4) 梁宝寺煤矿安全管理不到位。35003 综放工作面揭露中间巷后，未考虑中间巷带来的影响因素，未及时修改作业规程，未对通风、防尘等相关内容进行补充完善。现场作业人员及安全管理人员对煤尘爆炸的危险性认识不足，对现场采煤机割煤时产生火花问题长期不重视。

(5) 肥矿集团对梁宝寺煤矿现场管理、技术管理、安全监督管理、安全教育培训、安全风险管控隐患排查治理不到位及生产组织不合理等问题失察。

二、陕西省神木市李家沟煤矿重大煤尘爆炸事故

2019 年 1 月 12 日，陕西省榆林市神木市百吉矿业公司李家沟煤矿发生煤尘爆炸事故，造成 21 人死亡。该矿为民营企业，核定生产能力 90 万 t/a，属于低瓦斯矿井，煤尘具有爆炸危险性。

事故案例

该矿 506 非正规连采工作面采空区及与之连通的老空区顶板大面积垮落，压缩采空区气体形成强气流，从与采空区连通的巷道冲出，吹扬起巷道内沉积的煤尘，并达到爆炸浓度，非防爆四轮运煤车点燃煤尘，发生煤尘爆炸。

事故暴露出的主要问题有：

(1) 违规承包，矿井将从井下综采工作面至地面原煤仓之间所有系统的日常生产、运行、维护与管理承包给山东鲁泰控股集团有限公司，将边角煤回采和矿井掘进工程承包给神木市炜源建设工程有限公司。

(2) 违规在综采工作面采空区与老窑采空区之间布置一个连采工作面，开采矿井区域与原老窑之间的煤体。

(3) 506 非正规连采工作面隐蔽致灾因素排查不清，掘进时未做到先探后掘，盲目采用探巷掘进，与老窑打透后仍然不停止采掘活动。

(4) 在采煤工作面顺槽向外随意开口掘进巷道，巷道式采煤与短壁工作面混掘混采，以掘代采，探、采交织。

(5) 506 非正规连采工作面使用无 MA 标志设备和非防爆车辆入井。

(6) 506 非正规连采工作面未严格执行防尘降尘措施，巷道、工作面及设备、管线煤尘堆积严重。

(7) 不严格执行出入井检查、登记制度，对非防爆四轮车、铲车、皮卡车入井习以为常。

复习思考题

1. 本矿区近三年有哪些煤矿安全事故？应吸取哪些教训？
2. 本班组岗位有哪些极容易引发煤矿安全事故的隐患？

第九章　煤矿职业病健康

第一节　煤矿职业卫生管理制度和职业病危害事故应急处置

一、职业卫生管理制度

煤矿应当制定职业病危害防治计划和实施方案,建立健全下列职业卫生管理制度和操作规程:

(1) 职业病危害防治责任制度。

(2) 职业病危害警示与告知制度。

(3) 职业病危害项目申报制度。

(4) 职业病防护设施管理制度。

(5) 职业病个体防护用品管理制度。

(6) 职业病危害日常监测及检测、评价管理制度。

(7) 建设项目职业卫生“三同时”制度。

(8) 劳动者职业健康监护及其档案管理制度。

(9) 职业病诊断、鉴定及报告制度。

(10) 职业病危害防治经费保障及使用管理制度。

(11) 职业病危害防治档案管理制度。

(12) 职业病危害事故应急管理制度及法律、法规、规章规定的其他职业病危害防治制度。

煤矿班组长应当了解上述制度,重点掌握职业病危害警示与告知制度、职业病防护设施管理制度、职业病个体防护用品管理制度和劳动者职业健康监护及其档案管理制度。

二、职业危害告知

煤矿与煤矿工人订立劳动合同(含聘用合同)时,应当将工作过程中可能产生的职业病危害及其后果、职业病防护措施和待遇等如实告知煤矿工人,并在合同中写明,不得隐瞒或者欺骗。

煤矿工人在已订立劳动合同期间因工作岗位或者工作内容变更,从事与所订立劳动合同中未告知的存在职业病危害的作业时,煤矿应当履行向煤矿工人如实告知的义务,并协商变更原劳动合同相关条款。

煤矿违反前两条规定的,煤矿工人有权拒绝从事存在职业病危害的作业,煤矿不能因此解除与煤矿工人所订立的劳动合同。

注:本章按照《国家卫生健康委办公厅关于进一步加强用人单位职业健康培训工作的通知》(国卫办职健函〔2022〕441号)和煤矿班组长安全培训的要求编写。

煤矿应当在醒目位置设置公告栏，公布有关职业病防治的规章制度、操作规程、职业病危害事故应急救援措施和工作场所职业病危害因素检测结果。存在或者产生职业病危害的工作场所、作业岗位、设备、设施，应当按照《工作场所职业病危害警示标识》（GBZ 158）的规定，在醒目位置设置图形、警示线、警示语句等警示标识和中文警示说明。警示说明应当载明产生职业病危害的种类、后果、预防和应急处置措施等内容。存在或者产生高毒物品的作业岗位，应当按照《高毒物品作业岗位职业病危害告知规范》（GBZ/T 203）的规定，在醒目位置设置高毒物品告知卡，告知卡应当载明高毒物品的名称、理化特性、健康危害、防护措施及应急处理等告知内容与警示标识。

三、职业病危害防护设施与职业病个体防护用品

煤矿在有关职业健康的生产技术、工艺、材料和设备的管理上应优先考虑实现本质安全。在无法完全避免职业危害的情况下，应采用危害程度较低的生产技术、工艺设备、原材料、辅料，选用有效的职业病防护设施等，减少或降低职业病危害因素的危害，保护劳动者。在职业病危害防护设施设备不能完全保护劳动者的情况下，给劳动者发放防护用品进行防护。

职业病危害防护设施设备要纳入企业设备管理，建立台账、档案和检修计划，经常进行维修检查并有责任人进行维护，严格按照计划进行检修和大修，使之经常处于良好状态。

煤矿应当为劳动者提供符合国家职业卫生标准的职业病个体防护用品，并督促、指导煤矿工人按照使用规则正确佩戴、使用，不得发放钱物替代发放职业病个体防护用品。煤矿应当对职业病个体防护用品进行经常性的维护、保养，确保其有效，不得使用不符合国家职业卫生标准或者已经失效的职业病个体防护用品。煤矿工人应当认真学习职业病个体防护用品的使用方法，不使用个体防护用品的不得上岗作业。

四、职业病危害事故应急处置

发生或者可能发生急性职业病危害事故时，煤矿应当立即采取控制和应急救援措施，并及时报告所在地卫生行政部门和有关部门。卫生行政部门接到报告后，应当及时会同有关部门组织调查处理；必要时，可以采取临时控制措施。卫生行政部门应当组织做好医疗救治工作。对遭受或者可能遭受急性职业病危害的劳动者，煤矿应当及时组织救治、进行健康检查和医学观察，所需费用由用人单位承担。

（1）作业地点发现有职业病危害事故预兆或已经发生职业危害事故时，现场人员应停止作业，撤出所有受威胁地点的人员，按指定的避灾路线撤离，并向矿调度中心报告（内容要简明扼要，说明事故性质、地点、范围、主要原因和伤亡情况等）。撤离期间要尽可能通知沿途受灾害影响区域人员一同撤离到安全地点。

（2）矿调度中心接到井下职业病危害事故报告后，应立即启动应急预案，通过井下语音广播系统、无线通信系统、调度通信系统等，通知井下所有可能受事故波及区域的人员撤离。

（3）发生中毒事故时，会有人相继出现胸闷、头痛、恶心等症状，应立即将中毒者移至新鲜空气处。在搬运途中，如仍受有害气体威胁，施救者一定要戴好自救器，对被救人员也要戴好自救器。将中毒者口中妨碍呼吸的东西（如假牙、黏液和泥土等）除去，将衣领及腰带松开，并使其保暖。

（4）如果是一氧化碳中毒，中毒者还没有停止呼吸或呼吸虽已停止但心脏还有跳动，要

立即给中毒者解开衣服,搓摩他的皮肤,使他温暖以后,立即进行人工呼吸。如果心脏停止跳动,就要迅速进行心脏复苏,同时进行人工呼吸。

(5) 如果是硫化氢中毒,在进行人工呼吸以前,要用湿棉花或手帕盖住他的口鼻。

(6) 如果是二氧化碳窒息,情况不太严重的,只要把他抬到新鲜风流中稍作休息后,就会苏醒。假如窒息时间较长,就要进行人工呼吸。

(7) 如果作业现场呼吸性粉尘浓度超过接触浓度管理限值,立即停止作业并向矿调度室报告,调度室通知有关领导进行分析并处理。

(8) 如果设备发生故障,出现异常噪声或噪声指标超过国家最高环保标准时,要立即停止设备运行,开启备用设备并通知矿调度室。

(9) 当不能撤离时,要暂时避到安全地点,沉着冷静并尽量减少动作。同时,在躲避地点巷道口悬挂矿灯、工具或定时间隔敲打管子、铁轨等,发出呼救信号,等待救援。

第二节　煤矿班组长的职业健康防护能力提升

科学合理的工伤预防工作能有效降低工伤事故发生率,减少社会财富损失,同时维护广大矿工的根本利益。

一、煤矿班组长预防工伤能力提升

(1) 每天召开班前会,开展班前安全教育,告知班组作业区域的主要安全生产风险点、危险源、风险防范措施和事故应急措施,做好技术交底。

(2) 加强班组安全培训,督促班组人员熟知工作岗位存在的危险因素、防范措施及事故应急措施。

(3) 严格执行本单位安全风险分级管控和隐患排查治理各项工作制度,组织开展班前、班中、班后安全检查或交接班检查,对班组作业区域进行安全风险隐患排查,落实安全防范措施,并做好相关记录。

(4) 督促班组人员严格遵守本单位的安全生产规章制度和岗位安全操作规程,正确佩戴和使用劳动防护用品。

二、煤矿班组长预防职业危害能力提升

职业危害不仅可以引起职业病,而且还是许多事故的诱发因素。在煤矿生产过程中,必须加强职业危害预防,要把职业危害预防工作提高到和重大灾害事故预防工作同等重要的层次,把“安全第一,以人为本”的理念贯穿到生产过程中的每一环节,确保从业人员身心健康和人身安全。

(1) 劳动者应当学习和掌握相关的职业卫生知识,增强职业病防范意识。

(2) 遵守职业病防治法律、法规、规章和操作规程。

(3) 正确使用、维护职业病防护设备和个人使用的职业病防护用品。

(4) 发现职业病危害事故隐患应当及时报告。劳动者不履行规定义务的,用人单位应当对其进行教育。

三、煤矿班组长心理健康教育能力提升

1. 建立心理干预治疗体系

班组长应着手建立和完善班组心理干预治疗制度，充分利用企业心理理疗室，作为心理医生领头人，同时要实现动态跟踪管理，掌握每个职工的心理，对心理有严重问题的职工及时给予干预、治疗、疏导。针对班组“三违”人员实施心理治愈，安排心理疏导员与“三违”职工谈心帮教，对其进行心理调适，帮助其分析违章原因，使违章职工真正认清“三违”的危害。

2. 加强思想政治工作

(1) 加强理论教育。可以采用民主、讨论、说服教育的方法，以理服人。

(2) 利用典型示范。要善于用先进典型来教育职工。

(3) 对症下药。根据不同的“病”情，对“症”下药。

(4) 开展各项教育活动。开展感恩教育、爱国主义教育、岗位争优教育、以矿为家教育等活动，通过教育，使职工受到启发，以正确的心态安心本职工作，并能在平凡的岗位上作出突出的业绩。

(5) 树立典型，营造比、学、赶、帮、超的良好工作氛围，通过企业内部的大力宣传，并配合一定的物质及精神奖励，以此鼓励先进、鞭策后进。

3. 解决矿工的实际困难

针对家庭比较困难的职工，班组长应加强关注，帮助职工排除困难，解决工作生活中存在的问题。注重心理调节的功能和作用，使班组职工有幸福感、归属感，从而更加体面和有尊严地工作与生活。

四、争做“职业健康达人”

为贯彻落实《国务院关于实施健康中国行动的意见》《健康中国行动(2019—2030年)》等相关要求，进一步推动用人单位落实主体责任，加强职业健康管理，切实保护劳动者职业健康，2020年12月29日，国家卫生健康委、中华全国总工会发起了争做“职业健康达人”活动。

(1) 主要目标。通过开展活动，用人单位职业病防治主体责任进一步落实，工作场所环境和劳动条件持续改善，职业健康管理水平明显提升。到2022年和2030年，重点行业劳动者对本岗位主要危害及防护知识知晓率达到90%及以上；努力实现在岗劳动者职业病发病人数和工作相关疾病发病人数的下降。

(2) 基本标准。“职业健康达人”是指用人单位中自觉树立健康意识、主动践行健康行为、积极参与健康管理、善于传播健康理念、具有较好健康影响力的职业健康代表人物。“职业健康达人”应当符合《“职业健康达人”基本标准》提出的基本条件、健康素养、自主健康管理、健康影响力等4个方面14条标准。

(3) 组织方式。参加活动的用人单位在《“职业健康达人”基本标准》的基础上制定细化标准，重点面向一线劳动者组织开展活动。

“职业健康达人”基本标准

第一章　基本条件

第一条　热爱祖国，热爱人民，拥护中国共产党的领导，具有正确的世界观、人生观和价值观。

第二条　遵守国家法律法规，爱岗敬业，遵章守纪，无违法违纪行为。

第三条　身心健康，诚信友善，家庭和睦，人际关系良好。

第二章　健康素养

第四条　掌握相关的职业病危害预防和控制知识,具有较强的健康意识,熟悉职业病防治相关法律法规的主要内容。

第五条　掌握本单位职业健康管理制度和操作规程的基本要求。

第六条　掌握职业病危害事故相关急救知识和应急处置方法,具有正确的自救、互救能力。

第七条　了解工作相关疾病和常见病的防治常识。

第三章　自主健康管理

第八条　践行健康工作方式,严格遵守本单位职业健康管理制度和操作规程;规范佩戴或使用职业病防护用品。

第九条　自觉参加职业健康培训及健康教育活动;按规定参加职业健康检查,及时掌握自身健康状况。

第十条　践行健康生活方式,合理膳食、适量运动、戒烟限酒、心理平衡。

第四章　健康影响力

第十一条　主动参与职业健康管理,积极建言献策,在职业健康日常管理工作中作出突出贡献。

第十二条　拒绝违章作业;发现职业病危害事故隐患及时报告,敢于批评、检举违反职业病防治相关法律法规的行为;提醒身边同事纠正不健康行为方式。

第十三条　积极宣传职业病防治知识,传播职业健康先进理念和做法,宣传与传播作用显著。

第十四条　热心职业健康公益事业,能够带动本单位和身边劳动者践行健康工作方式和生活方式。

复习思考题

1. 本矿的职业卫生管理制度有哪些?
2. 本岗位的职业病危害防护设施有哪些?
3. 本岗位的职业病个体用品有哪些?
4. 本岗位有哪些职业危害?有哪些对应的职业危害应急处置措施?
5. 如何提升班组长的工伤预防能力?
6. 如何争做“职业健康达人”?

第十章　煤矿班组建设

第一节　煤矿班组建设的重要性

加强班组建设，营造出和谐的班组氛围，可以使每个班组成员在工作中充满热情，也能够提高整个班组的工作效率，有助于班组成员愉悦高效地完成班组生产任务。

一、有助于保证班组安全生产

班组作为煤矿管理构架中最基础的一层，是维护安全的最后一道防线，承担着确保煤矿安全生产的重任。班组是企业精神文明建设的前沿阵地，工作、学习、生活融为一体是班组建设管理的特点。良好的班组氛围不但有利于班组管理理念的传达和执行，而且便于班组长实施自上而下的管理，使得班组管理工作不容易出现混乱，防止生产安全事故的发生。

二、有助于完成班组生产任务

班组长是开展生产活动、挖掘生产潜力的直接执行者，是保证工作质量、提高生产效率的直接组织者。班组长通过营造良好的班组氛围激活班组成员的工作细胞活力，充分调动每个班组成员的积极性和创造性，有助于班组顺利完成繁重、艰巨的生产任务。

三、有助于促进班组成员愉快地工作

在许多煤矿都可以看到这样一句话："高高兴兴上班，平平安安回家"，这句话道出了每个班组成员的心声。班组发展靠班组长一个人的力量毕竟是很有限的，更需要靠班组成员的齐心协力，假如每个班组成员都能真正做到"高高兴兴上班"，相信这个班组的工作效率一定会很高。

第二节　煤矿班组建设的方向

班组是企业管理落地的"最后一公里"，其优势就是在现场发现问题，在实践中找到方法。近年来，煤炭行业广泛开展班组建设活动，积极探索富有行业特色的班组管理新模式，建成了安全高效型班组、节约降耗型班组、技能素质型班组、智能创新型班组、文明和谐型班组和自主管理型班组等多种优秀的特色班组，为煤炭行业班组建设提供了借鉴，指明了方向。

一、安全高效型班组

安全是实现煤炭企业发展的保证和前提，是全面落实科学发展观的重要内容。煤矿班组建设要把安全摆到"高于一切、重于一切、先于一切、决定一切"的位置。煤矿班组处在安

全生产的第一道防线,直接担负着安全生产的任务。煤矿班组必须从"人、机、环境、管理"等要素着手,建设安全高效型班组。

在"人"的因素方面,着力培养"本质安全型人",做好对员工的安全技能和生产技能培训,提高员工综合素质。搞好煤矿班组安全文化建设,强化员工安全意识,规范安全行为。从煤矿各类事故的主观原因看,大多数事故是由于"三乎""三惯""三违"引起的。牢牢固化员工的安全意识,规范个人安全行为非常重要。要通过安全文化建设,使"安全第一"的方针在员工头脑中深深扎根,不能动摇,时刻支配自己的行动。

在"机"的要素方面,煤矿班组要管好用好机器设备,加强保养维修,熟练掌握使用方法。为确保"机"的安全,首先必须提高员工的技术素质。要鼓励员工学习钻研技术,会操作、会修理、会排除故障。有的煤矿制定了鼓励员工学习技术的奖惩办法,如获得多个岗位资格证就可以增加工资的"多证加薪"制度,极大地调动了员工学习钻研技术的积极性。对"机"的控制掌握,要了如指掌,确保"机"的本质安全。

在"环境"的要素方面,煤矿班组要创造本质安全的工作环境。如光线明亮、顶板支护可靠、物料摆放整齐、路线明了通畅、安全标识齐全、通风管理达标、隐患及时排除等,员工工作的环境确保安全可靠。

在"管理"的要素方面,安全管理要确保无漏洞、无空岗。煤矿班组要建立健全科学严格的安全管理制度,并严格执行落实到位。不管什么人,只要违反规章制度,就必须受到惩罚。有些煤矿的安全管理制度虽然很齐全,但只是给工人制定的,管理干部违反了可以从轻,这就出现了规章制度流于形式,执行不到位的现象。煤矿班组处在安全生产的最前沿,必须突出严管、严教、严处。

建设安全型班组,是一项十分必要的基础工作。近年来,有些煤矿已经进行了积极探索,并取得初步成效。如兖矿能源集团济三煤矿把"预教、预测、预想、预报、预警、预防"纳入安全管理全过程,闭环控制,预防管理,提高了安全管理的科学化水平。开滦(集团)有限责任公司培育安全文化,塑造本质安全型人,对安全文化建设进行了深度思索,并取得显著成效。兖矿能源集团兴隆庄煤矿"兴隆鼎"安全文化建设从行为、状态、责任三大要素,"教育先导、培训塑人、规范养成、动态稳定、静态预控、环境和谐、管理精细、执行到位、群防严密"九个体系入手,打造本质安全型矿井,是企业文化和安全文化的一个重大突破。

煤矿班组的中心任务是多出煤、多进尺,完成本职任务,实现高产高效。随着科学技术的发展,煤矿班组还要创出更高的水平;煤矿班组要群策群力,挖掘潜能,实现高产高效;用好现有机械设备,充分发挥机械设备性能,提高生产率;经常开展生产技术工艺改革活动;煤矿班组常年战斗在安全、生产第一线,对现场情况最有发言权。通过生产流程工艺、技术工艺、设备性能改进,可以充分挖掘人、机、管理等方面的潜力,大幅度提高劳动生产率,实现更高水平的高产高效。

二、节约降耗型班组

煤矿班组从事生产建设,需要投入必要的资源,如人力、财力、物力、时间等。过去,煤矿生产经营活动比较粗放,消耗较多,成本较高,效益较差。随着煤矿整体管理水平的提高,煤矿班组节支降耗工作有了很大进步。节约降耗型班组建设成为煤矿班组建设的一个重要方向。有人认为,"煤矿要想出煤炭,得拿材料换",使用材料大手大脚,对机器设备不爱惜,使用人工多几个都觉得无所谓,工时利用率不高,使用电力也没有数量限制等。煤矿班组要有节约意识、成本意识、效益意识。党中央要求建立节约型社会，这是一项具有战略意义的大事。煤矿班组必须牢固树立节约意识，要讲成本、讲效益，把成本控制在合理的水平上，成本降低了，省下来的就是赚到的。对一方水、一度电、一支雷管、一块木材、一个螺丝、一个备件、一米电线等都要精打细算，不能说用就用，说扔就扔。要搞好修旧利废，回收复用。能用的，尽量用；能修的，修好后复用。要不断改进工艺，提高技术操作水平，提高工程质量。工程质量差造成的浪费巨大，如果有的掘进队打的巷道弯弯曲曲，不仅影响美观、影响质量，而且造成了巨大浪费。有的安装质量不好，造成了事故，损失也是巨大的。所以，煤矿班组必须提高工程质量、工作质量。煤矿班组也应重视人力资源管理。要搞定员定额，充分发挥每个人的积极性、创造性，减少人力成本支出。节约降耗型煤矿班组建设还应在管理上下功夫。煤矿应实施精细化管理，把精细化管理延伸到煤矿班组和岗位。

三、技能素质型班组

煤矿现代化、智能化水平日益提高，对员工的技术技能素质提出了更高的要求。过去，煤矿是劳动密集型行业，今后需要的是高技术技能的精兵强将。综采工、综掘工、机电维修工、通风工等主要工种，技术含量都比较高。只有对本工种、本岗位的工作精益求精，才能掌握现代化、自动化、智能化的机械设备。煤矿班组员工应该个个“身怀绝技”“精一门、会两门、懂三门”，靠科学、靠智力、靠技术从事生产，创造出更高的劳动生产率。

四、智能创新型班组

煤矿生产要实现智能化、煤矿管理要实现现代化，要求其基层的煤矿班组管理必须实现现代化和智能化。要实现管理手段的现代化和智能化，就要采用现代化、智能化的管理手段，如电脑，监测、监控、信息、自动化技术，煤矿机器人等。煤矿班组的安全、生产管理数据要准确、可靠、科学，不能靠估算、大约来管理安全生产。要广泛采用现代化的管理方式，将最先进的管理成果运用到煤矿班组管理，如推广全面质量管理、岗位卓越绩效模式等，首先要在煤矿班组推广普及。要在煤矿班组有稳固可靠的基础；要注意总结煤矿班组管理方式现代化、智能化的经验，结合煤矿实际，不断改进提高。煤矿班组现代化管理的前提是实现智能化。要把员工队伍建设作为一项根本任务，着力在提高员工素质上下功夫。不重视员工素质培养，企业不会有发展后劲。要创造各种环境条件，促进煤矿班组员工素质全面提升。煤矿班组建设要不断发展、不断前进、不断创新，不能拘泥于某种模式停滞不前。在日新月异的发展中，要不断增加新内容，完善新标准，提出新目标，实现煤矿班组建设工作的全面创新。

五、文明和谐型班组

实行人本管理、民主管理，重大决策集体商讨，每位员工能在工作中严格执行各项规章制度，班组能做到赏罚分明、员工信服，班组内的奖惩、工分及时公布，以达到班组的和谐共进。积极开展班组活动，培养班组员工的协作精神，以增强员工的凝聚力和向心力。班组长要加强与员工的谈心交流，使班组成员间形成一股合力，起到带头作用，带头学习业务，带头奉献，带头搞好团结，扎实推动班组各项工作的落实，把班组建设成为奋发向上、团结互助的文明和谐型班组。

六、自主管理型班组

按照管理发展的趋势，逐步实行扁平化管理。煤矿班组管理要向自主管理型发展，减少管理层次,缩小管理半径,实施压力传递,充分发挥煤矿班组和每个员工的积极性。煤矿要重心下移,强根固本,构建基层“四自”管理模式,即“员工自律、班组自主、区队自治、专业自监”。在区队自治管理方面,把安全放到第一位置,把“爱岗、敬业、有作为”作为评价管理人员的标准。实行分级负责、分层管理、目标监督、利益制约,做到了“四给”,即给定任务目标、给予分配用人权、给够经济政策、给足政治荣誉。充分放权于区队,使区队的责任心、事业心明显增强。在班组自主管理方面,建树“个人保班组,班组保区队”的理念,推行“六小机制”,即明确小目标、细化小考核、树立小明星、精细小成本、严格小奖惩、体现小精神。考核“五化目标”,即机制制度科学化、岗位创效最大化、责任目标规范化、实绩考核标准化、人本管理现代化。赋予班组长抓安全的权利,为班组自主管理提供了空间,为班组长发挥“兵头将尾”作用提供了舞台。在员工自律方面,倡树“安全第一”的理念,层层签订目标责任书,全员缴纳安全生产责任保险,落实员工自保、互保、联保连带责任制,把安全、质量和任务完成与工资分配挂钩,按岗位精细标准严格考核,兑现落实。

第三节 班组文化建设

一、班组文化建设的意义

班组文化建设是企业文化管理的重要内容,其对于培养班组成员爱企情怀,培养班组成员优良品德、班组精神,有着至关重要的作用。

班组虽然是煤矿的最基层生产单元,但是作为一个完整的组织,它也拥有自己的组织文化,即班组文化。班组长应当重视班组文化的建设工作,通过营造良好的班组文化来增加班组成员的组织认知感和归属感。

良好的班组文化能够增强班组成员的归属感,便于班组长开展工作。班组工作往往任务重、压力大,既需要班组长实施强有力的班组管理,又需要班组成员的积极配合。良好的班组文化能够帮助班组成员树立与班组共荣辱的意识,使班组长赢得班组成员的信任和配合,减轻班组管理压力。

良好的班组文化也能够培养班组成员的爱企情怀和优良品德。每个班组长都希望带领一群富有战斗力的精兵,班组文化建设可以激发班组成员的爱企情怀,增强班组成员的班组凝聚力,打造出一个富有战斗力的班组团队。另外,良好的班组文化还可以促进班组成员的学习和创新,提高他们的知识和文化水平,培养他们的优良品德。

二、班组文化建设的主要内容

(1) 要确立优秀的班组文化内涵。在进行班组文化建设之初,班组长必须带领全体班组成员研究确立适合自身建设的班组文化内涵。班组文化内涵要正确处理好安全、管理、生产、质量等之间的关系,根据班组实际情况形成具有班组特色的班组文化,要坚持安全是基础,管理是重点,技术创新是灵魂,生产效益是基本理念。

(2) 要大力发扬优秀班组精神。班组精神是班组成员共同价值观的集中体现,它是在长期生产实践中所形成的被全体班组成员所认同和自觉遵守的群体意识,是班组生存发展的动力源泉。因此,班组精神是班组文化建设的核心内容。班组长应发动全体班组成员,通过开展各项班组文化建设活动,总结和提炼班组在长期生产实践中所形成的价值观念,并大力培养和发扬体现本班组特色的优秀班组精神。

(3) 要树立良好的班组形象。班组形象是班组的信誉，是班组通过多种方式赢得的大众对其的整体印象与评价，是班组参与外界各种活动的一项无形资产。所以，班组文化建设应该全力树立良好的班组形象。

(4) 要树立良好的班组员工形象。切实提高班组成员的政治思想素质，纠正不文明之风，使班组成员具有良好的职业道德素质及技术业务素质。要重视班组成员生产和生活环境的改善，坚持文明生产，保持优良秩序，创造整洁优美的班组环境。

(5) 要积极营造科学文明和健康向上的班组文化氛围。积极组织和开展内容丰富、形式多样的班组文化活动及业余文体生活，丰富班组成员的业余生活，培养班组成员的群体竞争意识及自我实现意识，增强班组凝聚力。

复习思考题

1. 煤矿班组建设的重要性有哪些？
2. 煤矿班组建设有哪些方向？
3. 如何推进班组文化建设？

第十一章　煤矿班组长能力提升

第一节　煤矿班组长的管理能力提升

一、做好班组管理工作的意义

班组长是班组工作的直接管理者，肩负着班组事务的计划、组织、协调、控制等职能。班组长能否做好班组管理工作，对于煤矿安全生产具有非常重要的意义。

(一) 做好班组管理工作有助于顺利实现班组目标

做好班组管理工作是完成班组工作计划的保障，是带领班组争先创优的前提，是顺利实现班组安全生产目标的条件。要想顺利实现班组目标，圆满完成班组工作计划和任务，班组长就必须在管理中注重管理技巧，不断提高自己的领导能力。

(二) 做好班组管理工作有助于班组活动的正常开展

煤矿生产的各项工作最后都要落实到班组，都要靠班组长和班组成员去完成。地质探测、机电运输、瓦斯抽放、巷道掘进、工作面通风、人员安排、劳动组织、工作协调、检查监督、信息沟通、考评激励，等等，都离不开班组长的管理。没有良好的班组管理，班组就会像一盘散沙，根本无法保质保量地完成一项项工作任务，更谈不上安全生产。只有做好班组管理工作，班组活动才能正常开展，煤矿生产的各项活动才能顺利进行，煤矿安全生产才能成为现实。

(三) 做好班组管理工作有助于营造良好的班组氛围，打造优秀班组

班组是班组成员工作、生活的地方，如果班组氛围差，会影响班组成员的工作心情，间接影响班组的作业效率和安全。班组氛围与班组长的管理能力息息相关，如果班组长不注意使用管理技巧，或者毫无领导能力，班组中就很容易出现成员情绪低落、思想不稳定、怨声载道、消极被动、缺乏归属感等不良现象或行为。只有提高班组长的管理技巧和领导能力，做好班组管理工作，才能激发班组成员的工作积极性，正确地引导班组成员，营造出良好的班组氛围，才能促使班组健康协调地发展，打造出优秀班组。

二、赏罚分明，正确激励

赏和罚是班组长最常使用的两种管理手段，“非赏不立，非罚不成”，这两种手段都能起到激励班组成员的作用。作为班组长，在处理班组日常事务时要软硬兼施，通过合适的赏罚来赢得班组成员的尊重、信赖和支持。

(一) 奖赏和赞美得当

奖赏和赞美能够促使班组成员往美好的方向憧憬，能够激发班组成员保持积极向上的乐观精神，因此在日常的班组管理工作中，班组长要更多地运用奖赏和赞美这种激励手段，

通过对班组成员多多的奖赏和赞美，用正向激励手段来激发班组成员的潜能，促使班组成员对班组有认同感、归属感。当班组成员完成了生产任务、实现了技术创新、正确地选择了方法、促进了班组和谐、排解了别人的忧愁、改善了工作态度等，班组长都应该不失时机地给予恰当的赞美和奖赏。

奖赏和赞美班组成员非常讲究技巧，只有掌握技巧并且恰当地加以运用，才能收到意想不到的效果。班组长在奖赏和赞美班组成员时，应该注意以下几个方面。

(1) 奖赏和赞美要及时。当班组成员做了有益于班组的事情时，班组长要及时给予奖赏和赞美。如果错过了恰当的时间，奖赏和赞美的力量就会大大削弱，甚至起不到正面的激励作用。

(2) 奖赏和赞美要真诚。人的耳朵不一定听得进去忠言，但一定听得进去赞美。真正的奖赏和赞美要发自内心，假装的奖赏和赞美很容易让班组成员认为班组长是在敷衍，甚至是在讽刺。班组长想凝聚人心，就要发自内心地奖赏和赞赏班组成员，流露真情实感，讲出恳切朴实之言，既不要刻意，也不要夸张。赞美的内容应该是对方拥有的、真实的，而不是无中生有的，更不能将别人的缺陷、不足作为赞美的对象。

(3) 奖赏和赞美要具体。班组长奖赏和赞美班组成员应该具体，明确地表达因为哪件事情奖励别人，赞美别人的哪一方面。说了很多话却不知道具体想赞美别人哪一方面，说话含含糊糊、词不达意，容易招人反感，起不到奖赏和赞美的应有效果。

(4) 奖赏和赞美要因人而异、“投其所好”。班组长希望班组成员拥有哪方面的优点，就要往那些方面赞美他。比如班组长希望班组成员提高工作积极性，班组长就应该在班组成员工作热情高的时候对他们加以奖赏和赞美。

(5) 奖赏和赞美要当面。班组长在奖赏和赞美班组成员时，不要将他们拉到一边单独奖赏和赞美，而应该在众人面前当面赞扬。奖赏和赞美是一种正面激励，既是对受奖赏和赞美人的肯定，也是对其他人的正面刺激。

(6) 毛毛细雨，滋润人心。关心体贴是最好的奖赏，班组长要凝聚人心，激发班组成员的工作热情，就要在生活上多多关心他们，让关爱犹如毛毛细雨，滋润人心。当班组成员生病时，要亲切问候，主动探望；当班组成员过生日时，要主动送上祝福；当班组成员情绪低落时，应积极加以开导。除了关心班组成员本人外，班组长也可以通过关心班组成员的家庭生活、子女教育等，让班组成员意识到班组长对其源自内心的关心和爱护，从而激发他们“为知己者”认真工作的热情。

【拓展阅读】　　哈拉沟煤矿“赞扬卡”管理模式

哈拉沟煤矿在班组建设中，推行了赞扬卡管理模式。

(1) 赞扬卡。设计赞扬卡，用于对员工在安全、生产、经营、管理等日常工作中的突出表现进行即时认可、奖励。矿长、其他矿领导、机关科室人员、区队管理人员、班组长和员工的赞扬卡用不同的颜色或格式，便于区分和管理。

(2) 改善卡。日常工作中，由于种种原因，有的员工对同事操作中的不安全行为或安全隐患很少去提醒或劝阻。针对这种情况，设计改善卡，对存在不安全行为、不规范行为、工作消极的员工，进行及时提醒、建议或帮助，在团队里营造一种相互帮助、共同进步的氛围。

(3) 使用规则。数量：班组长每人每月 1 张赞扬卡和 2 张改善卡；区队每人每月 2 张赞扬卡和 2 张改善卡。赞扬对象：全队所有员工均为队长赞扬的对象，包含副队长和班组长

(改善卡同上);班组长只负责给本班组内部员工写赞扬卡和改善卡。要求:赞扬卡和改善卡需要当事人在场进行填写,并且要有充足的理由和事实;每发出一张赞扬卡要在第二天班前会上由签发人进行宣读,并将赞扬卡张贴在区队会议室。

(4) 激励政策。建立赞扬激励基金,按照员工收到卡片的数量和等级进行奖励;将赞扬卡与班组建设考核挂钩,员工收到不同的赞扬卡在月度考核中可相应加分;改善卡不作为考核项目,一个月内个人改善卡超过5张,班组长就要找员工谈话;一个季度内员工个人改善卡数量超过10张,区队管理人员就要找其谈话。

赞扬卡管理实施以后,员工积极性极大提高,受到表扬的员工自信满满,未受到表扬的员工也都积极工作,"求表扬"成为一种促进工作的精神动力。

(二) 惩罚和批评有力

赏罚分明意味着有赏也有罚,惩罚和批评也是班组长常用的管理手段。通过惩戒有不良行为之人,既能促使当事人刻骨铭心,也能昭示其他班组成员以儆效尤,防患于未然,通过"恐"的技巧达到惩前毖后的目的。但是,过多地使用惩罚和批评很容易打击班组成员的精气神,也很容易损害班组长与班组成员之间融洽和谐的关系。惩罚和批评也要讲技巧,只有掌握技巧并且恰当地运用,才能收到良好的效果。班组长在惩罚和批评班组成员时,应该注意以下几个方面。

(1) 先要分析原因、认清事实。无风不起浪,事出必有因。在处理班组成员的错误行为时,班组长不能急躁,要冷静下来分析原因,是知识问题、技能问题还是态度问题?是故意为之还是无心之失?是个人的过错还是多人的过错?错误造成的后果如何?能否补救?只有认识清楚这些问题,才能刨根问底,才能寻找到解决问题的根本方法。

(2) 批评不逾时,惩罚没商量。批评是反向的强化手段,对某种负面行为给予批评一定要及时,如果对这种行为的批评距这种行为发生的时间相隔太长,就很难起到良好的作用,收不到预期的效果。因此要做到批评不逾时,惩罚没商量,该怎么罚就怎么罚,不讨价还价。

(3) 惩罚和批评要注意准和度。惩罚和批评如果不准,批评的点不对,受批评的人会觉得冤枉,会增加对班组长的怨恨。惩罚和批评如果不够度,得不到相关人员的重视,那么这次的惩罚和批评也就失去了效果。在惩罚和批评班组成员时,一定要有力度,要"一巴一掌血,一鞭一条痕","巴掌"和"鞭"一定要打到位,这样才能打出效果。

(4) 要就事论事,不伤人自尊。每个人都有自尊,都爱面子,在惩罚和批评班组成员时,一定要就事论事,不要将"陈芝麻烂谷子"之事都翻腾出来,更不要进行人身攻击。惩罚和批评的目的是防止再犯错误,而不是给自己树立敌人。

(5) 惩罚和批评要讲究场合。每个人的个性都不同,能接受的批评方式也不相同。有的班组成员脸皮薄,班组长就要注意尽量不要在公众场合批评他们;有的班组成员脸皮厚,还爱跟班组长对着干,班组长就可以公开批评他们,给他们一个"下马威"。有的典型事件需要告知所有班组成员,谨防他们犯同样的错误;有的事件特殊,适宜单独私下批评。批评要分场合,不然效果适得其反。

(6) 不妨先赞扬后批评。俗话说,"良言一句暖三冬,恶语一句六月寒"。如果有位班组成员没有能够完成工作任务,班组长对他说:我对你很失望。这位班组成员听后的第一反应可能是"糟了,班组长对我不满意,我得不到班组长的重用了"。假如班组长换一种说话方式,对他说:你平时表现都挺好,最近的工作不如从前了,遇到什么困难了吗?这位班组成员听后的第一反应就完全不一样了。如此，班组长既能够了解班组成员没有能够完成任务的原因，也能够表达对其目前状态的不满。

(7) 在罚人之后又使人不完全丧失希望。有家百货公司为提高服务品质，定下一条规定：凡和顾客吵嘴的售货员，扣发当月奖金。这条规定执行后，发现一个弊端，一个售货员若在月初与顾客吵嘴一次，他当月奖金就没了，于是他干脆在本月剩余工作日毫无顾忌地与顾客大吵。后来有人建议规定售货员在与顾客吵嘴被扣掉奖金后，若能在下半月表现良好，仍可发放40%奖金。这样，一个偶尔犯错误的售货员在扣掉奖金之后，没有失去全部希望，仍有努力改正错误的动力。这个规定实行后效果良好。

(8) 绕开"法不责众"的陷阱，逐级分散风险。有一家工厂，厂长上任宣布一项规定，1个月迟到3次以上者，扣掉奖金。但是1个月后，全厂大部分工人均超过这个指标，要惩罚就要罚大多数人。这正犯了"法不责众"之大忌。但这位厂长想出一个好办法，他把所有领班找来，对他们说："由于这个月他们管理不严，导致迟到现象仍很严重，所以扣掉所有领班的奖金。"厂长告诉他们，他们可以如法炮制。于是领班们再扣掉工人们的奖金，并对他们说："由于你们自律不严，以至于自己被扣奖金。"于是工人们急了，互相警告谁再迟到，就不客气了。于是下个月，全厂的迟到风气立刻被止住了，纲纪肃然。

【拓展阅读】　　齐威王的赏罚之道

中国古代有一个典故可以很好地说明赏罚分明的重要作用。齐威王召见即墨大夫，对他说：自从你到即墨以后，我就一天天听到人家讲你的坏话。可是我派人去即墨视察，却看见那里是"田野辟，人民给，官无事，东方以宁"，情况良好。为什么会这样？是你没有贿赂我的左右，求他们给你讲好话。于是，齐威王奖励了即墨大夫。

齐威王又召见阿大夫，对他说：自从你做了阿的地方官，我就一天天听到夸奖你的好话。我派人去视察，看见的却是"田野不辟，人民贫馁"。赵国攻打鄄，你不救；卫国占据薛陵，你不知道。为什么会这样？是你用重金贿赂我的左右，求得他们的赞誉。当日就将阿大夫和左右讲假话的人都用"烹"刑处死了。于是群臣悚惧，莫敢饰诈，务尽其情，齐国大治，强于天下。

(三) 尊重而不放纵

不论是赏还是罚，都要将尊重职工放在第一位。班组长只有尊重班组成员，班组成员才会尊重班组长。只有在班组长和班组成员之间养成相互尊重之风，班组成员才会尊重事实、尊重科学、尊重班组、尊重感情，才能从根本上激发出人的优良品质，从而更加自觉地选择安全而负责任的行为。

人无完人，孰能无过。犯了过错，并不代表这个人本性就坏，并不代表这个人就无可救药。面对犯了错的班组成员，班组长不可随便就"骂"，随意就"打"，最重要的是和他们讲道理。如果只是无心之失，也没造成什么恶果，班组长应该重在提醒教育；如果将任务和计划告诉了他们，他们拒不执行，或故意违背、屡教不改，那就一定要"打"，一定要"骂"。一旦发现班组成员违反了规章制度，并屡教不改，作为班组长，就应该站出来，对其批评指正。

三、善于交际，精于沟通

沟通是不同人员之间互通信息、交换思想的基本途径，是班组长处理好人际关系的重要手段，也是班组长与班组成员之间换位思考、化解矛盾、提高凝聚力的重要手段。充分有效的沟通还可以建立良好的班组氛围，激励班组成员的活力，提高班组成员的工作热情。

(一)有效沟通的技巧

沟通需要一定的技巧,才可以达到预想的效果。在日常班组管理工作中,班组长常常会遇到沟通不畅——虽然积极主动地沟通,却达不到理想的效果。“工欲善其事,必先利其器”,班组长只有掌握了沟通技巧,才能沟通自如,上下融洽,才能拥有良好的人际关系,赢得大家的好评。为了实现良好的沟通,班组长需要注意以下几个方面。

(1)选择恰当的沟通时机。

(2)选择适当的沟通渠道。

(3)选择适宜的沟通场合。

(4)沟通贵在积极主动。

(5)沟通贵在坦诚相待。

(6)注意把握交往的尺度。

作为班组长,平时要与上级、下属以及其他班组等不同位置的人打交道,因此在沟通时要区别对待,用不同的方法和技巧,不能眉毛胡子一把抓。与上级沟通,关键要找准自己的位置;与下属沟通,关键要做好沟通的主导者;与同级沟通,要建立在互相尊重、相互合作的基础上。

(二)与上级沟通的技巧

(1)会说不如会听。倾听是有效沟通的一个重要部分,班组长在与上级沟通时,倾听是最重要的环节。与上级沟通时,要体察对方的感觉,了解对方真实表达的意思。倾听时要注意反馈,给出适当回应,否则显得不尊重。上级讲完话之前,不要着急发表意见,也不要提前作出判断,要耐心听完。没听懂的地方,及时提出,避免沟通产生障碍。有的人爱说话,一说起话来就口若悬河、滔滔不绝,在与上级沟通时,一定要谨记会说不如会听。如果在上级面前只注重自己说话,而不耐心倾听上级的发言,就会给人高傲自大的嫌疑,招来上级的反感。

(2)给足领导面子。在上级的眼里,如果自己的下属在公开场合使自己下不了台,丢了面子,那么这个下属肯定是对自己抱有敌意或成见。上级能坐到今天的位置,大多是其自己努力的结果,但上级不可能事事都能作出正确的决断,他们时有失误,在某些方面可能还不如下属,千万不要因此而有居高临下之感而滋生傲气,更不能当众指出上级的不足之处,这样只能给工作增加阻力。

(3)智慧地说“不”。对班组长来说,要做一个好好先生并不容易,有的时候上级的要求是不合理的或者是自己实在无法完成的,如果轻易答应下来却无法履行职责,将给自己带来更大的困难。面对这种情况,班组长要学会智慧地说“不”。说“不”时,要充分尊重上级,不与上级顶撞;说“不”时,态度要谦和,讲明自己的难处和力所不能及的地方;说“不”时,最好能提出另一个替代方案。

(4)投其所“好”。班组长要善于研究上级领导的个性与做事风格,根据上级的个性寻找到一种有效且简洁的沟通方式是沟通成功的关键。

有效的沟通方法能大大提高沟通的成功率,班组长在平常与上级的沟通中,要将这些技巧运用进来,例如:主动报告工作进度,让上级放心;对上级的询问有问必答,让上级知道;适应上级的语言及想法,让上级轻松;接受批评,不犯同样的错误,让上级省心;解决不了的问题寻求上级帮助,让上级体现价值。

(三) 与下属沟通的技巧

(1) 语言轻松幽默。班组长与班组成员谈话,气氛很重要。谈话时,可以适当点缀些有生活气息的俏皮话、笑话,只要使用得当,能把抽象的道理讲得清楚明白、诙谐风趣,班组成员自然就愿意和班组长交流沟通。

(2) 让班组成员提出疑问。与班组成员交流时,先让班组成员提出疑问,通过他们的问题来了解情况;充分尊重班组成员说话的权利。在班组成员提出疑问和说话的时候,班组长不要打断,要耐心倾听,在他们说完之前,不要妄下定论,以引导的方式进行沟通能够取得良好的效果。

(3) 不妄自尊大。孔夫子这样的圣人都说"三人行必有我师"。班组长不能自我膨胀,班组长不是每个方面都比班组成员强,在与班组成员沟通交流时,要虚心静听,不要拒人于千里之外。在沟通时也不能因为自己是上级就傲慢狂妄。虽然身为班组长,但下属有可能在其他方面比班组长做得好,面对这类下属,班组长尤其要注意自己的态度和语气。不妄自尊大,不用权威压制别人,要以一种平等的心态对待下属。

(4) 要大度。作为班组长要包容下属的一些小缺点、小瑕疵,并积极帮助他们改正。如果下属在沟通中有冒犯到的地方,班组长要换位思考,宰相肚里能撑船,大度的班组长能够凝聚人心,让人敬佩。

(5) 动之以情,晓之以理。情感是交往的纽带,班组长需要很好地运用自己的情感力量,通过和下属交朋友,使下属拿自己当"自己人",只有这样才能将班组拧成一股绳,才能带领班组成员顺利地完成班组目标,取得良好的业绩。

(四) 与同级沟通的技巧

(1) 互相尊重。同级班组长之间的沟通应该建立在互相尊重的基础上。每个班组权责不一,班组长负责的事情也不尽相同,但一定要充分尊重和信任对方,信任对方的技术水平、管理能力、解决问题的能力,用真诚获得对方的了解与支持。

(2) 分清职责,掌握分寸。同级班组长之间应当分清职责,掌握分寸,不争权利,不推责任。属于别人职权之内的事,绝不干涉;自己应当承担的责任,也绝不推卸。

(3) 保持联络,经常沟通。同级之间,只有保持经常通气,及时沟通情况,才可能进行合作,才能彼此了解,互相信任,将一些不必要的误会和摩擦消灭在萌芽状态。因此,工作再忙,也别忘了主动向同级提供有用的资料、信息、情况和建议。只要坚持下去,就一定会赢得同级的真诚回报。

【拓展阅读】 **你是一个精于沟通的人吗?**

仔细阅读下列问题,并根据你的经历进行回答。对从未发生过的情况填写"N",对偶尔发生的情况填写"O",对经常发生的情况填写"F",对一直发生的情况填写"A"。

(1) 我为别人提供他们需要或想要的信息。

(2) 我期望获得有关沟通情况的反馈意见。

(3) 在评价别人时,我会尽量排除个人的偏见和怨恨。

(4) 我使我的报告准确、清楚、简洁并且结构严谨。

(5) 我不会浪费时间去分析所有相关人士如何反应。

(6) 在书面提议前,我会进行彻底的调查研究。

(7) 我觉得,定期与班组成员进行沟通是浪费时间。

(8) 我在决定如何进行沟通前,会仔细考虑某个信息。

(9) 我会专心倾听。

(10) 我不拖延沟通的时间,尽量把正确信息传递给相关人员。

得分:

问题2、3、4、6、8、9和10——填写A(一直)4分,填写F(经常)3分,填写O(偶尔)2分,填写N(从未)1分。问题1、5和7——填写N(从未)4分,填写O(偶尔)3分,填写F(经常)2分,填写A(一直)1分。

根据得分,按照下列标准评估自己:

30～40:优秀!你是一名出色的沟通者。请保持下去!

20～29:你的沟通能力一般。在不同场合需要不同的沟通技巧。找出你的缺点,你一定会成功!

10～19:你不能进行有效的沟通。你应该注意倾听反馈意见,并努力从你的错误中吸取教训。

四、团结群众,形成合力

作为管理者的班组长,更要注意团结班组成员,充分调动班组成员的力量,形成合力,促进班组工作的开展和班组任务的完成。那么,班组长怎样才能做好班组成员的团结工作呢?

(一) 尊重员工

班组长与班组成员有领导与被领导的关系,但这绝不等于班组长在班组成员面前就可以颐指气使,不尊重班组成员。每个人在人格上都是平等的,班组长要实现工作上的指派权,得到班组成员的支持,就必须懂得尊重班组成员,时刻与班组成员保持联系,让班组成员了解自己、信任自己、拥护自己。为此,班组长需要做好以下几个方面的工作。

(1) 既要民主又要集中。要多用民主的方式管理班组事务。安排工作不要用命令和强制性的口气,要多用商量性的口吻。遇到问题要多和班组成员商议,尽量让班组成员事先获知自己的工作安排。在做决策时,既要统一,也要民主。要善于听取班组成员的不同意见,集思广益,择优而为,集体决策一旦作出就要坚决执行。

(2) 要照顾老员工,关爱新同志。对工龄比较长、年龄比较大的班组成员,班组长要充分照顾他们的情绪,不要轻易否认老员工的能力,更不能在态度和语言上羞辱老员工。老同志经验多、办事沉稳可靠,班组长应多向他们学习。对待新员工,班组长要多引导他们熟悉班组环境,当他们遇到困难时,要及时予以关爱和帮助。

(3) 要多说有利于团结的话。作为班组长,要管好自己的嘴巴,多说有益于班组团结的话。不传播不利于班组成员关系的话,不做不利于班组团结的事。不在别人面前揭班组成员的短处,不在其他班组面前说自己成员的不足。

(二) 一视同仁

在与班组成员交往过程中,班组长表现出来的亲疏远近会直接影响班组长与班组成员之间的关系,直接影响班组的团结,影响班组成员的组织忠诚度。班组长与某些班组成员特别亲近,自然拉大了与其他班组成员的距离,这样,很容易失去广大班组成员对班组长的拥护。在处理与下属之间的关系上,班组长要一碗水端平,不分彼此、不论亲疏,不受外界和个人情绪的影响。如果厚此薄彼,势必难以服众,其威信也会大大降低。

(三) 当好“和事佬”

班组内部难免产生矛盾，班组长作为班组的“一把手”，要时刻留意班组成员的动态，发现班组内有不和谐的苗头要及时给予关注和处理。班组长要善于解决班组成员之间的纠纷，当好“和事佬”，做好矛盾双方的调解人，不偏袒任何一方。不是原则性问题不一定非得分出青红皂白，要学会“和稀泥”，大事化小、小事化了，做好班组团结工作。

五、科学决策，减少失误

决策就是针对问题拿主意，给出解决问题的办法。班组长每天需要处理的事情很多，需要做的决策也很多，需要为班组成员的事情做决策，需要为自己的事情做决策。科学决策需要遵循一定的步骤，掌握一定的方法和技巧。一般来说，班组长做决策时应该注意以下几个方面。

(一) 要遵循一定的决策步骤

第一，要明确决策的目标。决策虽然是为了解决问题，但最终是为了实现一定的目标，因此在决策之初就应该先明确要达到的目标，再设计和实施解决问题的方案。第二，要收集相关信息。班组长可以通过多种途径或方法收集与问题相关的信息，所收集和掌握的信息要客观、真实，尽量避免个人的主观猜想和臆断。第三，要克服不良心理的影响。做决策时一定要克服担心决策失误、担心组员抱怨、担心上级不满等不良心理的影响，细心大胆地作出自己的决策，要相信自己的能力。第四，要做好决策方案的论证和选择工作。班组长在进行决策时，要广泛征求班组成员的意见，充分利用群体的智慧，经过多方论证得出备选方案，再经过民主讨论后确定最佳方案。第五，要组织好方案的实施与反馈工作。在这个过程中，班组长要密切留意所选方案是否有效可行、出现了哪些问题，及时记录和反馈方案的实施情况，必要时考虑修改原来的方案。

(二) 要充分分析和吸收各种意见

班组长在决策过程中，要听得进去别人的意见，特别是反对者的意见。只有充分考虑到多方意见，才能将不同意见加以融合，提出更科学的决策方案，降低方案实施过程中遇到的阻力。能否听得进去反对者的意见，能否科学地分析和吸收不同意见中的有用信息，是对班组长的一种考验。

(三) 要懂得决策的轻重缓急

班组长需要决策的事情往往很多，如果眉毛胡子一把抓，对所有的问题都一视同仁，就容易出现重要的事情没有干好，反而将宝贵时间、资源等浪费在一些无关紧要的事情上。因此，班组长在做决策时，要明确哪些该先做，哪些该后做。一般来说，紧急的、重要的事情应该排在第一位，并且应该由班组长亲自负责作出决策，而一些不重要的事情可以让班组成员单独作出决策，这样既能做到合理利用自己的时间，又能调动班组成员的工作积极性。

【拓展阅读】　　艾森豪威尔原则

做事要分轻重缓急，我们可以借鉴艾森豪威尔原则。这是美国前总统、二战期间盟军总司令艾森豪威尔将军所创造的，又称“十”字法则或四象限法则。

为了应付纷繁的事务，并且争取迅速处理而不贻误，他发明了著名的“十”字法则，也称为“十”字时间计划。画一个“十”字，分成四个象限，分别是重要紧急的、重要不紧急的、不重要紧急的、不重要不紧急的，把自己要做的事都放进去，然后先做紧急重要那一象限中的事，以此类推。这样一来，艾森豪威尔的工作生活效率大大提高。

六、展示自己,让人信服

打铁先要自身硬,只有自己出众,才能服众。要让下属支持、信服,班组长就必须展示出比下属强的地方,让他们心服口服,这样才能做好班组的管理工作。过分谦虚,处处隐藏自己的才干,很难赢得班组成员的信服和敬重。当然,过分炫耀自己的能力或才干,会招来班组成员的反感。

良好的素质和能力是让班组成员信服的关键因素,班组长在班组成员面前应该适当展示自己的素质和能力,比如积极进取的工作精神、高度负责任的工作态度、充分信任和尊重他人的良好品质等。一般来说,煤矿班组长可以适当展示如下一些素质和能力。

(一)高尚的思想境界

班组长要有正确的世界观、人生观和价值观,认真践行社会荣辱观,时刻保持与时俱进的精神面貌,不断提高自身的思想感召力和凝聚力,真正拥有"矿兴我荣、矿衰我耻"的思想意识。在平时的工作生活中,班组长要密切关注班组成员思想动向,积极地影响和引导班组成员的思想,确保班组成员也具有积极向上、正确乐观的思想境界。

(二)高度的工作责任感

班组长要充分展示高度的责任感和高超的工作能力。煤矿生产劳动环境差、劳动强度大,班组长的琐碎事务多、生产任务重、安全压力大,因此班组长不仅要思路清晰,分清轻重缓急,而且要有高度的事业心和强烈的责任感,自强不息,顽强进取,坚持原则,大胆心细。在工作中,班组长应揽下应该承担的责任和义务,带头做好班组工作,善于协调班组成员之间的关系,出色地完成上级分配的任务。

(三)优秀的个人品质

班组长和班组成员在人格上是平等的,在交往过程中,班组长要处处尊重班组成员,以平等的姿态对待他们,而不是盛气凌人、居高临下。信任是促使班组成员圆满完成工作任务的前提,班组长要充分信任班组成员,学会调动班组成员的工作积极性,激发他们的聪明才智,促使其保质保量地完成工作任务。班组长还应正确地认识和评价自己,积极主动地进行自我教育、自我约束、自我激励,不断自我完善道德修养,努力锤炼个人品质。

(四)优良的工作作风

班组长还要展示扎实的作风。班组长的作风如何,不仅影响着自身的积极性、能动性的发挥,更直接地影响着班组成员的精神状态,影响着班组的凝聚力、战斗力。这就要求班组长在实际工作中,注重用民主的作风感染职工,用扎实进取的作风带动职工,用严谨细致的作风引导职工,用创新的作风影响职工,充分发挥班组的团队作用。

(五)过硬的技术能力

基层管理人员在群众中的影响力,往往与自身的业务能力成正比。在煤矿生产过程中,班组长只有能够用过硬的技术解决各种疑难问题,才能获得下属的信赖,才能树立良好的威信。为此,班组长要在不断刻苦钻研各种生产技术的同时,努力解决实际生产过程中出现的障碍、产生的问题,将风险和损失最小化。只有这样才能凸显煤矿班组长的作用,保障煤矿生产和班组成员的安全。

(六)出色的管理能力

除了要运用自己的知识解决实际问题之外,班组长还要做好班组成员之间的传、帮、带等工作,利用多种形式把自己过硬的技术传给班组成员。如果班组长有意识和能力把班组中优秀的知识、技术、绝活传递给班组中的所有成员，就是一个有能力的优秀班组长，就会成为班组成员心中的好班组长，受到班组成员的拥戴。在实际工作中，班组长要根据实际需要不失时机地向班组成员传授相关知识和技术。对文化低、不熟练的职工要开展"师徒一帮一"活动，通过言传身教，提高班组成员和整个班组的工作能力。

七、民主管理，人性化管理

（一）民主管理

班组民主管理主要是让班组成员广泛参与到班组的各项活动中来，并对其实施监督，促进班组决策民主、利益公平公正、成员团结和谐。民主管理能够让每个班组成员都感受到自己得到了尊重、感受到自己的存在价值，从而积极主动地参与到班组的各项工作中来，对于营造良好的班组氛围十分必要。

班组民主管理的主要内容：

（1）要实行班务公开，用"透明"共铸和谐。班务公开是实施民主监督的有效形式，其最大优势在于让班组成员知情、参与、表达和监督。班组可以利用宣传栏等载体对职工劳动工分、工资、出勤、考核等情况进行公开，让广大职工对班组管理心中有数，增加管理的透明度。

（2）要完善平等协商机制，为班组民主管理筑起"防护墙"。班组事务大多涉及广大班组成员的切身利益，为了保障和维护班组成员的民主权利、经济利益等，班组长应该重视班组平等协商机制建设，可以通过班组民主管理会等形式，平等协商来更好地保障班组成员的民主权益，调动班组成员的积极性和创造力。

（3）要处理好集体与个人的关系，促进班组和班组成员的协调发展。一个称职的班组长，要以集体利益、职工利益为重，全心全意依靠班组成员管理班组，创造融洽、和谐和团结的环境。班组长既要促进班组的发展，即充分发挥一切利益相关者的才能和积极性，促进班组管理的科学化，改善班组的现有状况；又要促进班组成员的个体发展，即班组成员在民主管理中获得自身的全面发展和提高。

总之，要扎扎实实地搞好班组的民主管理工作，重要的一点是班组长的管理方式必须顺应班组民主管理的要求，把民主管理贯穿在班组管理的各个环节中，充分发挥班组成员的主体作用。

【拓展阅读】　　　　民主决策的困惑

某领导认识到民主决策的重要性，因此在有关决策之前，均多次召开有关骨干及职工代表参加的会议，在会上当某人提出一个方案后，就让其他人针对这个方案进行分析讨论。但在分析中出现了以下情况，一种情况是在分析中，发表意见的与会者人数比重较小，讨论分析并不热烈；另一种情况是提出的方案和分析的结论多在可行与不可行之间。因此会议开得不少，但成效不大。为此，该领导采用了另一种改进的方式：由他自己研究分析后提出一个方案，让大家对之讨论分析，但这样做的结果往往是其提出的方案均顺利通过。但是，在方案的执行中，确实还暴露了不足之处。为此，该领导心中对参加会议的人员颇不满意，认为他们没有发挥应有的作用，因此就更换了与会者80%的人员。但新与会者参加的会议结果，仍然没有达到领导预期的效果。

民主决策是民主管理的重要一环。民主决策并非只是简单地听取下属的意见或建议，也并非简单的举手表决。做好民主决策需要班组长在掌握民主决策基本原则的基础上，灵活地运用科学决策的技巧。只有这样，才能达到民主决策的目的。

(二) 人性化管理

人性化管理就是以人为本,一切以人为中心的管理。依照现代管理的"人本原理",在管理过程中始终把人的因素放在第一位,运用人的心理因素、情感因素等来激发人的工作活力和热情,最大限度地调动每一个人的积极性、主动性和创造性,从而提高工作业绩,实现管理目的,最终达到"发展人"的目的。

简单地说,班组人性化管理就是要以人为本,把整个班组变成一个温暖的大家庭。实施人性化管理的方法很多,如对班组成员的充分尊重、一定的物质激励和精神激励、给每个班组成员提供各种成长与发展机会、注重班组成员的职业生涯规划等。为此,班组长应该注意做好以下几个方面的工作。

(1) 要注意实施个性化激励。有效的激励可以促使班组成员感受到自己工作的重要意义,从而获得个人的自我肯定,这种正面的心理暗示可以触及班组成员的内心深处,促使其产生源源不断的工作动力。另外,个性化激励也可以促使班组成员感受到班组长的"特殊关怀",从而能够构建出班组长与班组成员之间的特殊人际关系。

(2) 要注意向班组成员授权。班组长不要处处大包大揽,要学会在管理工作中向班组成员授权。向班组成员授权既是信任班组成员的举措,也是调动班组成员积极性和创造性的手段。授权不但可以促使班组成员充分发挥自己的聪明才智,促使自身获得全面发展,也可以促使班组长从烦琐的日常事务中解放出来,集中精力做好一些更重要的工作,从而提高自己的班组管理能力,促使自己获得更大的发展。

(3) 要经常与班组成员进行沟通,关心他们的工作和生活。班组长只有让班组成员感受到自己被关心、被重视,才能促使他们更有热情地从事班组工作。班组长应该经常与班组成员进行沟通,了解他们的需求,关心他们的工作和生活,力所能及地帮助他们解决所面临的困难或问题,从而赢得班组成员的衷心拥护和爱戴,促进班组关系的和谐与融洽。

【拓展阅读】　白国周班组管理法

中平能化集团七星公司开拓四队班长白国周在生产过程中,严格落实安全生产的各项制度,不断探索班组安全管理的新方法。他先后总结提炼了理念引领法、班前礼仪法、指令处理法、"三不少"隐患排查法、"三必谈"身心调适法、"三快三勤"现场管理法、互助联保法、手指口述交班法、亲情和谐法等"班组安全管理九法",并坚持把这些管理方法运用到生产实践中,创造了22年没有出现任何安全事故的奇迹。

白国周班组管理法的主要内容可以概括为"六个三":即三勤、三细、三到位、三不少、三必谈、三提高。

三勤:勤动脑、勤汇报和勤沟通。

三细:心细、安排工作细和抓工程质量细。

三到位:布置工作到位、检查工作到位、隐患处理到位。

三不少:班前检查不能少、班中排查不能少、班后复查不能少。

三必谈:发现情绪不正常的人必谈、对受到批评的人必谈、每月必须召开一次谈心会。

三提高:提高安全意识、提高岗位技能、提高团队凝聚力和战斗力。

白国周班组管理法中潜藏着令人折服的精神光芒,有着鲜明的时代特点和精神追求。

第二节　煤矿班组长的执行能力提升

一、明确执行意义，提高执行意识

执行力就是把目标变为结果的能力。对个人而言，执行力就是办事能力；对班组而言，执行力就是班组战斗力；对煤矿而言，执行力就是安全生产能力。作为煤矿基层管理人员的班组长，其执行力既体现在其个人执行力上，又体现在所管理的班组执行力上。

(一) 班组长个人执行力

个人执行力是指一个人把上级的命令和想法变成行动，把行动变成结果，从而保质保量地完成任务的能力。班组长的个人执行力主要体现在是否能够按时、按质、按量地完成自己的工作任务。班组长个人执行力的高低主要受其知识能力、性格特征、个人素质、工作心态和工作方法等因素的影响。

(1) 班组长的知识大致可分为通用知识、技术知识和管理知识等。通用知识主要影响班组长的逻辑思维、理解能力、数形概念和语言表达等；技术知识主要影响班组长在特定技术领域的处理和解决问题的能力；管理知识主要影响班组长领导班组成员有效地完成班组工作任务的能力。班组长上述三个方面知识多少及其运用情况直接影响其个人执行力的高低。

(2) 每个班组长都有不同的个人经历和生活背景，由此也产生了不同的人生观、世界观和个人特性(即人的性格)。有一种说法是“性格决定命运”，当一个人有了自己成熟的思维和稳定的性格后，先入为主的理念就会影响他对其他事务的执行意愿。班组长的个人经历、性格等自然也会影响其执行力，树立良好的人生观和世界观，加强知识学习，培养优秀的执行理念可以提高班组长的执行力。

(3) 班组长的素质不同，其执行意识、执行心态和执行能力等都会不一样。素质高，执行意识就高，执行心态就正，执行能力就强。班组长的工作心态不一样，其执行意愿和执行效果就会有很大的区别。素质决定心态，而心态又决定一个人的做事方向，心态正则执行力高，心态不正则执行力低。班组长所采取的工作方法也对其执行效果有很大影响，方法得当则事半功倍，方法不当则事倍功半。

(二) 班组执行力

班组执行力就是班组执行并实现班组既定目标、将计划一步步落到实处的能力，也就是将人员、策略、流程顺畅地统筹起来的系统能力，是为完成班组目标，追求实际工作业绩，缩短差距的能力。班组执行力主要受到班组决策能力、班组成员执行能力、班组监督管理体系等因素的影响。

(1) 班组长作为一个班组活动的领导者和核心，是班组一切活动的指挥部，其首要职责是领导班组成员做好各种班组决策，只有使班组决策正确、及时、统一，才能确保班组活动方向正确，才能促使班组目标顺利实现。能否领导班组成员做好各种班组决策，促使广大班组成员参与并接受各种班组决策，是对班组长工作能力的一种考验。

(2) 只是领导班组成员作出各种决策还不够，班组决策是否能够不折不扣地在班组内部得到贯彻和执行，才是衡量班组执行力高低的直接因素。针对没有明确分工的工作任务，如果班组成员找各种理由不去做，或者强调各种理由不能做；针对自己认为不正确的班组决策,如果班组成员不同意或者不愿意按照班组决策去做,这样的班组就很难有执行力可言。

(3) 没有设置监督机制的班组不多,但监督机制起不到监督作用的比比皆是,追根溯源还是班组长缺乏班组监督管理体系的设计和执行能力。有效的监管机制可以使正确的做法得到及时的肯定和褒奖,使错误的做法得到及时的否定和惩戒,创造出良好的执行氛围。

总之,班组长既是一个独立的工作个体,需要完成自己的一些工作任务,又是一个班组的管理者,需要完成班组的管理工作任务,带领班组成员完成整个班组的工作任务。班组长的个人执行力既是其完成个人工作任务的保证,又是影响整个班组完成其工作任务的关键,班组长的个人执行力是影响班组执行力的最重要因素,班组长应该在提升自身执行力的同时,注意提高整个班组的执行力。

(三) 增强执行意识

人们主动执行决策的意愿就是其执行意识。执行意识是执行力的先导,作为最基层的管理者,班组长要具有强烈的执行意识,才能在工作实践中认真贯彻和落实上级的政策、制度、决策或措施,才能自觉地提升自身和班组的执行力。

增强执行意识,要求班组长在接受执行任务时不要过多地考虑自身班组的利益。班组长接到上级分配的任务时,不能仅从个人或班组自身利益出发来决定是否执行。上级决策是站在更大范围、更高高度上作出的,可能与班组当前的、局部的利益有冲突,班组长不应该处处以班组的利益作为思考和决策问题的依据,只愿意完成对班组利益大或有益的任务,不愿意完成对自身利益小或没有利益的事情。多谈工作,少争利益,多讲服从,少闹独立,多研究方法,少捉摸他人,这样的班组才能具有强大的执行力。

增强执行意识,要求班组长对待上级布置的任务要无条件执行,不找任何借口。"无条件执行,不找任何借口"体现的是一种负责、敬业的精神,一种服从、合作的态度,是完美执行能力的集中体现。班组长应具备这种素质、这种精神,在接受任务时首先想到的应该是如何去完成任务,而不是自己或班组能从中获得多少利益,然后再寻找借口"挑肥拣瘦"。增强执行意识意味着要能够根据完成任务的要求创造性地开展工作,要力求更加完美地执行、要善于执行。

增强执行意识,要求班组长在提高个人执行力的同时,也要提高整个班组的执行力。班组工作的完成不能只靠班组长的个人之力,而是要靠整个班组。班组长应该充分发挥自己的聪明才智,团结所有班组成员一起去执行。只有发动班组成员,发挥集体智慧和力量,才能更好地完成班组任务,才会表现出强大的执行力。

二、执行上级命令,听从上级指挥

(一) 服从命令听指挥

在工作中,下级服从上级是各类组织正常运行的基本原则,是保证组织关系正常维护的前提,也是提高组织工作效率的重要保证。对权力比自己大、地位比自己高的人,服从都是第一位的。

班组长要带头服从命令、听从指挥。班组长作为"兵头将尾",是指挥班组成员落实上级命令、带领班组成员听从上级指挥的人。如果班组长没有服从意识,不服从命令听指挥,甚至与上级的命令指挥相左,就无法影响或带领班组成员服从命令听指挥,而班组成员如果不服从命令听指挥,就很容易引发各种事故,造成重大财产损失或人身伤亡。

(二) 落实好命令,协助好指挥

面对上级的命令和指挥,班组长不但要服从,而且要落实好命令,协助好指挥,争取取得更满意的结果。面对上级的直接指挥,班组长的主要任务是帮助上级指挥好班组成员,因为班组长是班组成员的直接领导,往往比上级更了解自己的成员,协助上级指挥好班组成员可以提高效率,减少班组的执行阻力。面对上级下达的命令,班组长首先要理解上级命令的内容和含义,并向班组成员传达好这些命令,必要时可以组织班组成员进行讨论,以求能够更完整、更准确地理解这些命令。为了完成上级的命令,班组长有时还需要制订出落实命令的计划、设计好相应的组织、做好必要的监督和控制工作等。

三、发挥员工才能,塑造高效团队

(一) 班组是一个工作团队

煤矿生产环境复杂多变,安全生产往往需要许多人的密切协作才能实现。班组作为这个庞大的协作组织中的一个单元,不但需要同其他班组及其成员密切协作,而且其不同的班组成员之间也需要密切协作。这种工作性质要求煤矿班组必须构成一个高效的工作团队,在这个工作团队中,不同组织成员承担不同的角色和任务。只有不同班组成员之间密切合作、相互配合,才能保证班组任务的完成,才能确保班组目标的实现,也才能确保整个煤矿生产的有序进行和安全生产。

班组长应该成为班组工作团队的创建人和领导者。团队工作方式可以将不同班组成员牢牢地捆在一起,更好地发挥班组的整体能力。每个班组成员的工作能力强,班组成员之间的配合默契,这样的班组就是一个好班组。能否创建出高效的班组工作团队,能否领导好这个工作团队,是衡量班组长管理能力的重要方面。

【拓展阅读】　保德煤矿"星级员工"轮值班组长管理法

在保德煤矿"星级员工评选"过程中发现,班组内部总有一些技术骨干、起着班组中坚力量的员工当选为星级员工的概率比普通员工大得多。为了进一步激活班组潜能、促进班组员工换位思考、使班组员工都有机会参与班组管理,保德煤矿将"人人都是班组长"的班组轮值管理体系先进理念和"星级员工评选"相结合,创新性地提出"人人都能当星级员工,星级员工当班组长"的班组管理模式。

(1) 星级员工的产生。各班组根据当天的出勤、劳动纪律、工作表现、完成任务的质量(具体评选标准由班组内部召开班委会制定)选出当天在工作中涌现出来的一名优秀员工为当日星级员工。

(2) 轮值班长的产生。班组每日评选出的星级员工除了得到相应的工分奖励外,还同时担当班组第二天的轮值班长。

(3) 轮值班长工作机制。轮值班长的具体职责:协助班长做好全班的全部工作;组织当班的班前会、班后会;检查和组织处理当班的安全问题;协调安排当班作业中的各项工作;对当班人员的工作表现进行讲评;提出当班工分的分配意见;与班委、班长共同管理班组。

(4) 轮值班长考核。由区队、班长和员工分别对轮值班长在轮值当天班组氛围、组织协调能力、沟通能力、工作表现、轮值总体效果等轮值业绩进行考核,煤矿下发轮值班长奖励参考标准,由班委会商议确定;同时建立优秀轮值班长人才库,在班组长岗位空缺时优先考核提拔人才库中人员带班,促进人才成长。

(5) 轮值效应的扩大。煤矿根据各区队轮值班长工作开展情况,将通过轮值班长管理方法在实践过程中涌现出来的一些优秀轮值班长树立为典型,利用班组大讲堂活动邀请优秀轮值班长讲解其管理之道,促进班组管理层相互交流,共同提升班组管理水平。

人人都有担任星级员工、轮值班长的机会,大家都有了管理与被管理的时候,班组成员之间更加体谅,提高了班组凝聚力;通过星级员工和轮值班长的连续奖励,使优秀员工的工分工资比普通员工高,激励了员工向星级员工和轮值班长看齐,班组团队战斗力得到增强。

(二)塑造高效的班组工作团队

一个高效的工作团队能够促使所有团队成员以及整个团队的能力发挥到极致,能够攻克一个又一个难题,能够高效地完成一个又一个艰巨任务,能够实现一个又一个远大目标。通过塑造高效的班组工作团队,可以提高班组成员的工作积极性,充分发挥每一个班组成员的聪明才智,增强班组成员之间的协作意识,提高班组的整体工作能力。那么,班组长如何塑造自己高效的班组工作团队呢?

(1) 树立共同的目标。目标是一面旗帜、一盏指明灯,它可以带领大家朝着共同的方向去努力、去拼搏,直至达到共同的预期结果。班组长首先应该带领所有班组成员树立一个共同的目标,可以是生产目标、安全目标、效率目标等,利用各种机会向班组成员宣贯,让每位班组成员都牢记在心,以便大家统一思想、达成共识、明确方向。

(2) 合理分配角色和任务。合理分配角色和任务的关键在于发挥每个人的特长,使之产生整体搭配的协同效应。班组长应该掌握每位班组成员的特长、技能等,根据完成任务的需要选配合适的班组成员的角色,以组建高效的工作团队,充分发挥每个人的特长和能力。这样既能让班组成员感受到自身的价值,提高其工作热情,也能提高整个班组的工作效率。

(3) 实施有效的沟通。班组长要在班组内部营造一种开放坦诚的沟通气氛,使员工之间能够充分交换意见,每个员工不仅能自由地发表个人的意见,还能听到其他员工的意见,通过相互沟通,消除隔阂,增进了解,增强信任。当班组成员之间发生冲突,人际关系趋于紧张时,班组长更要进行充分沟通,引导班组成员调整心态,重新进行角色定位,寻求新的协作方式。

(4) 注重技能培训。高效工作团队需要由一群有技术能力的成员组成,他们必须具备完成各自任务所必需的技术和能力。因此,班组长在日常管理工作中除了要提高自身操作技能外,还要重视班组成员的技能培训,通过以强带弱,互补共进,提高所有班组成员的工作技能,为完成艰巨的班组工作任务奠定基础。

(5) 加强监督与考评。有效的监督与考评制度,能够促使班组成员加强协作,提高团队工作效率。为此,班组长需要制定团队协作劳动的考评标准,构建有效的监督和考评机制,做好日常的监督和考评工作,实施有效的奖惩与激励工作。

(6) 促进成员学习。高效工作团队必然是一个富有创造力的团队,必然是一个不断学习充实自我的团队。班组长应该强化班组成员的学习意识,提高班组成员的学习能力,既可以向团队内部学习,也可以向团队外部学习。只有这样,才能不断丰富团队成员的知识,增强团队的创造力,提高团队的工作效率。

塑造高效工作团队不是件一蹴而就的事情,它需要班组长长期、下意识、艰苦地加以引导和塑造。在日常的班组管理工作中,班组长要时刻提醒自己构建高效的班组工作团队,并且将构建高效工作团队看作是自己一个长期的工作任务和目标,始终抓紧抓牢。

【拓展阅读】 **蚂蚁团队**

英国科学家做过一个有趣的实验，他们把一盘点燃的蚊香放进一个蚁巢里。蚊香的火光与烟雾使惊恐的蚂蚁乱作一团，但片刻之后，蚁群开始变得镇定起来，有蚂蚁开始向火光冲去，并向燃烧的蚊香喷出蚁酸。随即，越来越多的蚂蚁向火光喷出蚁酸。一只小小的蚂蚁喷出的蚁酸是有限的，因此，许多冲锋的"勇士"葬身在了火光中。但更多的蚂蚁踏着死去蚂蚁的尸体冲向了火光。过了不到一分钟的时间，蚊香的火被扑灭了。在这场灾难中存活下来的蚂蚁们立即将献身火海的"战友"的尸体转运到附近的空地摆放好，在上面盖上一层薄土，以示安葬和哀悼。

过了一个月，这位科学家又将一支点燃的蜡烛放进了上次实验的那个蚁巢里。面对更大的火情，蚁群没有慌乱，而是以自己的方式迅速传递信息后，开始有条不紊地调兵遣将，不到一分钟烛火即被扑灭，而蚂蚁们几乎无一死亡。科学家们对弱小的蚂蚁面临灭顶之灾时所创造出的奇迹惊叹不已。

其实，蚂蚁们的成功来自它们的团队精神。对于蚂蚁这样一个弱小的物种来说，任何一个个体面对类似的灾难都是无能为力的。甚至是一个数量很大的蚂蚁群体，在无组织、无秩序的情况下应对这样的灾难，其结果也只能是全军覆没。而蚂蚁恰恰是一种组织性、秩序性很强的物种，它们依据自己的规则和方式，组成一个战斗力很强的群体，以应对生存过程中的一切事务。这正是蚂蚁这个弱小的物种之所以能在时时存在着各种天灾人祸的环境中得以存在和繁衍的关键。这种有组织、有秩序的群体就是团队。

四、健全管理制度，优化班组管理

(一) 班组管理要日趋制度化

管理制度就是管理活动的"法规"，它是对日常管理活动的程序、内容、措施等的一种事先约定。制度管理就是通过制定制度而从事的相关管理活动。班组管理制度就是班组管理的"内部法规"，它规定了班组正常运行活动的基本框架，是实现班组管理标准化、规范化、高效化的基础。班组管理制度可以规范班组成员的言行，有序地开展班组生产活动。作为煤矿班组长，通过制定班组管理制度，更多地依靠制度来管理班组的各种日常事务是非常必要的，这主要体现在以下 3 个方面。

(1) 制度管理可以克服"人治"的随意性和主观性。

(2) 制度管理可以使班组的日常管理活动更加规范、科学和有效。

(3) 制度管理有利于促进整个煤矿管理水平的提高。

(二) 制度管理要科学

班组要实施制度管理，就必须事先制定出科学可行的班组管理制度，并在班组管理过程中严格地执行。管理制度的内容还必须根据班组管理的实际需要不断地修改和完善，对于制度管理过程中出现的各种问题也必须认真地面对和处理。这些都是班组长实施制度管理需要做的工作。在实施制度管理过程中，班组长要做好以下 5 个方面的工作。

(1) 制度制定前要集思广益。

(2) 制度要求要适当。

(3) 制度制定后要严格执行。

(4) 执行中的制度要不断完善。

(5) 实施制度要灵活。

五、创新工作方法,努力完成任务

(一) 创新班组工作方法

创新就是根据目的和任务,运用已知条件,产生出新颖而有价值成果的认知和行为活动。创新意味着自我否定、大胆扬弃,意味着与时俱进、适应变化。创新对班组管理而言是非常重要的,只有不断创新,班组才能不断进步,才能与时俱进,才能更加出色地完成上级交给的各种任务,才能不断提高工作效率,为班组赢得荣誉。创新不能只是一个口号,它应该被落实到班组的日常管理工作中。班组长应该具有强烈的创新意识,应该带领广大班组成员在工作中不断探索,大胆地否定现有的工作方法,争取找到更加有效的工作方法。

在实际工作中,班组长怎样才能带领班组创新工作方法,以提升班组的执行力呢?

首先,要培养班组成员的创新意识。全体班组成员都应该意识到创新的重要性,都应该具有积极创新的意识,热爱钻研,善于发现,勇于实践。班组成员创新意识的培养可以通过组织员工观看创新科技展、阅读创新期刊、学习创新先进班组等来实现。

其次,要建立班组创新激励机制。员工智慧是创新的源泉,通过制定制度对作出创新成果的员工给予奖励,能够激励员工的创新热情,有效地激发员工的创新动力。

再次,要促进班组不断学习。创新不能凭空想象,它需要一定的知识作为基础。学习是创新的基础,学习是创新的保障,班组只有不断学习才能获得新知识,才能推陈出新,才能变革工作方法。班组通过内部学习、向外部学习,才能不断地丰富知识,扩展视野,才会不断尝试新的工作方法。

总之,创新是班组发展的原动力,是班组完成工作任务、提高工作效率的保障,创新管理工作是班组长的重要管理内容之一。只有具有创新意识的班组才能拥有创新能力和活力,在班组管理工作中,班组长一定要重视班组的创新管理工作,积极带领大家创新工作方法,开拓进取,完成各种任务,实现班组管理的不断进步。

(二) 努力完成班组工作任务

任何一个组织都有自己的使命,组织机构就是为了完成组织使命而设置的。当然,班组作为煤矿的一个基层组织也不例外,完成上级交给的各种工作任务就是班组的使命,也是班组存在的价值。班组长的主要职责就是带领班组成员努力完成上级交给班组的各项工作任务,同时不断完善班组管理,提高班组完成工作任务的效率。

为了更好地完成班组工作任务,班组长应该做好以下工作:

(1) 合理分配班组的工作任务。班组长需要把班组工作任务进行分解,并合理地分派给包括自己在内的所有班组成员,通过班组成员的相互协作、共同劳动,才能有效地完成班组工作任务。

(2) 掌握进度,关注质量。针对班组成员所做的工作,班组长要规定其工作内容、完成日期、质量要求等,并实施有效的监督和管理,掌握各自的工作进度和工作质量,对拖延工期、质量不合格的班组成员要及时给予提醒和帮助,促使他们都能够如期完成任务。

(3) 分清主次,合理安排。班组长不能平均使用班组的各种资源,要保证重要的、紧急的事情先做。当班组接到多个任务时,班组长要分清主次、要知道做事的轻重缓急,重要的任务先完成,关键的阶段先保证。如果眉毛胡子一把抓,只会耽误了大事,到头来收获甚微。

(4) 注重人际,促进合作。工作都是由人来完成的,能否调动班组成员的积极性,能否赢得班组成员的信任和合作,对于能否有效地完成班组工作任务十分重要。为此,班组长要注意处理好班组内部的人际关系，要灵活地运用各种管理方法或手段，促使班组成员努力工作、精诚合作、形成合力，共同促进班组工作任务的有效实现。

第三节　煤矿班组长的心理素质提升

一、认识自己的性格，塑造优良行为

性格就是人们对现实稳定的态度和习惯性的行为方式，也就是人们在成长过程中形成的对于人和事的习惯性思维方式和方法。性格决定了人们分析问题和解决问题的态度和方法，在日常的工作和生活中有着非常重要的作用。

(一) 认识自己的性格

班组长的性格会影响其班组管理行为。班组长的性格不同，其班组管理模式也必然不同。从工作的角度来看，人的性格大致可以分为 6 种类型，即现实型、研究型、艺术型、社会型、企业型和常规型。

(1) 现实型。这种性格的人喜欢凡事有规律，热衷于提高技术和身体力行，但较为缺乏社交能力。具备这种性格的班组长比较倚重制度和规范管理，但比较缺乏沟通意识和亲和力。

(2) 研究型。这种性格的人喜欢思考，热衷于抽象的、推理性的任务，不爱与人交流，多数内向。具备这种性格的班组长个人能力往往比较强，但比较缺乏领导能力，在班组成员心中缺少威信。

(3) 艺术型。这种性格的人爱想象，感情丰富，不顺从，有创造性，能反省。具备这种性格的班组长会从员工的角度思考问题，全心全意为员工着想，但办事效率不高，不够务实肯干。

(4) 社会型。这种性格的人喜欢社会交往，常出席社交场所，关心社会问题，愿意为别人服务，对教育活动感兴趣。具备这种性格的班组长通常与员工的关系亲密，班组团结，凝聚力强，但班组长不太会把精力放在提高生产效率上。

(5) 企业型。这种性格的人多数外向，爱冒险，喜欢担任领导角色，具有支配、劝说和言语技能。具备这种性格的班组长领导能力强，在班组成员心中的威望高，班组管理效果好。

(6) 常规型。这种性格的人具有实际、自控、友善、保守的特点。具备这种性格的班组长不愿意创新，多数只会完成分内任务，工作生产上不太会寻求突破和创新，班组的生产效率和水平不高。

一个人只有全面认识自己，既清楚自己的优势与特长，也清楚自己的劣势与不足，才能扬长避短，充分发挥优势，努力克服劣势，少犯错误，将自己的工作做得更好。

(二) 克服性格缺陷

认清自己性格上的缺陷、懂得如何克服或规避它们，对于班组长做好班组管理工作具有非常重要的意义。在班组管理工作中，班组长应该特别注意克服以下不良性格特点。

(1) 意志软弱、怯懦自卑。班组管理工作的复杂性和重要性需要班组长具有意志坚强、刚毅无畏的性格特征。意志软弱、怯懦自卑只能使班组长犹豫不决、停滞不前、毫无作为。

(2) 拘谨多虑、瞻前顾后。如果班组长做事拘谨多虑、瞻前顾后，那么必然会在需要其拿出魄力大胆决断时失去勇气，从而错失良机，导致目标难以实现，给整个班组带来损失。

另外,班组长作为班组的领导者,其行为具有很强的导向性,班组长的工作态度和决断力如何,会直接影响班组成员的工作态度和行为。

(3) 心胸狭隘、固执偏见。选才用人是班组长又一项重要职能。选才用人实际上是班组长借用他人力量使自己的智力得以延伸、能力得以延长、精力得以补充的过程。心胸狭隘的人,总怕别人超过自己、危及自身的地位和声誉,因而对别人的成绩总是耿耿于怀、不能容忍。这种人对选才用人的态度怠慢,不愿意使用能力强的人,处处压制别人而抬高自己,结果只能是班组管理工作效率低下,班组成员的工作能力和创造力被压抑,不利于煤矿的健康发展。

(4) 办事懈怠、拖沓懒散。一个班组长,尽管很有管理能力,但拖沓懒散、办事懈怠,久而久之,不但自己工作作风拖沓,还会养成下属作风懒散,在这种情况下即使他的管理能力很强,也不可能充分地发挥出来,更不可能把这种能力转化为领导效能。

(5) 自制力薄弱、心绪不定。班组目标的实现离不开班组长对班组成员的组织和协调,如果班组长的自制能力差,情绪波动大,就会造成班组发展受班组长个人情绪的影响,班组发展不平衡、不稳定,很难调动班组成员的工作积极性。

总之,班组长应该努力培养自己乐观自信、积极进取、刚毅果断、谨慎守严、宽容豁达、诚实坦荡的优良性格特点,尽量克服或避免上述性格缺陷对班组管理工作的影响。

二、增强自信,轻松面对工作压力

(一) 班组长的工作压力

作为班组工作的领头雁,班组长无疑要面对来自各个方面的工作压力。班组长在班组管理工作中到底会面临哪些工作压力呢?有人做了一项粗略的统计,班组长在工作中至少要面对16种工作压力:

(1) 上传下达走样的压力。

(2) 以讹传讹,谣言的压力。

(3) 激励不当产生的压力。

(4) 组织规定带来的压力。

(5) 工作安排行程的压力。

(6) 职务晋升造成的压力。

(7) 脾气失控引发的压力。

(8) 自我批评过度的压力。

(9) 绩效考核带来的压力。

(10) 过分追求带来的压力。

(11) 领导方式带来的压力。

(12) 情绪传导形成的压力。

(13) 人际关系形成的压力。

(14) 职业安全带来的压力。

(15) 面对领导的心理压力。

(16) 员工代沟之间的压力。

工作压力的作用具有双重性:一方面,压力就是动力,班组长面临的工作压力其实就是班组长做好各项工作的动力;另一方面,压力容易使人产生焦虑心情,严重时会引发人的精神疾病。没有工作压力,就很难激发班组长的工作动力,但是过大的工作压力,又会造成班组长精神紧张，难以发挥其应有的工作能力。因此，要保证班组长具有适当的工作压力，就要激发其工作热情，做好班组的各项管理工作。

(二) 自我心理调节

班组长的工作任务重、安全责任大，经常需要面对很大的工作压力。然而，过重的工作压力又会使班组长身心疲惫，久而久之，不利于煤矿生产和班组管理。解决此问题的最好办法是班组长要学会自我调节，通过自我调节，轻松组织班组生产、科学进行班组管理、做快乐工作的班组长。为此，班组长需要做到以下几点。

(1) 要善做规划。“一切尽在掌握”，这种感觉本身就能很好地缓解压力。有选择而不是被动地接受所面临的各种事情，或许使人感到轻松很多。最好的办法就是根据事情的轻重缓急列出清单，既有利于作出规划，又能理清一个个问题。完成一件，就在清单上划去一件，这样做带来的成就感足以鼓舞班组长将工作继续下去。

(2) 要及时倾诉。班组长在感到困惑、棘手或难过的时候，要及时向班组成员或者家人朋友倾诉或者寻求他们的帮助。当事情变得非常糟糕，或者自己身陷焦虑的时候，更应该向他们吐露诉说。仅仅是倾诉，也能获得释放，或许还会得到好的建议。

(3) 要积极乐观。始终以乐观的心态看待问题，要深信事情会朝着所期望的方向发展。这样即使遇到麻烦，也一定会以最快的速度调整心态。

(4) 要不耽搁迟延。能在今天办完的事就不拖到明天，能当时办完的事就当时办完，因为很多事情搁着未做，本身就能造成巨大的心理压力。

(5) 要善于分配任务。班组长不能办任何事情都亲力亲为，学会合理地分派下属任务，既能减轻自己的工作压力，也能调动下属的积极性。除了将任务分配给下属以外，还可以尝试分配给其他班组的同事，合作才能共赢。

(6) 要常做深呼吸。日常的深呼吸能将感觉到的压力水平减半。挺直后背，两肩放松，由鼻将空气深深地吸入肺部，集中精力感受空气渗透到每个细胞，然后全力将空气呼出，想象体内的压力也随着气流一起排到体外。

(7) 要经常幻想美好前景。用渡过这次难关以后的美好前景来鼓励自己。“一个月以后，我还会在做班组长吗?”“一周以后，我的工作还会那么辛苦吗?”“5 分钟以后，我还会为刚才的错误恼火吗?”这种将情景推向将来的假设，一定能让眼前的压力逐渐释放。

(8) 要适时说“不”。班组长感到力所不能及时，要坚定地说“不”。在分身无术或无能为力时，班组长不要一味逞能。在拒绝别人的时候，不一定要把原因解释得一清二楚。

(9) 要有自己的娱乐方式。班组长要安排一定的时间尽情去做与工作无关而又一直想做的事，让自己释放压力，领略生活的美好、享受工作的乐趣，从而恢复对生活与工作的激情和热爱。

(三) 增强自信

班组长是整个班组的精神支柱，班组长一定要有自信，相信自己能够克服面临的困难，相信自己能够带领班组成员渡过难关。只有自信，班组长的工作才能游刃有余，才能应对来自各方面的工作压力。自信是班组长顺利开展班组工作，轻松应对工作压力的重要心理基础。

英国心理学家克列尔拉依涅尔提出了 10 条能够使人增强自信的法则，班组长不妨照此来提高自己的自信心。

(1) 要每天照三遍镜子。上班之前,对着镜子修饰仪表,整理着装,务必使自己的外表处于最佳状态。下班时再照一遍镜子,修饰一下自己,保持整洁。晚上就寝前再照照镜子。消除对仪表不必要的担心,更有利于班组长将注意力集中到班组工作上。

(2) 不要总想着自己的身体缺陷。每个人都有一定的身体缺陷,完美无缺的人是不存在的,对自身的缺陷不要念念不忘。其实,人们并没有那么在意别人的缺陷,只要少想,自我感觉就会更好。

(3) 不要过分关注自己的过错。班组长感觉明显的事情,其他人不一定注意得到。

(4) 不要过多地指责别人。如果班组长常在心里指责别人,这种毛病就可能成为习惯。总爱批评别人的人是缺乏自信的表现,应逐渐克服这种缺点。

(5) 不要随意打断别人的讲话。多数人喜欢的是听众,因此当别人讲话时,不要急于用机智幽默的插话来博得别人的好感。只要认真地倾听别人的讲话,才能被别人喜欢。

(6) 要为人坦诚,不要不懂装懂。对不懂的东西坦白地承认,这不仅不会损害形象,还会给人以诚实可信的感觉;对别人的魅力和取得的成就要勇于承认,并致以钦佩和赞赏。

(7) 要有患难与共的朋友。找一个患难相助、荣辱与共的朋友,这样在任何情况下都不会感到孤独。

(8) 不要试图用酒来壮胆。只要班组长潇洒大方,就会受到大家的欢迎。

(9) 要以沉默来应对敌人。如果某人不理睬,则不要总觉得自己有错。对于有敌意的人,不讲话虽不是最好的方法,却总是有效的方法。

(10) 要努力使自己处于有利的环境中。一定要避免使自己处于一种不利的环境中,否则,当自己处于不利情况时,虽然人们会表示同情,但同时他们也会感到地位优越而在心里表示轻视。

三、诙谐幽默,自然释放焦虑心情

班组往往需要面对来自工作和安全的双重巨大压力,处在双重压力下的班组成员的精神往往会高度紧张,长期在这种心理状态下开展工作对煤矿安全生产和班组成员的身心健康无疑是非常有害的。艰苦而紧张的工作环境有时更需要用一种轻松和谐的氛围来调节心情。面对艰苦的井下工作环境和巨大的工作压力,班组长要学会诙谐幽默,让班组成员在谈笑中放松身心,释放自己紧张的焦虑心情。

作为班组长,应该更多地把幽默带入班组工作,用诙谐幽默调节工作心情,用诙谐幽默激励工作激情,用诙谐幽默感染班组成员。

(一) 用诙谐幽默处理班组矛盾

班组长在工作中难免需要处理班组成员之间的矛盾,班组和谐无疑在工作中有着重要意义,如果班组长善于在化解矛盾时运用诙谐幽默的方式方法,不仅能够化解矛盾双方的尴尬,而且能够促进班组成员的和谐,放松班组成员的紧张工作心情。

(二) 用诙谐幽默弥补工作失误

班组工作任务重、压力大,工作中难免会出现失误,不管是班组长还是班组成员都有可能是失误的责任者,如果班组长能够运用诙谐幽默去处理失误,那么大家的重心将会更好地转移到如何弥补失误上,而不是放在责备失误者上,这样对班组工作也是有百利而无一害的。

(三) 用诙谐幽默处理下属错误

班组长作为班组的领导者，本身就容易给班组成员带来权威上的压力，面对下属的错误，如果可以用诙谐幽默的方式帮助下属解围，不仅可以帮助下属脱离尴尬的境地，而且有可能使自己更加受欢迎，以后开展工作也会更加顺利。

当然，要学会诙谐幽默也不是一件十分困难的事情。首先要不断地清除自身琐碎、寒碜、渺小、自卑的缺点和陋习，陶冶自己的情操，优化自己的性格；其次要努力学习，加强训练，使自己富于才智和机敏，轻松诙谐地应对生活中发生的各种情况；再次要心怀仁慈，与世无争，不计较生活琐事。

四、坚定意志，轻松面对各种挫折

班组工作可能会遇到很多困难和挫折，班组长在这些困难和挫折面前应该坚定意志，勇敢地面对，使班组始终拥有坚强的战斗力。班组长需要在工作中树立明确的目标，然后朝着目标坚定不移地前进，还要拥有良好的心态积极应对困难和挫折，充分利用班组团队解决问题，只有这样，才能克服一个又一个困难和挫折，才能迎风破浪带领班组不断前行。

(一) 要有明确的目标

伟大的成功学大师卡耐基曾做过一个关于人生目标的调查。他发现，只有3%的人有明确的目标，并懂得如何通过行动实现自己的目标；而97%的人，不是没有目标，就是目标不明晰，更不知道如何实现目标。十年之后，卡耐基再次调查了那些人，结果发现，有5%的人找不到了；之前属于97%范围内的人，除了年龄增加了10岁，其他各方面并没有变化，依然那么平庸；而之前属于3%范围内的人，都在自己奋斗的领域内取得了令人瞩目的成绩。他们十年前树立的目标，都有不同程度的实现，而且他们正朝着目标继续前进。

这个调查说明了目标对一个人事业成功的重要性。处在班组长这个位置上，不论面对多大的压力与挫折，只要心中有明确的目标，就能明白应该带领班组成员往哪儿走，就可以取得事业的成功。那么班组长应该树立怎样的目标呢？有几点值得考虑：每年以怎样的质量完成生产任务？要带出一支怎样的班组队伍？要营造一种怎样的班组氛围？把这些因素考虑清楚之后，班组长的目标就很明确了：保质保量完成生产任务，带出一支相亲相爱的精干班组！有了这个目标作为指路明灯，班组长一定能带领整个班组乘风破浪、顺利航行。

(二) 要有坚定的信念

明确目标只是班组长带领班组前进的第一步，在实现目标的过程中，还必须有坚定的信念，要有为了达到目标克服一切困难和挫折的勇气，只有这样，才会成功。

巴恩斯是爱迪生的事业伙伴。他在青年时代就树立了一个目标：成为爱迪生的工作伙伴。但要实现这个目标，他必须解决两个难题：第一个难题是他与爱迪生并不相识；第二个难题是他没有足够的钱去爱迪生所在的城市。也许很多人面对这样的难题就退缩了，但是巴恩斯没有。没有钱买火车票，他就偷搭货运火车到爱迪生所在的城市。不认识爱迪生，他就主动上门拜见爱迪生。当他历经艰辛来到爱迪生办公室时，已经衣衫褴褛、蓬头垢面了，但眼里燃烧着热情的火焰。经过一番简短的交谈，爱迪生被他身上的激情打动了，给了他一份勤杂工的工作。虽然没能实现自己最开始的理想，但巴恩斯认为自己已经离目标又近了一步，他勤勤恳恳、努力工作，经过几年的努力，终于成为爱迪生事业上的伙伴。

如果巴恩斯没有明确的目标，他就不会有如此坚定的信念，遇到困难也能勇敢克服、决不放弃。班组长也是如此，每当遇到困难的时候，想想心中的指路明灯，点燃信念之火勇敢前进,要坚信最初的梦想一定能够实现。

(三) 要有积极的心态

俗话说:“人生不如意事十之八九。”工作亦是如此,很少有工作可以风平浪静、顺顺利利地完成,成功的脚步是踩着各种挫折前进的。如果遇到一些小小的挫折就轻言放弃,那么永远也不可能获得成功。

班组长要始终以积极的心态去面对可能遇到的困难和挫折。想要拥有积极的心态,就要学会积极的心理暗示。积极的心理暗示,就是一个人一直都要对自己说一句相同的话,不管这句话是真是假,是对是错,最后的结果就是他都认为这句话是真的、是正确的。从今天起,学会告诉自己和自己所带的队伍“我们是一支精干高效的班组队伍”;从今天起,学会告诉自己“我是一个有智慧、有干劲、有领导协调能力的班组长”;从今天起,学会面对挫折、越挫越勇。

(四) 要依靠班组团队

一根木柴燃不旺,众人拾柴火焰高。在班组遇到种种困难和挫折时,单靠班组长一个人的力量显然是远远不够的,只有把班组成员每个人的力量都调动起来,把团队的力量发挥到最大化,才能解决一个又一个困难和挫折,才能更好地完成班组的生产任务。

团队精神形成之后,面对困难挫折的时候,班组长将不再孤军奋战,克服困难的信心要大得多,战胜挫折的勇气自然也会增强百倍!

【拓展阅读】　　态度改变心境

有位老太太请了一个油漆匠到家里粉刷墙壁。油漆匠一进门,看到她的丈夫双目失明,顿时流露出怜悯的目光。可是男主人开朗乐观,所以油漆匠在那里工作的几天,他们谈得很投机,油漆匠也从未提起男主人的缺陷。

工作完毕,油漆匠取出账单,老太太发现比原来谈妥的价钱打了一个很大的折扣。她问油漆匠:“怎么少算这么多呢?”油漆匠回答说:“我跟你先生在一起觉得很快乐,他对人生的态度,使我觉得自己的境况还不算最坏。所以减去的那一部分,算是我对他表示的一点谢意,因为他使我不再把工作看得太苦!”油漆匠对这位老太太的丈夫的推崇,使她流下了眼泪。因为这位慷慨的油漆匠,自己只有一只手。

虽然我们无法改变生命历程,但是我们可以改变人生观;虽然我们无法改变环境,但是我们可以改变心境。

五、关爱职工,提高情商

(一) 关爱职工身心健康

班组长要注意观察班组成员的身体心理变化,分析造成班组成员工作压力或身心不愉快的原因,有针对性地实施各种减压措施,并帮助班组成员提高心理保健能力,学会缓解压力、自我放松,充分关爱职工的身心健康。

(二) 认识情商

情商是指人在情绪、情感、意志、耐受挫折等方面的品质。情商一般包括以下 5 个方面的内容:一是认识自身的情绪,能够察觉某种情绪的出现,观察和审视自己的内心体验,监视情绪时时刻刻的变化;二是妥善管理自己的情绪,即调控自己的情绪,使之适时适度地表现出来;三是自我激励,能够依据活动的某种目标,调动、指挥情绪的能力;四是认知他人的情绪,能够通过细微的社会信号敏锐地感受到他人的需求与欲望,这是与他人正常交往,实现顺利沟通的基础;五是处理人际关系,调控与他人的情绪反应的技巧。

情商是一种能力,是人们可以感觉、了解和有效地应用情绪的力量。

情商对于班组长的日常管理工作意义重大,对于协调班组活动、提高班组凝聚力、珍惜班组成员之间相处的感受、揭示班组成员的特殊潜能和更深层次的价值与渴望等都有明显的积极影响。高情商的班组长对其管理工作有特殊意义。

(三)提高自己的情商

成为一个优秀的班组长未必需要高智商,却需要高情商。班组长可以按照以下几个方面来提高自己的情商。

(1)学会划定恰当的心理界限。人们也许自认为与他人界限不明是一件好事,这样大家能随心所欲地相处,而且相互之间也不用激烈地讨价还价。划定心理界限对大家都有好处。人们必须明白什么是别人可以或不可以做的。当别人侵犯了自己的心理界限,告诉他以求得改正。如果总是划不清心理界限,那么就需要提高自己的认知水平。

(2)找一个适合自己的方法,在感觉快要失去理智时使自己平静下来,从而使血液留在大脑里,作出理智的行动。可选用的几种方法有:深呼吸,直至冷静下来;自言自语,比如对自己说“我正在冷静”,或者说“一切都会过去的”;尝试美国心理学家唐纳·艾登的方法——想着不愉快的事,同时把指尖放在眉毛上方的额头上,大拇指按着太阳穴,深吸气。

(3)抱怨前先自问:是想继续忍受这看起来无法改变的情形呢,还是想改变它呢?抱怨会消耗体力而又不会有任何结果,对问题也毫无用处,又很少会使人们感到好受一点。因此,当人们准备向一个同情自己的朋友抱怨时,先自问一下:是想减轻压力保持现状呢,还是想让压力持续下去促使自己改变这一切呢?如果是前者,那就通过抱怨把压力赶走吧。

(4)扫除一切浪费精力的事物。什么是不利于提高情商的力量呢?答案就是一切浪费精力的事物。许多人的神经系统就像父亲的手一样长了厚厚的老茧。精力是微妙的,但也可以体会到明显的变化,比如听到好消息时,肾上腺素会激增,而听到坏消息时,会感到精疲力竭。人们通常不会留意精力细微的消耗,比如与一个消极的人相处、在桌上到处找一张纸等等。人们需要去除缓慢地浪费精力的东西,解脱出来以集中精力提高情商。

(5)找一个生活中鲜活的榜样。人们都曾经历过学习榜样的年代,那些榜样高尚而又遥远。于是学习榜样的热忱在和榜样的距离中渐渐熄灭了,因为人们知道,自己也许一生都成不了大英雄。是的,人们不能成为大英雄,但可以成为一个快乐的平常人。

(6)从难以相处的人身上学到东西。人们周围有很多牢骚满腹、横行霸道、装腔作势的人,人们多么希望这些人从生活中消失,因为他们会让人生气和绝望甚至发狂。为什么不能把这些人圈起来,买张飞机票,送到一个小岛上?在那里他们再也不会打扰别人!可是,最好别这样想,这些难以相处的人是提高情商的帮手。人们可以从多嘴多舌的人身上学会沉默,从脾气暴躁的人身上学会忍耐,从恶人身上学到善良。

(7)时不时尝试另一种完全不同的方式,便会拓宽视野,提高情商。人人都有自己的偏爱,如果可以选择的话,每个人都会选择自己偏爱的方式。然而,尝试截然相反的行动会更有助于人们的成长。

六、敢于迎接挑战,善于抓住机会

(一)迎接挑战

班组长大多数都是班组“土生土长”选拔的,绝大多数都很想在班组长岗位上干一番事业,以证明自己的价值,但最后真正能够取得显著成绩的似乎并不太多。这主要是因为班组长的工作需要面对诸多困难和挑战,例如:如何根据不同班组成员的不同性格实施有效管理?如何管理好不同年代的班组成员?如何传达上级领导的指示,让各位班组成员接受并很好地加以执行?如此等等。面对来自各个方面的困难和挑战,班组长应该怎么办?

(1)班组长要与职工融为一体。虽然大多数班组长出自基层,但也有可能并不是十分了解本班的安全生产状况,要想打开班组安全工作局面,必须征得班组全体成员的信任。

(2)班组长要勇挑重担独当一面。融为一体是一种手段,而独当一面才能充分展示才能。独当一面,有主动发挥才能的一面,但也有担当风险、承担责任的一面。

(3)班组长要扑下身子全力以赴。全力以赴地干,就是要求班组长工作在班组,工作在岗位,不摆花架子,不做表面文章,要把自己当作班组普通一员,踏踏实实地工作,把繁荣企业经济、确保企业平安作为自己最大的追求。

(二)抓住机会

发现机会对于每个人都是平等的,只是当机会来到人们身边时,人们是否看到机会,并抓住了它。对于班组长来说也是一样的,当机会来到眼前的时候,有没有做好充分的准备,能否抓住机会呢?班组长面对机会时要注意以下几个方面:

(1)平日打造自身的品格影响力,以崇高的品格赢得班组成员的尊敬,以高尚的情操树立良好的班组长形象。

(2)让班组成员参与决策,营造归属感。班组长就班务进行决策时,应集思广益,打造一个全员参与的平台,充分征求班组成员的意见,使每个班组成员感觉到自身的重要性。

(3)保持信息的公开性与沟通渠道的畅通,及时公布班组成员渴望了解的信息,保证每个班组成员都能平等地分享,并时常与班组成员进行沟通交流,既保证企业政策及时下达,又保证班组成员心声有效上传。

(4)为班组成员提供学习、成长以及负责的机会。对于大多数班组成员来说,得到新的机会来表现、学习与成长,是获取上级认同的最好办法。

班组长要想在企业中有升迁的机会或更大发展的机会,是要靠自己的努力和勤奋去争取的。

第四节　煤矿班组长的学习能力提升

一、增强学习意识,培养学习兴趣

(一)学习是进步的起点

为了保障职工生命安全、强化业务能力、增强管理技能和提高自身素养,班组长需要不断地学习安全知识、专业知识、管理知识和文化知识等。只有通过不断的学习,班组长才能掌握各项技术,才能熟练运用各种管理技巧,才能提升文化素质,从而做好安全生产、班组建设等日常工作,才能实现个人的职业发展。

(二)兴趣是学习最好的老师

兴趣是人们力求认识世界、渴望获得科学知识和不断探求真理带有的情绪色彩,是人们学习的一种意向活动。学习兴趣是班组长力求认识事物、渴望获得知识的一种意向活动,是班组长的一种求知愿望。学习兴趣是推动班组长从事学习行为的直接动力,对于班组长的学习开展和智力增长具有直接的推动作用。“兴趣是最好的老师”,激发学习兴趣是班组长学习的首要任务。班组长有了学习兴趣,才会用心学,才能学得好。

培养学习兴趣至关重要,那么班组长如何培养自己的学习兴趣呢?

(1) 乐观面对学习。乐观面对学习就是从改善自身的学习心理状态入手,对自己不喜欢的学习内容充满信心,相信该内容是非常有趣的或有用的。想象中的“兴趣”“实用”会推动认真学习,从而对学习产生真正的兴趣。例如一位班组长原本对学习管理知识毫无兴趣,为了培养自己对学习管理的兴趣,他做了这样的练习:“我喜欢你,管理!”重复几遍之后,他就觉得学习管理知识不像从前那样枯燥无味了。第二天他买了一本管理方面的书,回家后,收拾一下房间,高高兴兴地读了起来。在企业举行的管理知识培训课上,他发现自己居然已经掌握了许多管理知识,也能够听进去老师的讲解了。

(2) 从小目标开始。最初的学习目标不可定得太高,应从努力可达到的目标开始,通过不断激励提高学习信心。有的人刚开始制定了一个宏大的目标,努力学习了一两周,结果发现成绩提高不大,就失去了信心,从而厌恶学习。持之以恒地努力,一个一个小目标去实现,不断地激励自己,是实现大目标的开始。

(3) 培养自我成功感。在学习的过程中每取得一个小小的成功,就进行自我奖赏。达到一定的目标,就给自己一定的奖励。有小进步、实现小目标则进行小奖赏。有中进步、实现中目标则进行中奖励。有大进步、实现大目标则进行大奖励。这样通过渐次奖励来巩固自己的行为,有助于产生自我成功感,不知不觉就会建立起对学习的兴趣。

(4) 不断地提问题。当为回答或解答一个问题而去读书时,学习就带有目的性,就容易产生学习的兴趣。准备一些问题是很容易的,例如学习科学管理理论时,可以问自己:什么是科学管理?它是谁发现的?科学管理能够带来什么好处?使用它应注意什么问题?我能否把它用到实际工作中?为了回答这些问题,一开始强迫自己详细看下去,接下来会发现,自己很快就被它吸引住了。

(5) 想象学习成功后的情景。人们在满腔热情地去做任何一件事之前,一般都对它的结果有一个预期。班组长可以想象自己学到了很多知识后,自己班组的管理会得到大幅度提升,班组生产效率会有质的飞跃,自己将会有更大的晋升机会,从而就会增加学习的动力,并使自己逐渐对学习产生兴趣。

培养学习兴趣的方法绝不仅仅是上面几种,学习兴趣是慢慢培养出来的,班组长切记不要把学习当作负担,而应把它当作生活的一部分,当作一个朋友。

二、班组长需要学习的知识

班组长需要通过学习不断丰富知识,提升自己的内涵,这是班组管理和自身发展的前提。

(一) 学习安全知识,关爱职工生命

班组长直接掌控着煤矿生产的第一线,身上肩负的安全责任重大,班组长学习安全知识,对于其组织安全生产具有非常重要的意义。班组长的安全知识丰富、安全意识强,就会使自己的班组管理少犯错误,也会监督班组成员少犯错误。班组长安全知识不足,对安全知识的学习不够,在安全生产上的防范就不够,对危险源的辨识就不够,在遇到突发事故的情况下就不能准确判断和正确决策,就容易引发生产安全事故危害班组成员的生命安全。因此,班组长必须学习各种安全知识。

(二) 学习专业知识,强化业务能力

班组长作为煤矿生产一线的管理者,为避免出现“外行”管“内行”的尴尬,需要不断充实自身的专业知识。班组长首先要学习掌握各种煤矿生产技术,努力做煤矿安全生产的技术能手,以防自己处在“外行”的境地。不断学习专业知识,刻苦研究生产技术,是每一个合格班组长每天都需要做的事情。煤矿生产技术在不断进步,班组长如果不学习新的专业知识,不掌握新的生产技术,不接受新的事物,原本“内行”的班组长也会很快变成“外行”。

(三) 学习管理知识,增强管理技能

班组长学习掌握科学的管理知识,灵活运用各种管理办法和手段,对提高班组的生产质量、降低班组的生产成本、提高班组的现场管理水平等都非常重要。可以说,班组长的管理知识多少、管理技能好坏,直接决定着班组的生产效率、管理绩效等。班组长需要学习的管理知识,如:如何开好班前班后会,如何抓好现场安全管理,如何组织好现场生产管理,如何培养班组文化,如何提高班组执行力。班组长要通过学习各种管理知识,增强管理技能,不断推进班组建设工作。

(四) 学习文化知识,提高基本素养

文化知识往往是学习和理解各种专业知识的基础,如果没有一定的文化知识,就很难理解和掌握现代科学技术知识,就很难掌握各种现代生产技能。文化知识也与人的基本工作技能密切相关,发现和解决工作中的问题、进行人际沟通与交往、理解和执行上级决策与命令等,往往都需要一定的文化知识作后盾。文化知识水平还决定了一个人的基本素养,学会尊重、懂得关怀、讲求奉献等,都需要一定的文化知识作为基础。因此,班组长需要学习各种文化知识,为做好班组各项工作和提高自己的基本素养奠定基础。

三、掌握学习方法,提高学习能力

学习是一个人获得知识、取得经验、改变行为的重要途径。学习可以充实生活,发展身心,促使个人得到全面的发展和提高。学习方法就是人们在学习中所采用的手段和途径,它分为获取知识的方法、培养技能的方法、发展智力的方法等。学习需要掌握科学的学习方法。

班组长应该掌握适合自己的良好学习方法,以提高自己的学习能力。古今中外的无数事实都证明,科学的学习方法能够充分发挥学习者的才智,能够给学习者带来学习的乐趣,能够节约学习者的时间,能够使学习者越学越聪明。班组长应该利用多种渠道、采取多种方法进行学习,通过学习解决班组遇到的各种问题,通过学习提高班组的管理效率,通过学习提高自身素质和能力,为自己的职业发展奠定基础。

(一) 岗位学习

班组长应该学会在岗位上进行学习。班组长应该在工作中学习,在学习中工作,将工作和学习紧密地联系在一起。岗位学习的基本依据是:日常管理是训练,班组长的主要学习场所是自己的日常工作岗位。

班组长要学习与工作密切相关的知识,要学习与工作岗位密切相关的技能,要学习能够解决岗位实际问题的实用知识,要学习创新工作方法的技能等。班组长在工作中遇到问题要努力通过学习加以解决,学习中遇到问题要努力联系自己的工作实际加以理解,要从实际工作中获得启发。班组长结合自己的工作岗位去学习,学习就有了参照物,学习就变得易于理解;班组长结合自己的学习去工作,工作就有了目标和动力,工作就变得更加容易。

岗位学习的最大特点是"干啥学啥,缺啥补啥"。岗位学习的目的是应用知识,班组长要努力将所学的知识正确运用于工作实践,最大限度地发挥学习的成效,取得显著的工作业绩。为此,班组长要及时了解相关专业知识和技能的发展动态,善于从工作中洞察和发现新知识、新技能,并且根据工作的实际需要加以创新和升华。

因此,班组长的学习不应该仅仅是单纯地获得新知识、获取新信息,而应该将所学知识运用到实际工作中,增强自己的工作能力。班组长要培养自己的学习兴趣,掌握适当的学习方法,养成良好的学习习惯,学会用新知识解决自己遇到的问题,努力成为一个岗位学习的典范。

(二) 创造性学习

学习一般分为三种类型:一是强制性学习,即被动地接受新知识;二是适应性学习,即以一个基本认知框架为前提,去获得解决一个问题的知识或诀窍;三是创造性学习,即超越现有的认知框架,创立新的认知框架。

班组长的学习不能只是简单的强制性学习和适应性学习,更应该是一种创造性学习。班组长要具有对知识不断学习、更新,对新技术不断探索、追求,并促进自我完善的意识和自觉性。培养自己强烈的好奇心和求知欲,对智力活动有广泛的兴趣,愿意排除外界干扰而长期地专注于某个感兴趣的问题,愿意花大量的时间去探究问题,这些对于从事创造性学习非常重要。总之,班组长的学习不应该是人云亦云、鹦鹉学舌、死守书本、不知变化的重复性学习,而应该是不拘泥、不守旧、打破框框、求异创新的创造性学习。

(三) 潜意识学习

通常来讲,学习新知识要经过四个阶段:第一个阶段,根本不知道要学的东西是什么;第二个阶段,开始努力希望获得新知识;第三个阶段,能在工作中使用新知识;第四个阶段,能够进行潜意识的学习。

班组长要不断增强自己的学习能力,要能够迅速从学习的第一个、第二个阶段到达学习的第三个阶段,经过这一段时间的练习之后,最后到达学习的第四个阶段,即潜意识学习。潜意识学习能够让班组长的学习成为习惯,能够让班组长专注于一些新的问题或事物上,从而为下一轮的知识学习和创新奠定基础。

(四) 思考与学习

学而不思则罔,思而不学则殆。学习不能只学书本知识而不进行思考,要学与思相结合。班组长要多思考自己面临的问题,多学习和探求解决这些实际问题的知识,要善于将所学的知识用于解决自己的实际问题,只有这样才能更好地将学与思有机地结合起来,增强学习兴趣,收获学习成果。

(五) 学习方法

学习方法没有绝对的好与坏,只是对学习者是否适合。班组长要分析自己的实际情况,找到适合自己的学习方法。班组长先要了解自己的学习基础。要了解自己的学习状况,包括情绪、体力、自信心、毅力等因素,还要了解工作目标,利用学习朝着工作目标奋勇向前。只有充分地了解自己,找到影响学习效果的因素,通过扬长避短、发挥优势,才能找到适合自己的学习方法,为提高学习效率奠定基础。

四、持之以恒,养成良好的学习习惯

习惯的力量是巨大的,人一旦养成习惯,就会不自觉地在这个轨道上运行,如果是好习惯,将会终身受益。班组长应该逐渐养成良好的学习习惯,将自己的学习常态化,不断提高自己的学习能力。

【拓展阅读】 全国煤矿优秀安全班组、神华新疆公司碱沟煤矿综采一队机修班班长陈晓阳就是拥有良好学习习惯的班组长。碱沟煤矿综采一队是该矿主力采煤区队,而机修班这支由8人组成的班组担负着区队机、电、泵等生产设备的修理工作,工作点多、线长、面广。但是陈晓阳不怕艰难,不仅自己刻苦钻研学习机修技术,养成了每日学一技的良好学习习惯,而且带领班组职工一起学习,在机修上克服一个又一个困难,创造一个又一个奇迹,班组成员比学赶超,各个身怀绝技,完美完成机修任务,保障安全生产。

班组长要养成良好的学习习惯,需要做好以下几点。

(1) 要制定一个个阶段性学习目标。只有目标明确,行动才有一个稳定的方向,才能在执行中不会迷失自己和随意改变方向。班组长可以制定一个个阶段性的学习目标,通过完成这些学习目标促使自己不断地学习,在实现一个个阶段性目标的同时,学习兴趣就会逐渐产生,学习习惯也就在不知不觉中养成。

(2) 要说到做到,坚持不懈。一旦确定了目标,就坚决地行动,并尽力实现目标。一次行动胜过千百次的决心,只有坚持行动,才能有收获,才能从行动中发现乐趣,才能收获行动的乐果。

(3) 要学会做学习总结。每次学习之后都要做必要的回顾和总结,学会总结学习的知识,学会总结好的学习方法,学会吸收学习的经验教训。每一次总结都会有所收获,每一次总结都会使学习更有效率。

(4) 发现偏离要及时调整。在坚持学习的过程中,容易出现厌倦、拖延、敷衍、放任等现象,容易出现跟着感觉走,随意中断学习习惯的现象。这就要求班组长加强自律意识,不时对照目标或标准严格监督自己,发现偏离时作出调整。

(5) 要劳逸结合,学会控制自己。健康的身体是学习的前提和保证,会学习的人也是会休息的人。学习者要保证充足的睡眠,没有充足的睡眠就无法使学习者集中注意力,学习时犯困,感觉学习非常痛苦,从而半途中止学习行为。在习惯形成的过程中,在学习的自制力还不够强大的情况下,应从控制活动时间和活动空间入手来约束学习行为。

五、学会读书,提升个人修养

(一) 爱读书,善读书

读书是接近真理、吸取智慧、获得知识、陶情冶性的重要途径,班组长只有做到与时俱进地读书学习,持之以恒地读书学习,坚持不懈地读书学习,才能干好本职工作,胜任管理职责,承担起带领全体班组职工内强素质,外塑形象,全力以赴争创优秀班组的使命。

班组长应围绕提高文化素质、增强工作能力、完善知识结构、提升精神境界,选择与所从事的工作关系密切、自己爱好和有兴趣的书来读,力争在有限时间内获得最佳的读书效果。要多读理论书籍,也要多读与自己所从事的工作相关的新理论、新知识、新技能、新规划的书,不断提高知识水平,努力使自己能够真正适应新情况、新变化、新要求。

(二) 提高个人修养

良好的个人修养是文化、智慧、善良和知识所表现出来的一种综合美德,是崇高人生的一种内在力量,是优秀品质与价值的外在体现。提高个人修养需要从身边的事做起,从细微处着手,从自己的一言一行开始,不断学习,不断积累,努力提高个人综合素质,以成就自己的魅力人生。

(1) 要与人为善。为人做事一开始就尽量富有人情味，与人为善。特别是对违规之人，不能一味地去惩戒他们，而应该尽量用情感去感动他们，要真诚地与他们进行沟通，而不是冷冰冰地使用各种手段去惩罚他们。和蔼可亲会使他人感到快乐，自己也会得到快乐。惩前毖后、治病救人也要注意火候，要让对方能够感受到班组长的真诚。

(2) 要尊重下属。想要别人怎样对待自己，自己就应该怎样对待别人。班组长只有尊重下属，下属才会尊重班组长，才会配合班组长的工作。听取和采纳下属的意见是对下属的一种尊重，每一名职工都希望自己的意见被班组长重视，都希望自己的能力得到班组长的认可。一旦他们感觉到自己是被重视的、是被尊重的，他们的工作热情就会高涨，潜在的创造力就会被激发出来。

(3) 要学会谦和。做任何事情都不要自命不凡、妄自尊大、自我吹嘘，要想使自己比较完美，就必须控制那种不可遏制的、想过分表现的欲望，做到做事谦虚，为人随和。要多站在对方的角度看待问题，要多替对方着想，力争能够客观公正地处理每一件事情。

提高个人修养不是一日之功，要想成为一个有修养的人，就必须学会学习，学会积累，学会从小处做起，学会从一点一滴做起，学会养成良好的学习、工作和生活习惯。

复习思考题

1. 班组长如何提升管理能力?
2. 班组长如何提升执行能力?
3. 班组长如何提升心理素质?
4. 班组长如何提升学习能力?

附录　煤矿班组长安全再培训考核题库

1. 为便于培训机构对学员考核及学员学习自我评价,我们编制了本考核题库,供大家参照使用。

2. 扫描封底的二维码,注册后,登录"众学教培服务平台"小程序,可以免费进行练题。具体使用方法见本书前言前面一页。

一、判断题

1. 发展绝不能以牺牲人的生命为代价。( )
2. 要始终把人民生命安全放在首位。( )
3. 正确处理安全和发展的关系,坚持发展绝不能以牺牲安全为代价这条红线。( )
4. 管业务必须管安全、管行业必须管安全、管生产经营必须管安全。( )
5. 发生较大以上死亡事故的矿山,应当停产整顿,经验收符合安全生产条件后方可恢复生产。( )
6. 井下动火作业结束后,要对作业现场再次用水喷洒,并安排专人在作业地点检查 10 min,发现异常,立即处理。( )
7. 未造成人员伤亡,但造成 90 万元的直接经济损失的煤矿事故为一般事故。( )
8. 严禁在采掘工作面进行电焊、气割等动火作业。( )
9. 入井人员必须随身携带额定防护时间不低于 30 min 的隔绝式自救器。( )
10. 煤矿应在行人井口和存在重大安全风险区域的显著位置,公示存在的重大安全风险、管控责任人和主要管控措施。( )
11. 煤矿从业人员只需在作业前和作业结束时排查事故隐患。( )
12. 在减少辅助运输工作量方面,尽量采用金属棚支护,避免使用锚杆支护,以减少材料运输工作量。( )
13. 加强通风是处理瓦斯积聚的最有效途径之一。( )
14. 防止瓦斯引燃的关键是对火源进行控制。( )
15. 在煤岩运输环节上,采用连续运输方式;在转载环节上,完善转载机的功能,采用自移式转载机,可以节省转载时间,提高运输转载效率。( )
16. 粉尘不仅会对设备安全造成一定影响,而且会对在综采工作面工作的工人身体造成直接危害。( )
17. 个体防护是综合防尘工作中不容忽视的一个重要方面。( )
18. 空气的供给是维持燃烧形成火灾必不可少的条件。( )
19. 在矿井建设和生产期间,大气降水、地表水和地下水都有可能通过各种通道涌入井下。( )
20. 当矿井涌水量超过矿井正常排水能力时,就会酿成矿井水灾。( )
21. 大采高一次采全高工作面初采高度较小,一般为 3.5 m。在工作面推进至直接顶初次垮落后,逐渐沿走向将采高调整至全高。( )
22. 在消除事故灾害时,要保持统一指挥和组织,严禁冒险蛮干和单独行动。( )
23. 煤壁片帮甚至架前漏顶是大采高开采应解决的关键性技术问题之一。( )

24. 煤尘爆炸事故大多是伴随瓦斯爆炸发生的，单独的煤尘爆炸事故较少。（　）
25. 爆炸冲击波会将巷道中的落尘吹扬变为浮尘，引发连续爆炸。（　）
26. 火灾事故的初期，应利用巷道的供水管道和灭火器材进行直接灭火，控制火势的发展，为彻底扑灭火灾打下基础。（　）
27. 位于火源回风侧的人员或撤退中遇到烟雾，应迅速佩用自救器，尽快撤到新鲜风流中；或在烟雾没有到达前，顺着风流尽快撤到安全地点。（　）
28. 当发现工作地点有发生冒顶的征兆，应迅速离开危险区，撤退到安全地点。（　）
29. 没有及时撤出有冒顶危险的区域时，要靠煤帮贴身站立或到木垛处避灾。（　）
30. 如被巷道顶板冒落物覆盖后，要立即发出呼救信号。（　）
31. 携带化学氧自救器时，任何场所不准随意打开化学氧自救器上外壳；如果化学氧自救器上外壳已意外开启，应立即停止携带，做报废处理。（　）
32. 在井下工作时，一旦发现事故征兆，应立即佩戴自救器并迅速撤离。佩戴自救器要求操作准确、迅速。（　）
33. 矿井顶板灾害事故总体可分为采场顶板灾害事故和巷道围岩灾害事故。（　）
34. 对于小型煤与瓦斯突出事故，在保障安全的前提下，采取加强支护、清理堵塞物等措施，对被困人员施救。（　）
35. 如因煤与瓦斯突出破坏了避灾路线指示牌，应迎着风流方向撤退。（　）
36. 化学氧自救器是指利用化学生氧物质产生氧气的隔离式呼吸保护器，可以多次使用。（　）
37. 压缩氧自救器是指利用压缩氧气供氧的隔离式呼吸保护器，可以多次使用。（　）
38. 超前液压支架具有一定的支撑能力，并且支撑能力与金属支架的承载能力相匹配。（　）
39. 防止瓦斯爆炸的技术措施包括防止瓦斯积聚、防止瓦斯引燃和防止瓦斯事故扩大 3 个方面。（　）
40. 使用应当淘汰的危及生产安全的工艺、设备且拒不整改仍然生产建设的，或者经停产整顿仍不具备安全生产条件的矿山，应依法予以关闭取缔。（　）
41. 地下矿山应当建立人员定位、安全监测监控、通信联络、压风自救和供水施救等系统。（　）
42. 矿山企业应当健全以安全风险分级管控和隐患排查治理双重预防机制为核心的安全生产标准化管理体系。（　）
43. 强令他人违章冒险作业，或者明知存在重大事故隐患而不排除，仍冒险组织作业，因而发生重大伤亡事故或者造成其他严重后果的，处 10 年以下有期徒刑或者拘役；情节特别恶劣的，处 10 年以上有期徒刑。（　）
44. 安全生产工作坚持中国共产党领导。（　）
45. 生产经营单位的全员安全生产责任制应当明确各岗位的责任人员、责任范围和考核标准等内容。（　）
46. 生产经营单位采用新工艺、新技术、新材料或者使用新设备，必须了解、掌握其安全技术特性，采取有效的安全防护措施，并对从业人员进行专门的安全生产教育和培训。（　）
47. 生产经营单位应当建立安全风险分级管控制度，按照安全风险分级采取相应的管控措施。（　）
48. 煤矿进行爆破、动火作业时，应当安排专门人员进行现场安全管理，确保操作规程的遵守和安全措施的落实。（　）
49. 生产经营单位应当教育和督促从业人员严格执行本单位的安全生产规章制度和安全操作规程；并向从业人员如实告知作业场所和工作岗位存在的危险因素、防范措施以及事故应急措施。（　）
50. 生产经营单位发生生产安全事故后，是否及时采取措施救治有关人员，视情况而定。（　）
51. 生产经营单位发生生产安全事故造成人员伤亡、他人财产损失的，应当依法承担赔偿责任；拒不承担或者负责人逃匿的，由人民法院依法强制执行。（　）
52. 煤矿企业必须加强安全生产管理，建立健全各级负责人、各部门、各岗位安全生产与职业病危害防治责

任制。 (　　)

53. 煤矿企业必须制定重要设备材料的查验制度,做好检查验收和记录,防爆、阻燃抗静电、保护等安全性能不合格的不得入井使用。 (　　)

54. 煤矿使用的纳入安全标志管理的产品,必须取得煤矿矿用产品安全标志。未取得煤矿矿用产品安全标志的,不得使用。 (　　)

55. 严禁使用国家明令禁止使用或者淘汰的危及生产安全和可能产生职业病危害的技术、工艺、材料和设备。 (　　)

56. 采掘过程中严禁任意扩大和缩小设计确定的煤柱。采空区内不得遗留未经设计确定的煤柱。 (　　)

57. 进风井口应当装设防火铁门,防火铁门必须严密并易于关闭,打开时不妨碍提升、运输和人员通行,并定期维修;如果不设防火铁门,必须有防止烟火进入矿井的安全措施。 (　　)

58. 煤矿发生事故后,从业人员无须保护现场和有关证据。 (　　)

59. 在逃生过程中,为便于沟通交流,可以把自救器的口具取下说话。 (　　)

60. 2023 年 4 月 2 日,吉林省白山市吉坤煤矿发生较大瓦斯爆燃事故,该矿使用 1 台局部通风机同时向 3 个作业点供风,这是符合有关规定的。 (　　)

二、单选题

1. 停工停产整改的矿山应当制定整改方案,限定单班下井人数,同一作业地点控制在(　　)人以内。

A. 8　　B. 10　　C. 15　　D. 20

2. 首次取证的地下矿山特种作业人员应当具有(　　)以上文化程度。

A. 初中　　B. 中专　　C. 高中　　D. 大专

3. 矿山企业应当建立健全并落实全员安全生产(　　)和安全生产管理制度。

A. 风险辨识　　B. 岗位作业标准　　C. 岗位责任制

4. 生产经营单位的全员安全生产责任制应当明确各岗位的(　　)、责任范围和考核标准等内容。

A. 责任人员　　B. 管理职责　　C. 安全责任　　D. 工作流程

5. 特别重大事故是指造成(　　)人以上死亡,或者 100 人以上重伤,或者 1 亿元以上直接经济损失的事故。

A. 10　　B. 20　　C. 30　　D. 40

6. 掘锚机组由掘锚机、运输系统、通风系统和供电系统等组成,采用的是掘进割煤和(　　)平行作业方式。

A. 工字钢支护　　B. 单体支护　　C. 锚杆支护　　D. U 型钢支护

7. 掘锚一体化技术安装锚杆的位置距迎头一般为(　　)m。

A. 0.4～0.8　　B. 0.6～1.2　　C. 1.5～2　　D. 3～5

8. 综采放顶煤工作面上方的顶煤,利用(　　)或辅以液压支架活动松动的方法使其破碎,并随工作面推进在放顶煤液压支架放煤窗口放出。

A. 矿山压力的作用　　B. 顶煤自重的作用　　C. 爆破预裂的作用　　D. 水力压裂的作用

9. 对于(　　)m 厚不适宜放顶煤开采的厚煤层,大采高开采具有工效高、成本低等优点。

A. 3～4　　B. 4～5　　C. 5～6　　D. 7～8

10. 工作面回风巷、运输巷采用单体液压支柱配铰接顶梁超前支护不少于(　　)m。

A. 20　　B. 50　　C. 80　　D. 100

11. 超前液压支架主要用于工作面开切眼外(　　)m 超前支护。

A. 20　　B. 60　　C. 80　　D. 100

12. 对于井下工作人员必须进行严格的(　　),提高其安全意识,并制定严格的制度进行管理,杜绝井下携带明火,实施入井检身制度。

A. 理论教育　　B. 思想教育　　C. 安全培训教育　　D. 专项教育

13. 2022 年 3 月 15 日，云南省平庆煤矿发生煤与瓦斯突出事故，当班瓦斯检查工违规包裹、挪动甲烷传感器，故意隐瞒瓦斯真实情况的行为，涉嫌触犯(　　)。

A. 强令冒险作业罪　　B. 重大劳动安全事故罪

C. 重大责任事故罪　　D. 危险作业罪

14. 矿井一氧化碳浓度达到(　　)ppm，或者变化浓度超过 5 ppm 的，或者有带式输送机的进风巷发现一氧化碳的，现场作业人员应当及时向煤矿分管负责人或带班值班矿领导报告；情况严重的，及时向煤矿主要负责人报告。

A. 2　　B. 4　　C. 18　　D. 24

15. 在采煤工作面实施爆破，起爆地点到爆破地点的距离必须大于(　　)m，且位于工作面进风巷内。

A. 30　　B. 50　　C. 75　　D. 100

三、多选题

1. 矿井火灾发生要素(　　)。

A. 可燃物的存在　　B. 热源　　C. 空气的供给　　D. 助燃物

2. 下列属于综采工作面防尘措施的是(　　)。

A. 煤层注水防尘　　B. 喷雾降尘　　C. 通风排尘　　D. 个体防护

3. 巷道围岩状态的监测，一般选择巷道(　　)两个参数。

A. 表面位移　　B. 支护刚度　　C. 支护载荷　　D. 支护参数

4. 瓦斯抽采从抽采的部位来分，有(　　)。

A. 本煤层瓦斯抽采　　B. 邻近煤层瓦斯抽采　　C. 采空区瓦斯抽采　　D. 预抽瓦斯

5. 矿井充水水源主要有(　　)。

A. 大气降水　　B. 地表水　　C. 地下水　　D. 老空水

6. 矿井的主要充水通道有(　　)。

A. 断层裂隙　　B. 导水陷落柱　　C. 顶板冒落裂隙　　D. 封堵不严的钻孔

7. 煤矿井下防治水的原则为(　　)。

A. 预测预报　　B. 有疑必探　　C. 先探后掘　　D. 先治后采

8. 防治煤与瓦斯突出的原则是(　　)。

A. 区域综合防突措施先行　　B. 局部综合防突措施补充

C. 监测监控　　D. 以风定产

9. 防止瓦斯积聚的方法有(　　)。

A. 防止上隅角瓦斯积聚　　B. 防止顶板冒落处瓦斯积聚

C. 防止架间局部瓦斯积聚　　D. 加强通风

10. 地表水防治措施有(　　)。

A. 合理布置井筒位置　　B. 排放积水

C. 充填、平整塌陷区　　D. 加固河床堵渗漏

11. 出现(　　)情况，必须进行井下探放水。

A. 采掘工作面接近老空或含水断层

B. 接近或需要穿过强含水层、溶洞或陷落柱

C. 煤层“挂汗”及煤壁变冷，工作面气温降低甚至出现雾气

D. 巷道顶板淋水或底板鼓起

12. 截水的方法有(　　)。

A. 留设防水煤柱　　B. 水闸墙(防水墙)　　C. 水闸门　　D. 风墙

13. 内因火灾由煤炭自燃引起，主要发生在(　　)等地点。

A. 采空区　B. 煤巷顶板　C. 破碎煤壁　D. 遗留煤柱

14. 外因火灾由(　　)等外部热源引起。

A. 明火　B. 机械摩擦　C. 爆破　D. 顶板来压

15. 冒顶时,清理堵塞物时,要防止伤害遇险人员,严禁用(　　)等方法。

A. 爆破　B. 镐刨　C. 锤砸　D. 高压水冲

16. 处理冒顶事故,进行抢救时,要(　　)。

A. 顶板控制　B. 巷道支护

C. 设专人观察顶板变化　D. 检查气体的含量

17. 根据综采工作面具体特点和煤层特征,选择合适的(　　)等使注水能真正起到充分湿润煤体的作用,使煤层预先注水真正收到较好的防尘效果。

A. 钻孔布置方式　B. 封孔工艺　C. 注水方法　D. 注水设备

18. 下列属于井下辅助运输设备的是(　　)。

A. 无轨胶轮车　B. 卡轨车　C. 单轨吊　D. 架空乘人装置

19. 矿山企业应当健全以(　　)为核心的安全生产标准化管理体系。

A. 井口信息站　B. 矿领导跟班制度　C. 安全风险分级管控　D. 隐患排查治理

20. 矿山企业应当查明隐蔽致灾因素,实施(　　)等重大灾害分区管理、超前治理。

A. 煤与瓦斯突出　B. 冲击地压　C. 水害　D. 火灾

21. 煤矿出现下列情形(　　)的,现场作业人员应当及时向煤矿分管负责人或带班值班矿领导报告;情况严重的,及时向煤矿主要负责人报告。

A. 高瓦斯矿井、突出矿井煤层急剧变薄、增厚

B. 井下出现突水点

C. 采掘工作面遇有预测外或者变化较大地质构造

D. 顶板离层、锚杆(索)应力、支架压力等监测数据突然增大

22. 煤矿有下列情形(　　)的,必须及时撤出危险区域作业人员。

A. 发现明火且不能立即扑灭

B. 井下采掘作业地点出现强烈震动、巨响、瞬间底(帮)鼓、煤岩弹射等动力现象

C. 全矿井计划外停电且不能立即有效恢复

D. 井下出现煤层变湿、挂红、底鼓、淋水加大(含砂)等透水、突水、溃水征兆的

23. 事故隐患排查治理情况应当如实记录,可以通过(　　)等方式向从业人员通报。

A. 职工大会　B. 职工代表大会　C. 信息公示栏　D. 单位 QQ 群

24. 下列属于煤与瓦斯突出预兆的是(　　)。

A. 钻孔变形　B. 瓦斯涌出忽大忽小　C. 打钻喷瓦斯　D. 煤壁颤动

25. 煤矿现场应急处置的"三先三后"原则是(　　)。

A. 先救生还者,后救已死亡者

B. 先救受伤较重者,后救受伤较轻者

C. 对于窒息、心跳或呼吸停止、出血、骨折的伤员,先复苏、止血、固定,然后再搬运

D. 先报告后救治

参考答案

一、判断题

1. √　2. √　3. √　4. √　5. √　6. ×　7. ×　8. √　9. √　10. √

11. ×　12. ×　13. √　14. √　15. √　16. √　17. √　18. √　19. √　20. √
21. √　22. √　23. √　24. √　25. √　26. √　27. √　28. √　29. √　30. √
31. √　32. √　33. √　34. √　35. √　36. ×　37. √　38. √　39. √　40. √
41. √　42. √　43. ×　44. √　45. √　46. √　47. √　48. √　49. √　50. ×
51. √　52. √　53. √　54. √　55. √　56. √　57. √　58. ×　59. ×　60. ×

二、单选题

1. B　2. C　3. C　4. A　5. C　6. C　7. C　8. A　9. A　10. B
11. A　12. C　13. D　14. D　15. C

三、多选题

1. ABC　2. ABCD　3. AC　4. ABC　5. ABC　6. ABCD　7. ABCD
8. AB　9. ABCD　10. ABCD　11. ABCD　12. ABC　13. ABCD　14. ABC
15. ABCD　16. ABCD　17. ABCD　18. ABCD　19. CD　20. ABC　21. ABCD
22. ABCD　23. ABCD　24. ABCD　25. ABC

参考文献

[1] 朱世明,张碧亮. 煤矿从业人员安全再培训教材(复训)[M]. 北京:应急管理出版社,2024.

[2] 徐永,苏富强,张育磊. 煤矿新工人培训教材[M]. 徐州:中国矿业大学出版社,2019.

[3] 王全明,李国晓,谢宝丰. 煤矿从业人员安全培训教材[M]. 徐州:中国矿业大学出版社,2019.

[4] 邹光华,师皓宇. 采矿新技术[M]. 徐州:中国矿业大学出版社,2020.

[5] 纪晓峰,谢耀社.《煤矿重大事故隐患判定标准》应用指南[M]. 北京:地质出版社,2021.

[6] 本书编委会. 煤矿安全规程实施指南[M]. 北京:应急管理出版社,2022.

[7] 张晓军,穆三奴,宋明明. 煤矿岗位作业流程标准化建设指南[M]. 北京:应急管理出版社,2022.

[8] 本书编写组.《煤矿安全生产标准化管理体系基本要求及评分方法(试行)》达标指南[M]. 北京:应急管理出版社,2020.

[9] 国家安全生产应急救援指挥中心. 矿山事故应急救援典型案例及处置要点[M]. 北京:煤炭工业出版社,2018.

[10] 焦方杰,赵启峰. 煤矿职工安全手册[M]. 徐州:中国矿业大学出版社,2016.

[11] 刘祥龙. 煤矿通风班组长安全培训教材[M]. 北京:应急管理出版社,2024.

[12] 宁尚根,李亚兵. 煤矿班组长安全培训教材(综合本)[M]. 北京:应急管理出版社,2024.